누구나 물리

누구나 물리

ⓒ 게르트 브라우네, 2022

초판 1쇄 인쇄일 2022년 11월 28일
초판 1쇄 발행일 2022년 12월 5일

지은이 게르트 브라우네   옮긴이 정인회
감 수 곽영직   편 집 김현주
펴낸이 김지영   펴낸곳 지브레인 Gbrain
제작·관리 김동영   마케팅 조명구

출판등록 2001년 7월 3일 제2005-000022호
주소 04021 서울시 마포구 월드컵로7길 88 2층
전화 (02)2648-7224 팩스 (02)2654-7696

ISBN 978-89-5979-501-7 (04420)
    978-89-5979-528-4 (SET)

• 책값은 뒤표지에 있습니다.
• 잘못된 책은 교환해 드립니다.

생활 속에서 재미있게 배우는 물리 백과사전

누구나 물리

게르트 브라우네 지음 | 정인회 옮김 | 곽영직 감수

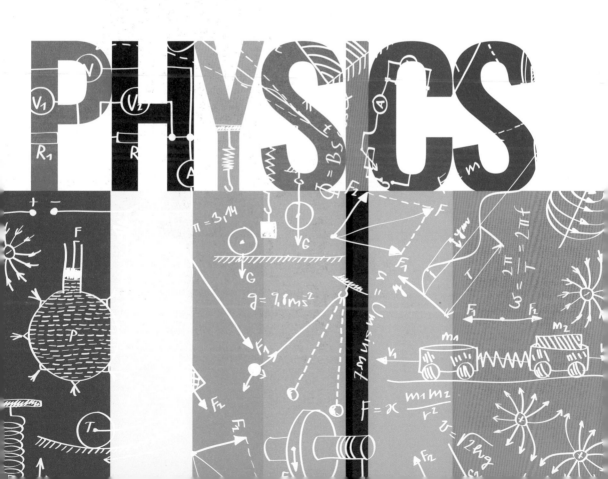

서문

진심으로 독자 여러분을 환영한다. 지금부터 우리는 물리학의 세계로 긴 여행을 떠난다! 우리는 행성과 은하수 같은 거대한 대상을 연구하기도 하고, 원자핵 또는 쿼크와 같은 아주 작은 대상을 연구하기도 할 것이다. 하지만 무엇보다 주변에서 벌어지는 아주 평범한 일들을 관찰하고 조사하는 일부터 시작할 것이다. 왜냐하면 우리의 뇌가 아주 크거나 작은 사물들을 파악하는 능력에 초점을 맞추어 진화해온 것이 아니라, 지구라는 행성에서 생존해나갈 수 있는 능력에 초점을 맞추어 진화해왔기 때문이다. 따라서 우리의 모든 사고 행위는 주변의 일들을 이해하는 일부터 시작된다. 하인츠 하버^{Heinz Haber, 1913~1990}의 책 제목을 빌려 말하면, 우리는 '시간과 공간에 갇혀 있는' 셈이다.

우리는 먼저 일상생활에서 접할 수 있는 영역인 역학, 음향학, 전기학, 열역학, 광학 등과 같은 고전 물리학을 배울 것이다. 그리고 전기와 열을 다룰 때, 처음으로 마이크로 세계를 잠깐 접하게 된다. 양자물리학과 원자물리학, 원자핵 물리학과 소립자 물리학 장에서 본격적으로 아주 작은 사물을 배우는데, 괴

테의 《파우스트》 구절을 따서 말하자면 '세계의 내부를 이루고 있는' 분야를 파고들 것이다. 이와 반대로 상대성이론과 천체물리학 장에서는 아주 큰 사물이 중심이다. 여기서는 우주가 등장하고 시간 개념과 공간 개념을 새로운 시각으로 볼 수 있게 하는 현상을 다룰 것이다. 이 과정에서 매우 중요한 질문이 나온다. 즉, 우리는 어디에서 왔으며 어디로 가는가? 모든 사물은 어떻게 생겨나 어떤 발전 과정을 겪는가? 이런 질문들을 차례로 배워나가면서 작은 사물을 파악해야만 큰 사물도 이해할 수 있다는 사실을 알게 될 것이다.

그러나 지금은 우리 주변의 세계로 눈을 돌려야 할 때다. 자, 여행을 시작해보자!

추천사

자연현상과 지배 법칙을 다루는 물리학에 흥미를 갖는 사람들은 의외로 많다. 그러나 물리학을 본격적으로 공부하고 싶어 도전하면 책을 가득 메운 수학 공식들이 가로막는다. 그래도 초기 단계에서는 공식을 하나하나 정복해 나가면서 보람과 재미를 느낄 수도 있다. 하지만 상대성이론과 양자이론에 이르면 대부분 포기하고 물러나게 된다.

현재 출간된 책들 중에는 수학 공식과 씨름하지 않고도 물리학의 핵심을 이해할 수 있도록 알기 쉽게 풀어놓은 책들이 많이 있다. 이는 일반인들에게 큰 도움을 주지만 한편으론 독자들의 기대를 저버리기는 마찬가지이다. 책을 읽는 사람들이 알고 싶어 하는 것을 정확하게 짚어내지 못하거나, 지엽적인 문제에 치중하여 물리 전체의 모습을 알 수 없는 경우가 많기 때문이다.

물리학의 내용을 정확히, 알기 쉽게 전달하는 것이 과연 가능할까? 우리나라 사람들의 정서를 가장 나타내는 것이 우리말이듯 물리학은 수학이라는 언어를 통해서만 정확한 내용을 전달할 수 있다. 따라서 수학공식을 사용하는 것은 물

리학을 설명하기 위해서는 피할 수 없는 일이다.

　그런데 《누구나 물리》는 사람을 질리게 하는 어려운 수학 공식을 가능한 절제하면서 물리학의 전반적인 내용을 정확하게 전달하려고 애쓴, 흔치 않은 책이다.

　역학에서부터 천체물리학 분야에 이르기까지 물리학의 거의 모든 분야를 망라한 이 책의 목차만 보면 마치 대학 물리학 교재를 보는 듯하지만 내용은 대학 물리학 교재와는 비교할 수 없을 정도로 친절하다. 많은 사진이 수학공식을 대신하는 《누구나 물리》는 어려운 내용으로 독자들의 기를 죽이는 일 없이 새로운 사실을 하나하나 알아가는 재미를 느낄 수 있게 한다. 감수를 위해 세 번정도 원고를 읽으면서 참 잘 만들어진 물리책이라고 느꼈다. 그래서 중고생 때 물리에 질려버린 사람들이나 기본 개념을 튼튼하게 하고 싶은 사람들에게 권하고 싶다.

수원대학교 전 물리학과 교수 곽영직

I 역학   13

II 역학적 진동과 파동   119

CONTENTS

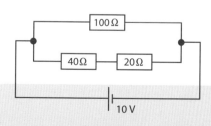

 I

역학

우리의 물리학 여행은 운동의 연구에서 출발한다. 이는 물리학 자체가 바로 운동의 연구에서 비롯되었기 때문이다. 운동이 시작되면, 시간에 따라 위치가 변화한다. 따라서 운동을 분석하기 위해서는 시간과 이동거리, 즉 길이를 측정할 수 있어야 한다. 이것이 우리의 첫 번째 목표다.

시간과 길이

시간

시간이란 무엇인가? 이 문제로 많은 사람들이 골머리를 앓았다. 하지만 오늘날까지 어느 누구도 만족스러운 답을 찾지 못하고 있다. 교부 아우렐리우스 아우구스티누스$^{Aurelius\ Augustinus,\ 354\sim430}$는 다음과 같이 말했다.

"시간이란 무엇인가? 이런 질문을 받지 않을 때는 답을 알고 있다. 하지만 막상 누군가로부터 질문을 받아 설명하려 하면, 나는 답할 수가 없다."

아우구스티누스.

알베르트 아인슈타인.

물리학은 시간의 본질을 해명하는 것이 아니라, 시간의 물리학적 의미만을 다룬다. 즉 알베르트 아인슈타인$^{Albert\ Einstein,\ 1879~1955}$의 말에 따르면, "시간은 시계가 측정하는 것이다".

이 말은 유치하게 들릴지 몰라도 바로 이러한 시각을 철저히 적용함으로써 20세기 초에 이르러 우리의 전통적인 시간관념이 송두리째 무너지고 새로운 시간개념이 생겨나게 되었다. 이에 대해서는 상대성이론을 다루는 장에서 다시 살펴볼 것이다!

따라서 우리에게는 시계가 필요하다. 자연적인 시계 또는 인공적인 시계가 있어야 하는 것이다. 우리는 회전하는 행성에서, 다시 말해 자연적인 시계 위에서 살아가고 있기 때문에 시간 단위를 정의하기 위해서 지구의 회전운동을 고려하는 것은 당연한 일이다. 실제로 옛 사람들은 그렇게 했다. 즉, 태양이 정점에 도달하는 정오에서 다음 날 정오까지를 하루로 삼은 것이다. 하루는 24시간으로 나뉘고, 한 시간은 60분, 1분은 60초로 나뉜다. 따라서 하루는 8만 6400초로 이루어진다.

24와 60을 기준으로 나누는 것은 기원전 2000년경의 바빌로니아인들이 사용한 60진법에서 유래한다. 하지만 지구의 운동을 중심으로 한 시간의 측정

지구와 태양.

방법은 태양이 정점에 도달하는 시점을 정확히 측정하기 어렵다는 점과, 하루의 길이가 지구가 태양 주위를 도는 운동, 즉 계절에 따라 달라진다는 점 이외에도 또 다른 중대한 단점을 지니고 있다. 지구는 일정한 속도로 회전하는 것이 아니라, 위치에 따라 회전 속도가 어느 정도 달라지는 '비등속 운동'을 한다. 다른 한편으로 지구의 회전은 조석 현상으로 인한 마찰력의 영향을 받는다. 때문에 하루는 시간이 흘러감에 따라 점차 조금씩 길어진다. 이 효과는 우리에게 직접 영향을 미치지는 않는다. 우리는 하루가 대략 6만 년마다 1초씩 길어진다는 것을 계산할 수 있다. 하지만 초 단위도 정확히 계산하지 못하는 시계라면 쓸모없는 시계 아닌가!

1967년부터 시간 단위 '초'는 아주 정확한 인공 시계를 이용해 정의되었다. 즉 세슘 원자시계를 개발해 초 단위를 결정한 것이다. 이에 대해서는 양자물리학과 원자물리학 장에서 자세히 다룰 것이다. 여기서는 일단 다음과 같은 사실만 밝혀둔다.

세슘 원자가 방출하는 전자기파의 진동수와 주기를 이용하여 1초의 길이를 정한다. 다시 말해 세슘이 내는 전자기파 주기의 몇 배를 1초로 정하는 것이다. 이렇게 정한 1초의 길이는 기존의 1초와 차이가 난다.

초(s)는 세슘 원자가 바닥 상태(분자, 원자, 원자핵 따위를 포함한 어떤 계의 상태 가운데에서 에너지가 가장 낮고 안정된 상태)에 있는 두 개의 에너지 준위 간의 전이에 대응하는 복사선 주기의 91억 9263만 1770배로 정의된다.

이러한 설명은 복잡하고 어려운 것이 사실이며, 뒤에 가서 다시 이를 자세히 다룰 것이다.

길이

앞에서 인용한 아인슈타인의 말을 이용하면 "길이는 자가 측정하는 것이다". 하지만 어떤 단위를 이용하여 측정할 것인가?

길이의 단위는 미터, 인치, 야드 등 수없이 많다. 1791년 프랑스의 국민 의회에서 측정 시스템을 m 단위로 통일하도록 제안한 뒤 물리학 분야와 많은 나라에서 이 시스템을 쓰고 있지만, 영미권 나라들에서는 다른 단위가 쓰이기도 한다.

한때는 1m를 지구 둘레의 4000만분의 1로 삼기도 했다. 물론 이렇게 정하는 것은 아주 번거로운 방법이었지만, 대략 100년 동안 통용되었다. 1889

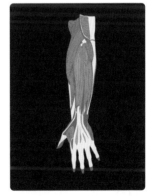

엘레(독일의 옛 길이 단위로, 팔꿈치에서 중지 끝까지의 길이를 말한다).

년에 이르러 백금과 이리듐의 합금으로 된 막대를 만들어 측정의 표준으로 삼았다. 미터원기^{原器, prototype meter}라 불리는 이 막대는 오늘날까지 파리 근처의 세브르에 보존되어 있지만 더 이상 길이의 표준으로 쓰이지는 않는다. 이 막대가 정확한 측정에는 부적합하다는 사실이 드러났기 때문이다. 즉, 이 막대에 새겨진 눈금 자체가 어느 정도 두께를 지니고 있어서 현미경으로 보면 불규칙적이라, 이 경우 m가 어디에서 시작하여 어디에서 끝나는지를 정확하게 판별할 수 없었다.

국제적으로 통용된 미터원기. 백금과 이리듐의 합금으로 만든 이 막대는 1960년까지 길이의 표준으로 통했다.

1983년부터 길이의 표준은 당시에 이미 아주 정확하게 측정할 수 있었던 빛의 속도를 통해 정의된다. 이에 관해서는 광학 장에서 살펴볼 것이다!

등속직선운동

당신이 밤에 자동차를 운전한다고 가정해보자. 갑자기 카메라 플래시의 빛이 번쩍하며 어둠을 가른다. 속도위반 카메라에 찍힌 것이다. 계기판을 보니 82를 가리키고 있었다. 과속으로 차를 몰았나? 과속이 틀림없다. 왜냐하면 도로로 진입하면서 도로 표지판을 보았는데, 최고 속도가 50으로 적혀 있었기 때문이다. 이제 당신은 운전면허가 정지될 수도 있다. 운전면허 정지를 당하는 상한선이 80이라면 말이다. 그런데 계기판은 차의 속도를 정확히 표시하는가? 계기판은 5% 정도 더 많은 수치를 나타낼 수도 있다. 만약 그랬다면 당신은 이 위기를 넘길

조심! 속도위반 단속 카메라.

수도 있다!

그런데 실제로 당신이 얼마의 속도로 주행했는지는 어떻게 알 수 있을까? 이 문제는 아주 간단하다. 국도의 시선 유도표는 항상 50m의 간격으로 설치되어 있다. 따라서 20개의 시선 유도표를 통과하면 1km를 주행한 셈이다. 당신 차의 계기판이 계속해서

시선 유도표.

82를 가리키고 있다면, 1km를 달릴 때 걸린 시간을 (예를 들어 스톱워치 기능이 있는 휴대전화를 이용해) 측정해보라(이 측정은 옆자리에 탄 사람이 해야 한다. 운전 중에 휴대전화를 이용하는 것 역시 도로 교통법 위반이다!).

이제 속도를 계산하면 된다. 하지만 속도란 무엇인가? 계기판이 가리키는 82는 무엇을 의미하는가?

속도

속도는 시간당 이동거리를 말한다. 달리 말하면, 이동거리를 걸린 시간으로 나누면 속도를 구할 수 있다. 단, 이때 전제가 있다.

자동차로 주행할 경우 빠르거나 느리게 달리면 안 되고, 속도계가 항상 같은 수치를 나타내야 한다.

이런 운동을 등속 운동이라고 한다.

자동차의 계기판 – 지침이 올바른가?

등속 운동의 속도는 이동거리까지 걸린 시간으로 나눈 값이다.

$$v = \frac{s}{t}$$

여기서 s는 이동거리(예: m 또는 km로 표시한다)를 t는 걸린 시간(예: s 또는 h로 표시한다)을 나타낸다. v는 속도(예: m/s 또는 km/h로 표시한다)를 나타낸다.

이제 속도를 쉽게 계산할 수 있다. 당신이 1km를 이동하는 데 46초가 걸렸다고 가정해보자. 이 경우의 속도는 다음과 같다.

$$v = \frac{1\text{km}}{46\text{s}} = \frac{1000\text{m}}{46\text{s}} = 21.7\text{m/s} \quad \text{(반올림한 값)}$$

따라서 1분에 1302m(21.7m×60), 한 시간에 7만 8120m(1302m×60)를 이동했다면, 당신의 속도는 78.1km/h가 되어 다행히도 당신의 운전면허는 취소되지 않는다. 당신의 옆자리에 탄 사람이 올바르게 측정했다면 말이다!

거리-시간 그래프

걸린 시간을 단 한 번이 아니라 지속적으로 측정하면 첫 번째 지점에서 두 번째 지점까지, 첫 번째 지점에서 세 번째 지점까지, 첫 번째 지점에서 네 번째 지점까지, 이렇게 각 지점까지 이동하는 데 걸린 시간을 알 수 있다. 시간당 이동한 거리를 표시하면

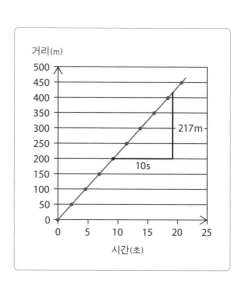

운동의 거리-시간 그래프를 만들 수 있다.

　왼쪽 그래프는 직선을 나타낸다. 왜냐하면 시간당 이동한 거리가 같기 때문이다. 바로 이러한 운동을 등속 운동이라고 한다. 이 직선의 기울기(《누구나 수학》의 '삼각형의 기울기' 참조)는 이동거리를 걸린 시간으로 나눈 값이다. 따라서 (수학적으로 계산한) 기울기는 물리학의 속도와 같다. 기울기가 크면 속도도 빨라지고, 기울기가 작으면 속도는 느려진다. 정지 상태는 거리-시간 그래프에서 시간 축과 평행하게 표시된다.

> **등속 운동의 거리**
> 시간 그래프에서 기울기는 운동하는 물체의 속도를 의미한다.

등가속도 직선운동

　어느 대학의 물리학과에서 실시한 시험과 관련된 일화가 있다. 이 이야기가 사실인지 또는 누군가가 꾸며낸 것인지는 확실치 않다. 교수가 "기압계로 고층 건물의 높이를 잴 수 있는 방법"에 대해 물었다. 교수는 땅과 건물의 지붕 사이의 기압 차를 이용해 건물의 높이를 재는 방법을 염두에 두고 있었다. 높이에 따라 기압이 달라지므로 이 방법을 이용하면 건물의 높이를 재는 것이 가능하다(자세한 내용은 압력 장에서 살펴볼 것이다).

　그런데 전혀 다른 방법을 제시한 학생들도 있었다. 어떤 학생은 우선 기압계를 긴 밧줄에 매달아 지붕에서 땅까지 늘어뜨렸다. 밧줄의 길이가 바로 건물 높이가 되는 것이다. 다른 학생은 기압계를 지붕에서 떨어뜨려 땅에 닿을 때까지 걸리는 시간을 측정해 건물의 높이를 계산하는 방법을 제안했다. 이 두 가지 방법은 실제로 활용할 수 있는 방법이다.

원래 기압에 대한 지식을 알고 있는지를 테스트하려 했던 교수는 이 학생들의 점수를 어떻게 매겨야 할지 고심했다. 그리고 두 학생이 물리학적으로 올바른 답을 했다는 사실을 인정할 수밖에 없었다.

첫 번째 학생이 제안한 방법은 물리학과는 별 관계가 없다. 하지만 두 번째 학생이 제안한 방법은 물리학의 연구 대상인 자유낙하운동과 직접 관계된다. 이제 자유낙하운동에 대해 알아보기로 하자.

높이를 어떻게 측정하는가?

자유낙하운동

기압계의 낙하 시간을 좌우하는 것은 무엇인가? 기압계의 무게? 기압계의 재료? 기압계의 형태? 낙하 시간에 영향을 미치는 요소가 너무 많으면, 낙하 시간과 낙하 거리 사이의 연관 관계를 찾기가 어려워진다. 따라서 실험을 통해 영향을 미치는 요소들을 조사해 연관 관계를 가능한 한 명확하게 밝혀야 한다.

다음과 같은 실험을 하면 영향을 미치는 거의 모든 요소들을 알아낼 수 있다. 유리관에 납으로 만든 작은 포환과 깃털이 들어 있다. 이 두 물체가 위로 향하도록 유리관을 돌리면, 납 포환은 빠르게 아래로 떨어지고, 깃털은 천천히 가라앉는다. 이 낙하에 공기가 작용할까?

유리관에서 공기를 빼내고 실험을 반복하면, 두 물체의 낙하 속도는 막상막하를 이루며 정확히 동시에 바닥에 도달한다. 따라서 낙하 시간에 영향을 미치는 것은 물체의 종류가 아니라, 공기뿐이다. 기압계의 형태나 무게 또는 재료

어떤 것이 더 빠르게
떨어지는가?
납 포환…….

아니면 깃털?

등은 아무 영향도 미치지 못한다. 모든 기압계는 (또한 모든 물체는) 진공에서는 똑같은 속도로 떨어진다!

진공에서의 낙하 운동을 자유낙하라고 한다.

그런데 고층 건물을 유리관에 넣고 공기를 빼내는 것은 사실상 불가능한 일이다. 하지만 무게가 많이 나가면서도 표면이 작은 유선형 물체의 경우에는 낙하 운동에 미치는 공기의 영향이 작다는 것을 실험을 통해 알게 되었다. 금속 포환이 가장 적합하지만, 기압계를 이용해도 결과는 큰 차이가 없다.

자유낙하운동의 거리-시간 법칙

낙하하는 물체는 어떤 종류의 운동을 하는가? 실험을 살펴보자.

포환을 눈금 아래로 떨어뜨리고 0.1초 간격으로 계속 사진 촬영을 한다. 그림에서 낙하 속도는 등속이 아님이 드러난다. 따라서 앞에서와 같은 계산 방법을 이용할 수 없다. 그렇다면 운동은 어떻게 진행되는가?

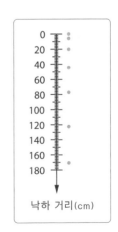

0
20
40
60
80
100
120
140
160
180

낙하 거리(cm)

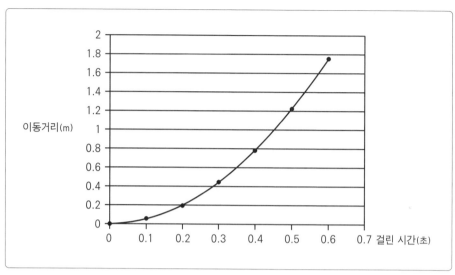

거리-시간 그래프.

걸린 시간당 이동거리를 그래프로 나타내보자(이동거리는 m 단위로 바꾼다).

결과는 수학에서 알고 있는 포물선의 부분처럼 보인다. 포물선은 이차함수의 모양을 나타내고 있다. 이차함수는 《누구나 수학》에 상세히 설명되어 있다.

그림에서 나타난 함수의 식은 $s = c \times t^2$이고, c는 단위가 m/s^2인 상수이다 (그렇지 않다면 방정식은 성립하지 않는다). 이제 어떤 c값이 곡선의 변화를 가장 잘 나타내는지를 (예를 들어 표 계산 프로그램을 이용해) 검토할 수 있다. 검토해보면, $c = 4.9 m/s^2$의 경우가 가장 적합한 것으로 드러난다. 이 c에는 유명한 상수가 숨어 있다. 이 상수의 비밀은 조금 뒤에 알게 될 것이다. 지금은 이 정도로 해두고 설명을 계속해보겠다.

상수를 g로 표시하면, 다음의 식이 나온다.

$$c = \frac{1}{2} \times g$$

따라서 g는 대략 $9.8\text{m}/\text{s}^2$이고, 방정식은 $s = \dfrac{1}{2} \times g \times t^2$ 이 된다. 이렇게 임의의 상수를 도입하는 것은 트릭처럼 보일지 모르지만, 곧 이 상수의 중요성을 알게 될 것이다.

자유낙하운동의 속도-시간 법칙

포환의 속도를 계산하다 보면 속도가 지속적으로 변하는 어려움에 직면하게 된다. 왜냐하면 포환이 점점 빠르게 낙하하기 때문이다. 기껏해야 낙하 궤도의 몇몇 지점에서 평균속도를 계산할 수 있을 뿐이다. 첫 0.1초가 지나면 포환은 0.049m를 이동한다. 따라서 이 구간의 평균속도는 $\dfrac{0.049\text{m}}{0.1\text{s}} = 0.49\text{m}/\text{s}$ 이다. 그런데 일정한 시점을 중심으로 구간을 점점 짧게 나누어 각 구간의 평균속도를 구하면, 평균속도가 극한값에 도달한다는 것을 알 수 있다. 이 극한값을 순간속도라고 한다. 순간속도는 수학의 미분 계산을 이용해 계산한다(여기서는 포물선 상의 여러 시점 중에서 아주 짧은 시간 구간의 평균속도를 계산하는 것으로 이해하면

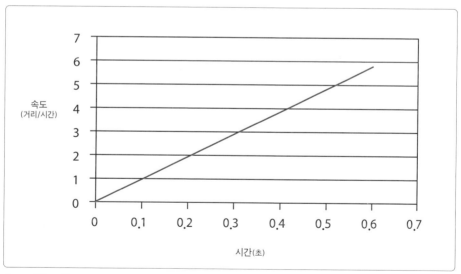

속도-시간 그래프.

된다). 평균속도는 순간속도에 점점 근접한다. 따라서 다음과 같은 속도-시간 그래프가 나온다.

이 그림에서 속도는 일정한 비율로 변화한다는 것을 알 수 있다. 즉 0.1초 당 속도는 대략 1m/s씩 증가하는 것이다. 이러한 속도 변화 때문에 이 운동을 가속 운동이라 하고, 속도가 일정하게 증가하기 때문에 등가속도 운동이라고 한다.

> 속도의 변화를 걸린 시간으로 나눈 것을 가속도라고 한다.
> 등가속도 운동은 가속도가 일정한 운동이다.

속도-시간 그래프에서 가속도는 직선의 기울기로 나타난다. 그림에서 가속 도는 대략 10m/s^{2}이며 정확히 측정하면, 가속도의 값은 9.8m/s^{2}이다. 미분 계 산을 이용하면, 기울기인 가속도는 바로 앞에서 살펴본 g의 값임을 입증할 수 있다.

이로써 g를 둘러싼 비밀을 풀 수 있다. g는 임의의 낙하 물체의 가속도인 것이다. 이 가속도를 낙하 가속도라고 한다. 낙하 가속도의 값은 측정 지점의 해발 높이와 지리상의 위도에 따라 좌우된다.

> 자유낙하운동은 낙하 가속도가 g인 등가속도 운동이다.
> 중부 유럽에서 낙하 가속도는 $g=9.81$m/s^{2}이다.
> 자유낙하운동에 대해서는 다음의 법칙이 적용된다.
>
> $$거리-시간\ 법칙: s = \frac{1}{2} \times g \times t^2$$
>
> $$속도-시간\ 법칙: v = g \times t$$

이제 우리는 고층 건물의 높이를 측정하기 위해 기압계를 던지는 방법을 적용할 수 있다. 기압계가 3.2초 만에 땅에 도달한다고 가정해보자. 이때 낙하 거리와 높이는 다음과 같이 계산한다.

$$s = \frac{1}{2} \times g \times t^2 = 0.5 \times 9.81 \text{m/s}^2 \times (3.2\text{s})^2 = 50.2\text{m}$$

더불어 기압계가 땅에 닿기 직전의 속도도 계산할 수 있다.

$$v = g \times t = 9.81 \text{m/s}^2 \times 3.2\text{s} = 31.4\text{m/s}$$

이는 대략 시속 113km/h로, 이런 속도로 떨어지는 데도 무사한 기압계가 있을까?

다른 가속 운동

경사도를 가리키는 도로 표지판.

산의 빗면을 내려오는 차도 등가속도 운동을 한다. 차이점이 있다면, 이 경우의 가속도는 낙하 가속도보다 작고 빗면의 기울기 각도에 따라 좌우된다.

가속도 운동을 하지만, 등가속도 운동을 하지 않는 경우도 있다.

예를 들어 화살을 쏠 경우, 화살의 가속도는 처음의 가속 단계에서는 크지만 점점 작아진다. 왜냐하면 활이 제자리로 오면서 활의 탄성력이 작아지기 때문이다.

등가속도 운동을 하지 않는 경우에는 앞

화살을 쏘는 소년.

에서 살펴본 가속도의 경우와 유사하게 미분 계산을 이용해 순간 가속도를 정의해야 한다. 이때 가속도는 보통 a로 표시한다.

가속도가 a인 등가속도 운동에 대해서는 다음의 식이 성립한다.

거리−시간 법칙: $s = \dfrac{1}{2} \times a \times t^2$

속도−시간 법칙: $v = a \times t$

지금까지 배운 지식을 바탕으로 반응 시간도 측정할 수 있다. 당신은 친구에게 자의 영점이 아래로 향하도록 한 후 자를 수직으로 세우도록 부탁한다. 이제 당신은 엄지와 집게손가락으로 자를 잡을 자세를 취한다. 자를 잡아선 안 되고 잡을 준비만 해야 한다. 친구가 자를 놓자마자 당신은 자를 잡는다. 당신이 자를 잡기 직전까지 자가 몇 cm나 떨어졌을까? 이제 당신의 반응 속도를 계산해 보라! 거리−시간 법칙을 t를 중심으로 옮기고 측정한 s를 대입하면 된다.

$$s = \frac{1}{2} \times a \times t^2$$

$$\Rightarrow t^2 = \frac{2 \times s}{a}$$

$$\Rightarrow t = \sqrt{\frac{2 \times s}{a}}$$

여기서 s를 대입하기 전에 m 단위로 바꾸는 것을 잊지 말아야 한다. 그렇지 않으면 답이 틀리게 된다. 자, 당신의 반응 시간의 값은 얼마인가? (보통의 경우, 대략 0.2초에서 0.3초가 나온다.)

포물선 운동

포탄은 그림과 같은 모양으로 날아가는가? 즉 처음에는 직선 경로로, 그다음에는 원호를 그리다가 결국 다시 수직으로 떨어지는가?

또는 네덜란드의 천문학자이자 수학자인 다니엘 산트베흐Daniel Santbech, 1560년경 활동가 생각했던 것처럼 원호를 그리지 않고 직선 운동만 하는가?

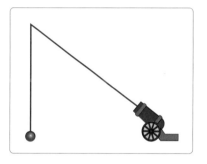

포탄의 경로에 대해서는 학자들만 관심을 갖는 것이 아니다. 전쟁에서 승리하려면 대포로 가능한 한 정확하게 표적을 맞혀야 하는데 이 일은 과학자들이 나서서 해결해야 했다.

포탄은 포물선 운동을 한다. 포물선 운동은 우리가 다루는 운동 중에서 직선 운동을 하지 않는 첫 번째 예다. 포물선 운동은 어떤 경로를 그리는가? 여기서 다시 실험 결과를 살펴보아야 한다. 앞으로 보게 되겠지만, 오늘날에는 과거보다 과학 기술적으로 이런 실험을 하기가 훨씬 유리하다.

포탄의 운동은 포탄을 발사하는 방향에 따라 세 가지로 분류된다. 수평 방향 운동에서는 포탄을 지면과 평행하게 발사한다. 수직 방향의 운동에서는 포탄을 지면과 수직한 방향으로 발사한다. 비스듬한 방향의 포물선 운동에서는 포탄을 이 두 방향의 중간 방향으로 발사한다. 군사적으로 볼 때, 수직 방향으로 포탄을 발사하는 것은 아무 의미가 없을뿐더러 자멸의 지름길이다. 산 위에서 포를 쏜다면, 수평 방향으로 포탄을 발사했을 때 포탄의 운동이 고려 대상이 될 수 있다. 이 운동이 물리학적으로도 큰 의미를 지니는 이유는 이 운동에서 모든 중요한 현상을 연구할 수 있기 때문이다. 이를 염두에 두고 수평 방향으로 발사한 물체의 운동을 자세히 살펴보기로 하자.

수평 방향으로 발사한 물체의 운동

다음 그림은 실험실에서 세 개의 포탄을 속도를 달리하여 수평 방향으로 쏜 뒤 지속적으로 촬영한 것이다.

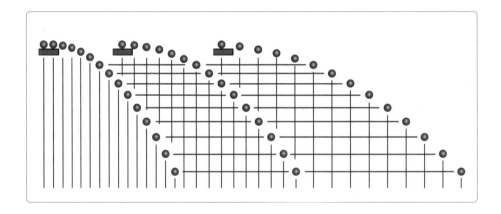

이 그림을 보면, 포탄이 앞의 그림에서 말한 것과는 다른 경로를 그린다는 것을 알 수 있다. 그렇다면 이 그림에서 포탄은 어떤 법칙에 따라 운동하는가?

우선 이 실험을 위에서 관찰해보자. 포탄 중 하나에 초점을 맞추어 보면 무엇이 보이는가?

그림에 표시된 수직선들은 포탄이 촬영할 때마다 점점 멀어지는 것을 나타낸다. 여기서 멀어지는 간격은 항상 동일하다! 하지만 위에서 볼 때는 포탄의 높이를 알 수 없으므로, 등속 운동이라는 것만 기억해두자. 즉, 포탄은 (위에서

보았을 때) 같은 속도로 직선 방향으로 날아가는 것처럼 보인다. 이때의 포탄의 속도는 처음 발사할 때의 속도에 따라 좌우된다!

이제 방향을 바꾸어 오른쪽에서 관찰해보자.

그림에 표시된 수평선들은 포탄의 높이가 처음 속도에 따라 좌우되지 않는다는 것을 암시한다. 세 발의 포탄을 모두 동시에 발사하고 오른쪽에서 관찰하면, 포탄들의 높이는 같아 보이며 보이는 것은 단 하나의 포탄뿐이다! 이제 수평선들이 출발점에서 멀어진 거리를 측정하면, 바로 자유낙하운동에서와 같은 거리−시간의 관계가 나타난다. 따라서 옆에서 보았을 때는 등가속도 운동, 즉 자유낙하운동이 생기는 것이다.

이제 여러분은 우리의 관찰 결과가 무엇인지를 짐작할 것이다. 이유는 모르지만, 포탄이 두 가지 운동을 한꺼번에 하는 것 같다. 즉, 한쪽에서 보면 등속 운동을 하고, 또 다른 쪽에서 보면 등가속도 운동을 하며 이 두 가지 운동은 서로에게 영향을 주지 않고 독립적으로 벌어진다.

독립 법칙
실제 운동은 서로 독립적인 부분 운동들로 이루어진다.

이미 말한 것처럼, 포탄이 왜 이런 운동을 하는지는 아무도 모른다. 그러나 물리학자들은 이 사실을 자연의 선물로 받아들이고 자신들의 연구 목적을 위해 활용한다. 그러니 우리도 포탄의 운동을 이미 알고 있는 법칙에 적용해보자. 즉, 겉으론 복잡하게 보이는 문제도 이보다 단순한 부분 문제로 나누어 해결하는 것이다. 이것이 바로 물리학의 성공 비결 중 하나다!

수평 방향으로 발사한 물체가 하는 포물선 운동에 대한 운동 법칙

우리의 목표는 일정한 시점에서 포탄의 위치와 속도를 나타내는 방정식을 세우는 것이다.

우선 원점이 포탄의 출발점이고 수평인 x축과 수직인 y축으로 이루어진 좌표계를 생각해보자.

포물선 운동은 2차원 공간에서 벌어지므로, 위치와 속도를 벡터로 표시하는 것이 바람직하다. 벡터에 대해서는 《누구나 수학》을 참조하고 여기서는 벡터가 방향을 가진 크기이고 화살표로 표시되며, 좌표계의 두 축과 관련된 성분을 가진다는 사실만 알고 있으면 된다.

포탄의 x좌표는 등속 운동을 나타냄에 따라 이 좌표는 다음의 법칙에 따른다.

$$x = v_0 \times t$$

(여기서 v_0는 발사 속도의 절댓값이다)

y축 방향에서는 자유낙하운동의 법칙이 적용된다.

$$y = -\frac{1}{2} \times g \times t^2$$

(음의 부호는 운동이 y축과는 반대 방향으로 벌어진다는 것을 나타낸다)

따라서 포탄의 순간 위치 벡터는 다음의 식을 가진다.

$$\vec{r} = \begin{pmatrix} x \\ y \end{pmatrix} = \begin{pmatrix} N_0 t \\ -\frac{1}{2}gt^2 \end{pmatrix}$$

속도를 벡터로 표시하면 다음과 같다.

$$\vec{v} = \begin{pmatrix} N_0 \\ -gt \end{pmatrix}$$

수평 방향으로 발사한 물체가 하는 포물선 운동의 경로 곡선

이제 포탄의 경로 곡선에 대해 알아보자.

경로 곡선의 식을 세운다는 것은 x에 따라 좌우되는 y의 식을 만드는 것을 의미한다. 그런데 유감스럽게도 두 좌표는 t의 값에 따라 달라진다. 따라서 먼저 t를 없애야 한다. 이는 x에 대한 방정식을 t의 값을 구하는 방정식으로 푼 뒤, 이 식을 y에 대한 방정식에 대입하면 된다.

$$x = v_0 \times t \Rightarrow t = \frac{x}{v_0}$$

따라서 $y = -\dfrac{1}{2} \times g \times t^2 = -\dfrac{1}{2} \times g \times \left(\dfrac{x}{v_0}\right)^2 = -\dfrac{1}{2} \times \dfrac{g}{v_0{}^2} \times x^2$

이 식은 x^2 앞의 계수가 상수이므로 아래로 열리면서 원점을 지나는 포물선의 방정식이다. 포탄의 경로는 전체 포물선 중에서 한쪽 부분만을 나타낸다.

> 수평 방향으로 발사한 물체의 포물선 운동의 경로 곡선은 아래로 열린 포물선의 한쪽 부분이며 이 포물선의 정점은 포탄의 출발점이다.

피타고라스의 반신상.

아래 그림은 발사 속도 $v_0 = 2\text{m/s}$에 대한 경로 곡선을 나타낸다.

시점 t가 0.3초일 때도 속도 벡터 $\vec{v}$는 두 성분으로 표시된다. 두 성분은 직각 삼각형의 직각을 끼고 있는 두 변이고, $\vec{v}$는 빗변이므로, 속도는 피타고라스의 정리를 이용해 구할 수 있다. 물론 속도는 절댓값을 의미한다.

$$v = |\vec{v}| = \sqrt{v_x{}^2 + v_y{}^2} = \sqrt{(2\text{m/s})^2 + (9.81\text{m/s}^2 \times 0.3\text{s})^2} = 3.56\text{m/s}$$

그림에서 표시된 포탄이 지면에 닿는 지점은 어디인가?

출발점이 지면으로부터 1.4m 높이에 있다고 가정한다면, $y = -1.4\text{m}$이다. x의 값은 포물선 방정식을 이용해 구할 수 있다.

$$x = \sqrt{\frac{-2 \times y \times v_0{}^2}{g}} = 1.07\text{m}$$

(이 값은 그림과 일치한다)

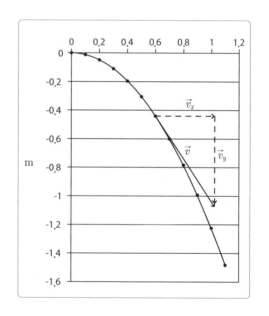

포탄이 지면에 닿는 시점도 계산할 수 있다.

$$t = \frac{x}{v_0} = 0.54\text{s}$$

비스듬한 방향으로 발사한 물체의 포물선 운동과 수직 방향으로 발사한 물체의 운동

비스듬히 위로 발사된 포탄도 포물선 운동을 한다. 수직 방향으로 발사된 포탄의 운동은 비스듬하게 발사한 물체가 하는 포물선 운동의 극단적인 경우로 볼 수 있다. 이때 포물선은 사실상 하나의 선에 불과하다. 계산하는 방식은 수평 방향의 포물선 운동과 유사하다(이 계산은 생략한다).

현실에선 공기 속에서 운동하기 때문에 주로 마찰력에 의해 포물선의 형태가 달라진다. 이때는 포물선 대신 비대칭적인 탄도 곡선이 생긴다. 이 효과는 특히 아주 크고 높은 포물선 운동에서 나타난다.

예측 가능성

공기의 저항이 아주 작을 때는 두 개의 법칙과 하나의 원칙만으로도 포탄이 어디에 떨어질지 예측할 수 있다는 것이 놀랍지 않은가? 포탄은 항상 어김없이 우리가 계산한 그대로 움직인다. 포탄을 조종하는 어떤 상위의 힘이 있다면, 확고부동한 계획을 가지고 있음에 틀림없다!

18세기와 19세기의 물리학자들이 모든 물리 현상과, 심지어 물리학의 영역을 벗어나 전 세계를 역학으로 설명할 수 있다고 생각한 것은 그리 놀라운 일이 아니다. 세계를 항상 역학의 법칙에 따라 움직이는 기계로 생각한 그들의 무한 낙관주의는 19세기 말에 이르러 정점에 도달했다.

막스 플랑크.

노벨상을 받은 막스 플랑크[Max Planck, 1858~1947]가 뮌헨 대학의 물리학 교수인 필리프 폰 욜리[Philipp von Jolly, 1809~1884]를 찾아가 이론 물리학을 전공하겠다고 했을 때,

교수는 다음과 같이 말했다.

"이미 모든 것이 연구되었다. 몇 가지 사소한 틈새만 채우면 된다."

하지만 자연은 20세기 초에 이루어진 불과 몇 번의 실험으로 이러한 낙관적인 믿음을 산산이 무너뜨렸다. 고전역학으로는 설명할 수 없고 예측할 수도 없는 현상이 있다는 사실을 깨닫게 된 것이다. 이로써 양자역학과 상대성이론이라는 개념으로 특징지을 수 있는 현대 물리학의 발전이 시작되었다.

또한 고전물리학의 기반을 벗어나지 않는다 할지라도, 전통적인 의미의 예측을 허용치 않는 현상들이 있다. 이 주제는 지난 몇십 년 동안 카오스 이론에 의해 집중적으로 연구되어 새로운 사실들이 밝혀졌다. 이에 대해서는 다음 장인 '역학적인 진동과 파동'에서 살펴볼 것이다.

등속 원운동

풍력 발전기의 날개 끝은 강한 바람이 불 때, 어떤 속도로 운동하는가?

이를 계산해보기로 하자.

우리가 알고 있듯이, 속도는 이동거리에 걸린 시간으로 나눈 값이다. 날개 끝이 완전히 한 바퀴 돈

풍력 발전기.

것을 기준으로 삼는다. 회전하는 데 걸린 시간은 휴대전화나 스톱워치로 잴 수 있다. 한 바퀴 회전하는 데 걸린 시간이 $T=3$이라고 가정하자(강한 바람이 불 때, 이 정도 시간이 걸린다). 그런데 날개 끝이 이 시간 동안 이동한 거리는 얼마인가? 이 거리는 풍력 발전기로 올라가지 않고도 측정할 수 있다. 제작사가 제공하는 자료에서 알 수 있듯이, 오늘날 설치되는 풍력 발전기의 날개는 길이가 대략 40m 정도다. 따라서 날개 끝이 회전하면, 반지름 $r=40$m인 원이 생긴

다. 원의 둘레 u는 식 $u = 2 \times \pi \times r$로 구한다. 여기서 π는 3.14159265……인 원주율이다. 따라서 날개 끝의 속도는 다음과 같다.

$$v = \frac{2 \times \pi \times r}{T} = \frac{2 \times \pi \times 40\text{m}}{3\text{s}} = 83.8\text{m/s} = 301.6\text{km/h} \approx 300\text{km/h}$$

속도가 이렇게 되리라고 생각했는가?

원운동을 파악하기 위해서는 각속도(회전 속도)와 라디안^{radian}의 개념을 알아야 한다.

선속도와 각속도

앞에서 계산한 속도는 엄밀하게 말해 선속도이다. 왜냐하면 풍력 발전기의 날개 끝이 이동한 선을 따라 속도를 측정하기 때문이다. 날개 안쪽에 있는 점들의 선속도는 바깥쪽 점들의 선속도보다 더 작다. 반지름이 작을수록 이동거리가 작아 속도도 작아지는 것이다. 하지만 날개의 모든 점이 일정한 시간 동안 같은 각도를 돈다. 예를 들어 한 바퀴를 완전히 돌면 모든 점이 360°를 도는 것이다. 따라서 그 각도를 도는 데 걸린 시간으로 각도를 나눈 값인 각속도는 날개의 모든 점에서 동일하다.

라디안

일상생활에서는 대부분 각을 도로 표시한다. 물리학에서는 라디안이라는 단위를 선호한다. 라디안의 뜻을 이해하기 위해, 풍력 발전기의 날개 끝이 그리는 반지름 r인 원을 생각해보자. 날개가 각 a만큼 돌면, 날개 끝은 원에서 그에 상응하는 거리를 이동한다. 예를 들어 각이 360°라면, 이동거리는 $2 \times \pi \times r$

이다. 원에서 이 이동거리를 이용해 각을 구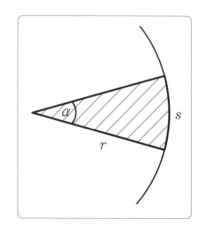
하는데, 이 각이 바로 라디안이다. 문제는 이
동거리가 반지름에 따라 달라진다는 점이
다. 반지름이 커질수록 이동거리도 커지고,
반대로 반지름이 작으면 이동거리도 작아진
다. 따라서 이동거리를 반지름 r로 나눔으
로써 이동거리를 규격화한다. 이는 반지름이
1인 원인 '단위원'에서 이동거리를 측정하는
것을 의미한다. 다시 말해 원에서의 이동거리를 분자로, 원의 반지름을 분모로
한 몫을 각의 라디안이라고 한다.

> 호의 길이가 s, 반지름이 r인 원호의 중심각이 α라면, 몫 $\alpha = \frac{s}{r}$ 를 각의 라디
> 안이라고 한다. 라디안은 단위가 없는 수다.

풍력 발전기의 날개 끝이 $360°$를 돌 때, 이동거리는 $2 \times \pi \times r$이고 각의 라
디안은 $2 \times \pi (\approx 6.28)$이다. $180°$를 돌면, 라디안은 $\pi (\approx 3.14)$, $90°$를 돌 때에
는 $\frac{\pi}{2} (\approx 1.57)$이 된다.

그렇다면 $40°$를 돌 때, 라디안은 어떻게 되는가? 아래의 계산을 보지 말고
직접 계산해보기 바란다.

답은 다음과 같다.

$360°$의 경우, 라디안은 $2 \times \pi$이다.

따라서 1도의 라디안은 $\frac{2 \times \pi}{360}$ 이므로 $40°$의 라디안은 여기에 40을 곱하면
된다.

$$40 \times \frac{2 \times \pi}{360} \approx 0.698$$

물론 거꾸로 라디안이 주어졌을 때, 각도 구할 수 있다.

지금까지 배운 내용을 요약하면 다음과 같다.
등속 원운동의 속도를 구하는 식

$$\text{선속도}: v = \frac{2 \times \pi \times r}{T}$$

여기서 r은 원의 반지름을, T는 한 바퀴 도는 데 걸리는 시간을 의미한다.

$$\text{각속도}: w = \frac{\alpha}{t}$$

여기서 α는 (라디안의) 각을, t는 각 α를 도는 데 걸리는 시간을 의미한다.
특히 한 바퀴 도는 데 걸리는 각속도는 $w = \frac{2 \times \pi}{T}$ 이다.

선속도와 각속도의 연관성

선속도를 구하는 식에서 몫 $\frac{2 \times \pi}{T}$ 가 나오는데, 이는 각속도와 동일하다. 따라서 선속도를 구하는 식에 이 식을 대입하면 다음과 같다.

선속도와 각속도의 연관성

$$v = w \times r$$

가속도

이제 풍력 발전기 날개 끝의 가속도를 구해보자. 잠깐! 여러분은 "속도가 변하지 않는데, 무슨 가속도가 있을 수 있는가?"라고 궁금해할 것이다. 이런 이의 제기는 절댓값, 즉 속도의 크기만을 염두에 둔다면 설득력이 있을 수 있다. 그러나 속도는 방향을 갖고 있어 끊임없이 변한다. 그렇지 않다면 날개 끝은 직선 방향으로만 운동할 것이다!

따라서 우리는 속도의 변화, 즉 가속도를 벡터로 파악해야 한다.

이제 너무 어렵게 느끼지 않도록, 원운동의 가속도는 일정하다는 점을 미리 밝혀둔다. 이런 전제 아래 다음과 같이 정의할 수 있다.

속도 변화 $\Delta\vec{v}$ 를 이 변화에 걸리는 시간 Δt 로 나눈 값이 일정하다면, 등가속도 운동을 한다. 이 값을 가속도라고 하며 $\vec{a}$ 로 표시한다.

$$\vec{a} = \frac{\Delta\vec{v}}{\Delta t}$$

물리학에서 차이는 흔히 Δ(델타)로 표시한다.

가속도는 항상 원의 중심을 향한다. 왜냐하면 가속도가 원의 중심을 향하지 않으면, 두 개의 성분으로 분해될 수 있기 때문이다. 이 경우, 한 성분은 구심 가속도로서 원운동을 하는 데 필요한 가속도이다. 다시 말해 원운동을 하려면 구심력이 존재해야 한다. 또 다른 성분은 접선 가속도로서 각속도의 변화가 있을 때만 존재하고 방향은 각 순간마다 접선 방향을 향한다. 또 접선 가속도가 있으면 선속도도 변화하여 등속 원운동을 할 수 없게 한다.

여기서는 다루지 않겠지만, 기하학을 이용해 가속도의 절댓값을 구하는 식

을 세울 수도 있다. 결과만 소개하면 다음과 같다

반지름 벡터 $\vec{r}$ 은 중심에서 원 위의 한 점을 향하는 벡터이다. 이때 가속도 벡터 $\vec{a}$ 에 대해서는 다음의 식이 성립한다.

$$\vec{a} = -w^2 \times \vec{r}$$

가속도의 절댓값에는 다음의 식이 성립한다.

$$a = w^2 \times r = \frac{v^2}{r}$$

여기서 v 는 선속도이고 w 는 각속도이다.

이제 가속도의 절댓값을 구할 수 있다. 앞의 등속 원운동을 다룰 때 구한 속도의 값을 이용해 계산하면 다음과 같다.

$$a = \frac{v^2}{r} = \frac{(83.8\text{m/s})^2}{46\text{m}} \approx 176\text{m/s}^2$$

이는 대략 낙하 가속도의 18배에 해당한다!

관성

1977년 9월 5일, 미국 항공 우주국[NASA, National Aeronautics and Space Administration] 은 무인 우주 탐사선 보이저 1호를 발사했다. 보이저 1호는 1979년에 목성을, 1980년에는 토성을 통과한 뒤 1990년에는 태양계를 벗어났다. 그 뒤로도 계속 우리와 멀어지면서 보이저 1호는 지금까지도 여러 자료를 지구로 보내고 있다. 그런데 보이저 1호는 자체 추진 동력을 갖고 있지 않다. 그럼에도 불구하고 이토록 오랫동안 먼 거리를 항해할 수 있는 것은 어떤 이유 때문일까? 왜 멈추지 않는 걸까?

보이저 1호의 모델.

관성의 법칙

그리스의 철학자 아리스토텔레스[Aristoteles, B.C. 384~322]는, 모든 움직이는 물체는 정지 상태에 도달하려 한다고 가르쳤다. 그것은 일상생활에서 관찰할 수 있는 현상과 일치했다(이는 오늘날도 마찬가지이다). 노새가 수레를 끌고 있을 때, 노새와 수레를 연결하는 밧줄을 끊어도 노새는 앞을 향해 계속 나아간다. 하지만 수레는 얼마 지나지 않아 멈추게 된다. 수레는 정지 상태를 추구하는 것이다. 이는 궁극적인 진리는 아니지만 이러한 주장에 대해 의문을 제기하기까지는 2000년의 세월이 흘러야 했다.

갈릴레오 갈릴레이[Galileo Galilei, 1564~1642]는 빗면에 쇠구슬을 놓고 반대쪽 빗면까지 굴러가게 했다. 쇠구슬은 운동을 계속하다가 중력에 의해 다시 멈추었다. 이번에는 반대쪽 빗면을 처음의 빗면과 똑같이 경사지게 만들자, 쇠구슬은 반대쪽 빗면에서 처음과 같은 높이까지 올라갔다. 그런데 반대쪽 빗면의 기울기를 작게 하니까 쇠구슬은 더 멀리 굴러갔다. 기울기가 작을수록 쇠구슬은 더 멀

갈릴레오 갈릴레이.

리 굴러간 것이다. 다음에는 반대쪽 빗면을 탁자와 수평이 되게 하자, 구슬은 중력에 의해 멈출 때까지 아주 멀리까지 굴러갔다.

이 실험에서 갈릴레이는 독창적인 생각을 했다. 쇠구슬 또는 수레는 마찰력

이 작용하기 때문에 멈추는 것이 아닌가? 이들은 어떤 힘도 작용하지 않으면, 멈추지 않을 수도 있을까?

갈릴레이는 운동하는 물체는 우리가 일상적으로 관찰할 수 없는 어떤 성질, 즉 운동 상태를 유지하려는 성질을 지니고 있다고 생각했다. 다시 말해, 물체가 관성을 지니고 있다고 본 것이다.

> **갈릴레이의 관성의 법칙**
> 물체에 어떤 힘도 작용하지 않으면, 정지해 있던 물체는 계속 정지해 있고, 운동하던 물체는 계속 등속직선운동을 한다.

돌을 얼음 위에 놓고 미끄러지게 하는 것은 쇠구슬을 굴리거나 수레의 밧줄을 끊는 경우보다 마찰이 없는 운동에 더 가깝다. 이런 관성의 법칙은 우주에서 가장 잘 나타난다. 우주 탐사선 보이저 1호는 태양계를 벗어나면 사실상 아무런 힘의 영향도 받지 않는다(중력의 영향력은 아주 작다).

만물은 관성을 갖고 있다.

바로 이 때문에 보이저 1호는 계속 항해할 수 있다. 따라서 계속 운동하기 위해서는 어떤 추진력도 필요 없고(이 점에서 아리스토텔레스의 오류가 드러난다) 운동을 방해하는 것만 없으면 되는 것이다. 게다가 우리는 모두 대략 40억 전부터 아무런 추진력 없이 항해하고 있으며, 또 앞으로도 계속 항해할 우주선에서 살고 있다. 지구는 태양에서 나오는 힘에 의해 궤도를 돌고 있지만, 지구가 운동하는 방향으로는 가속시키거나 제동을 거는 힘이 작용하지 않는다. 이 때문

밤하늘을 관찰하는 망원경.

에 매년, 그것도 아무 추진력 없이 우리는 태양 주위를 계속 돌고 있다. 지구도 관성에 의해 움직이고 있는 것이다!

갈릴레이는 물체의 관성에 대한 비교적 평범한 주장 이외에도 교회의 권위에 대한 도전으로 받아들여진 또 다른 견해를 피력했다. 그는 당시에 네덜란드에서 새롭게 발명된 망원경으로 밤하늘을 관찰해 교회의 교리와 정면으로 충돌하는 이론을 발견했다. 이 이론을 둘러싼 논쟁의 와중에 갈릴레이는 교회 지도부로부터 화형에 처할 수도 있다는 위협을 받기도 했다. 갈릴레이는 자신이 처한 상황을 고민하다가 이단자로 처벌당하지 않기 위해 자신의 이론을 공개적으로 철회했다. 하지만 그가 발견한 자연법칙이 타당하다는 것엔 흔들림이 없었다.

그 뒤 세월이 흐르자 교회 측도 오류를 인정했다. 베르톨트 브레히트Bertolt Brecht, 1898~1956의 희곡 《갈릴레이의 삶》은 갈릴레이와 교회 사이의 갈등을 그린 작품으로, 오늘날까지도 중요한 의미를 지니는 여러 문제들을 제기하고 있다.

갈릴레이가 남긴 가장 위대한 업적은 모든 물리학 연구의 기초가 된 인식 방법이다. 즉 "실험은 옳다!"는 것이다. 물리학에서는 체계적인 실험을 하고 그 결과를 해석함으로써 새로운 지식을 얻는다.

베르톨트 브레히트.

관성계

관성의 법칙이 성립하지 않는 상황이 있는 것처럼 보인다. 당신이 지하철에 타고 있다고 가정해보자. 지하철 안만 환하고, 바깥은 아무것도 볼 수 없다. 그리고 옆자리에는 당신의 가방이 놓여 있다. 그런데 갑자기 아무 일도 없었음에도, 마치 유령의 손길에 의한 것처럼 가방이 앞으로 미

지하철.

끄러진다. 이상한 일이 일어난 것이다. 지하철에 제동이 걸리긴 했지만, 관성의 법칙을 믿는 당신은 이에 따라 다음과 같은 질문을 던질 수 있다.

가방에 아무 힘도 가하지 않는데, 어떻게 가방이 움직이지?

시각을 바꿔보면 이유를 알 수 있다. 지하철 밖의 선로에 서서 이 장면을 관찰한 사람은 무엇을 보았을까? 그의 관찰에 따르면, 지하철에는 힘(제동력)이 작용한다. 이로 인해 지하철의 운동 상태가 변화되는 것이다. 지하철은 점점 느려지고, 모든 좌석과 승객도 마찬가지다. 가방만 제동이 걸리지 않는다. 왜냐하면 가방은 좌석에 고정되어 있지 않기 때문이다. 대신 가방은 관성의 법칙에 따라 등속 운동의 상태를 유지하려고 한다. 선로에서 보면, 모든 것이 정상이다. 제동이 걸려 속도가 줄어든 당신과 다른 승객들에게 가방에 힘이 가해지고 있는 것처럼 보일 뿐이다.

이와 비슷한 현상으로는 당신이 자동차의 운전자 옆자리에 앉아 좁은 커브길을 돌 때에도 관찰할 수 있다. 운전자는 차 문 쪽으로 미는 힘이 자신에게 작용하고 있다고 생각할 것이다. 하지만 밖에서 보면, 운전자의 몸은 관성의 법칙에 따라 계속 등속직선운동을 하며 아무런 힘도 작용하지 않는다.

이런 차이는 보는 입장에 따라 생긴다. 한쪽에서는 힘이 작용하는 것으로 여기고, 다른 쪽에선 관성의 결과로 여기는 것이다. 따라서 계(일정한 상호작용이나 서로 관련이 있는 물체의 집합체—옮긴이)를 아는 것이 중요하다. 이는 상대성이론의 경우, 결정적

커브 길.

인 의미를 지니며 이에 대해서는 제8장에서 자세히 다룰 것이다.

관성의 법칙이 성립하는 계에서는 물리 법칙이 수학적으로 가장 단순하게 표시된다. 이러한 계를 관성계라고 한다.

관성의 법칙이 성립하는 계를 관성계라고 한다.

회전하는 행성의 거주자인 우리는 정확히 말해 커브 길을 도는 자동차와 같은 상황에 처해 있다. 우리의 계는 원래 관성계가 아니지만 지구의 반지름이 엄청나게 커서 회전운동과 직선운동의 편차는 생활에서 무시해도 될 정도이다.

질량과 힘

관성을 다룬 장은 역학의 새로운 분야를 열었다. 역학은 운동을 일으키는 원인을 연구한다. 이 관성을 다룬 장의 앞 장들은 운동을 일으키는 힘의 문제, 즉 원인을 밝히지 않고 운동을 설명하는 운동학에 속한다.

앞에서 우리는 운동학을 다루기 위해, 시간과 길이가 물리학적으로 어떤 의

미를 지니는지를 살펴보았다. 이제부터는 앞 장에서 특별한 설명 없이 사용한 개념인 관성과 힘의 물리학적 의미를 살펴볼 것이다.

질량

힘이 작용한다는 것을 어떻게 알 수 있을까? 물체가 가속될 때, 우리는 힘을 인식할 수 있다. 힘이 작용하지 않으면, 물체는 등속 운동을 계속하거나 정지한다. 따라서 힘이라는 말의 물리학적 의미를 알기 위해서는 물체를 가속시켜야 한다.

당신이 테니스공, 축구공, 볼링공을 똑같은 발 운동으로 찬다고 해보자.

공을 차는 것은 공에 힘을 가해 가속시키는 것이며, 공에 작용하는 힘은 이 세 가지 경우에 모두 똑같다고 말할 수 있다. 하지만 가속도는 서로 다르다. 테니스공은 아주 빠르게 날아가고, 축구공은 그보다는 느리게

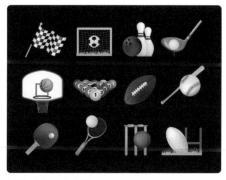

여러 가지 크기의 공.

날아가며, 볼링공은 기껏해야(당신의 발이 무사하다면 말이다!) 아주 천천히 굴러갈 것이다. 같은 힘을 주어도 가속도는 아주 다르게 나타난다. 따라서 물체는 모두 같은 관성을 지니지 않으며 관성에도 다양한 차이가 있는 만큼, 관성을 측정하기 위해서는 질량이라는 개념을 고려해야 한다. 질량이 크면 관성이 커지고, 질량이 작으면 관성도 작아진다.

질량을 측정하는 것도 미터원기의 경우와 유사하게 진행되었다. 우선 기초 단위인 킬로그램(kg)을 정하고 이 단위를 나타내는 킬로그램원기를 만들었다. 킬로그램원기는 백금과 이리듐의 합금으로 만들어져, 파리 근처의 세브르에

킬로그램원기는 높이가 4cm도 되지 않는 작은 원통이고 세 개의 유리종으로 덮여 있다.

미터원기와 함께 보존되어 있다. 하지만 이제는 길이의 표준으로 쓰이고 있지 않는 미터원기와 달리, 킬로그램원기는 지금까지도 사용되고 있다. 이 원기는 섭씨 4도의 온도에서 1ℓ 물의 질량을 나타낸다. 따라서 1ℓ의 물은 1kg의 질량을 갖는 것이다.

그런데 최근에는 킬로그램원기의 정확도와 내구성에 차이가 발생하면서 질량 단위를 정하는 방법이 2019년부터 플랑크상수로 정해지게 되었다.

과거가 된 킬로그램 원기를 이용한 질량 결정 방법은 다음과 같다. 당신이 만든 물건이 1kg의 질량이 되어야 한다면, 정확한 질량을 재기 위해 이 물건과 천칭을 들고 세브르로 가야 한다. 그곳에서 킬로그램원기를 빌려 저울의 한쪽 접시에 올리고, 당신이 만든 물건을 다른 쪽 접시에 올린다. 저울이 균형을 이루면, 물건의 질량은 1kg이다. 이제 집으로 돌아와 추를 만든다. 또 다른 1kg의 물건을 만들어 천칭으로 잰 다음, 정확하게 두 조각으로 자른다. 정확히 반으로 나뉘었는지는 저울로 측정할 수 있다. 이렇게 계속해나가면, 어떤 물건의 질량도 잴 수 있다(엄밀하게 말하면, 관성 질량과 중력 질량을 구분해야 한다. 관성 질량은 물체에 일정한 힘을 가할 때 얻은 가속도의 크기를 비교하여 측정한 질량을 의미하고, 중력 질량은 정지 상태에서 물체에 작용하는 중력의 크기를 비교하여 측정한 질량을 의미한다. 같은 물체일 경우에는 관성 질량과 중력 질량이 같으므로 서로 구분하지 않고 질량이라고 한다. 더 깊이 들어가면 이 책의 수준을 넘어서기 때문에 자세한 사항은 생략하며 이 책에서는 질량이라는

1kg?

추.

한 가지 개념으로 통일한다).

질량의 기초 단위는 킬로그램(kg)이다.
1kg은 플랑크 상수 h의 수치를 km m^2 s^{-1}과 동일한 Js 단위로 나타낼 때,
6.626 070 15×10^{-34}으로 고정함으로써 정의된다.

힘

이제 물리학에서 힘을 어떻게 정의하는지를 살펴보자. 가속도나 질량이 커지면(또는 둘 다 모두 커지면) 힘도 커질 수밖에 없다. 이는 앞으로 배울 내용 중에서 가장 간단한 사항이다. 힘은 질량 곱하기 가속도이다. 여기서 힘은 방향, 즉 가속도의 방향도 지닌다. 따라서 다음과 같이 말할 수 있다. 힘은 벡터이고, 벡터의 방향은 가속도의 방향과 일치하며 그 절댓값은 질량과 가속도의 곱으로 구한다.

아이작 뉴턴.

힘의 단위는 따로 정한 것이 아니라, 질량과 가속도의 단위로 정해진다. 그런데 영국의 천재 물리학자 아이작 뉴턴$^{Isaac\ Newton,\ 1642\sim1727}$을 기념하기 위해 새로운 단위인 N(뉴턴)이 만들어지기도 했다. 1N은 1kg×1m/s과 같다.

질량 m인 물체의 가속도가 $\vec{a}$ 이라면 힘은 $\vec{F}=m\times\vec{a}$ 이다.
힘은 N으로 측정된다. 따라서 다음의 식이 성립한다.

$$1N=1kgm/s^2$$

이제 탁구공(질량 2.7g), 축구공(질량 430g), 볼링공(질량 5kg)의 가속도를 구할 수 있다. 각 공에 작용하는, 가속시키는 힘이 50뉴턴이라고 가정하자. 이때 힘의 공식을 전환하면, 탁구공의 가속도는 다음과 같다.

$$a_{탁구공} = \frac{F}{m_{탁구공}} = \frac{50\text{N}}{0.0027\text{kg}} = 18.519\frac{\text{kg} \times \text{m/s}^2}{\text{kg}} \approx 18.500\text{m/s}^2$$

다른 공의 가속도도 마찬가지로 계산하면 다음과 같다.

$$a_{축구공} \approx 116\text{m/s}^2$$
$$a_{볼링공} \approx 10\text{m/s}^2$$

그 결과는 우리가 예상한 값과 정확히 일치한다.

탄성력

용수철은 늘이거나 압축하면 저항한다. 원래 상태로 되돌아가려는 탄성력 때문이다. 이런 성질 때문에 충격을 완화시키는 역할을 하는 용수철은 예를 들어 자전거 안장에 사용된다.

흔히 탄성력은 변형된 길이에 비례한다. 예를 들어 변위가 두 배면 탄성력도 두 배가 된

우리에게 도움을 주는 자전거 안장의 용수철.

다. 이 경우 훅의 법칙이 성립한다(이 법칙은 영국의 물리학자 로버트 훅$^{\text{Robert Hooke,}}$ $_{1635\sim1703}$의 이름을 따고 있다).

용수철에서 탄성력 $\vec{F_F}$ 가 변형된 길이 $\vec{x}$ 에 비례하면 훅의 법칙이 성립한다.

$$\vec{F_F} = -D \times \vec{x}$$

계수 D는 용수철에 특징적인 상수이며 탄성 계수라고 한다. 탄성 계수는 탄성체의 탄성의 세기를 나타낸다.

음(−) 부호는 탄성력이 변형된 방향과 반대 방향으로 작용함을 의미한다. 훅의 법칙은 일부 용수철의 경우, 늘이거나 압축할 때만 성립한다.

역량계

가속도를 이용해 힘을 측정하는 것은 때로 실용적이지 않다. 그 때문에 용수철을 이용해 힘을 측정하는 역량계가 발명되었다.

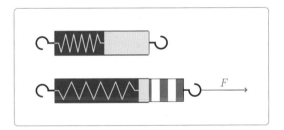

역량계는 용수철을 장착한 투명 통으로 이루어져 있으며 용수철의 변위를 눈금으로 읽을 수 있어, 작용하는 힘의 크기를 알 수 있다.

중력

당신이 역량계를 수직으로 세우고 이 역량계에 100g짜리 초콜릿 상자를 매달면, 역량계는 어떤 수치를 나타내는가?

질량은 0.1kg이고 가속도는 9.81m/s^2이다. 왜냐하면 초콜릿은 당신이 손에서 놓자마자 낙하 가속도 g로 자유낙하하기 때문이다. 따라서 지구가 초콜릿을 당기는 중력 F_G의 절댓값에는 다음의 식이 성립한다.

$$F_G = m \times g = 0.1 \mathrm{kg} \times 9.81 \mathrm{m/s^2} = 0.981 \mathrm{N} \approx 1 \mathrm{N}$$

> 지구에 있는 모든 물체는 중력을 받는다. 질량이 100g인 물체는 대략 1뉴턴의 힘을 받는다.

일상생활에서는 원래 질량이라고 해야 하는데도 흔히 무게라는 개념을 쓴다. 하지만 물리학은 중력과 질량을 엄격히 구분한다. 그 이유는 무엇일까? 왜 초콜릿 상자의 질량을 100g 대신 1뉴턴이라고 표시할 수 없는가?

초콜릿도 중력을 받는다.

우주 비행사가 달로 비행할 때, 초콜릿 한 상자와 천칭을 가져간다고 가정해보자. 달의 낙하 가속도는 지구의 6분의 1 정도이고 중력도 훨씬 작다. 하지만 우주 비행사가 천칭으로 초콜릿의 질량을 측정하면, 질량은 지구와 똑같

이 100g이다. 왜냐하면 천칭의 두 접시에 미치는 중력이 똑같기 때문이다. 다시 말해, 달에 마트가 있어 지구로부터 정량 1N이라고 표시된 초콜릿을 수입한다면 달에서는 이 정량 표시가 맞지 않을 것이다. 그러나 100g이라고 표시되었다면, 지구에서나 달에서나 항상 올바른 표시가 된다. 중력은 장소에 따라 변하지만 질량은 변하지 않는다.

원운동에 작용하는 힘

앞 장에서 살펴보았듯이, 회전하는 물체에는 가속도가 작용한다. 이 가속도는 절댓값 $a = w^2 \times r$을 가지고 항상 원의 중심을 향한다. 따라서 이 물체에는 뉴턴의 제2법칙에 따라 가속도와 마찬가지로 원의 중심을 향하는(절댓값으로 표시되는 일정한) 힘이 작용한다. 원운동을 하도록 하는 이 힘을 구심력이라고 부른다.

중심을 향하는 구심력은 질량 m, 각속도 w, 선속도 v, 반지름 r인 물체의 경우, 다음과 같다.

$$\vec{F_Z} = -m \times w^2 \times \vec{r}$$

여기서 벡터 $\vec{r}$은 중심으로부터 물체로 향한다.
$\vec{F_Z}$의 절댓값에 대해서는 다음의 식이 성립한다.

$$F_Z = m \times w^2 \times r = m \times \frac{v^2}{r}$$

해머 던지기에서 해머에 연결된 줄을 통해 전달되는 힘이 구심력이며, 태양 주위를 도는 행성들의 운동에서는(이 운동은 거의 원을 그린다) 중력이 구심력으로 작용한다.

해머던지기 선수가 투척 서클을 돌다가 경기장으로 해머를 던지는 시점은 언제여야 하는가?

이 시점을 놓치면 투척은 실패하게 된다─이 시점을 잡는 것이 쉽다면, 보호용 그물망이 필요 없을 것이다.

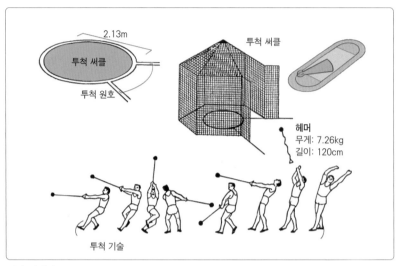

해머 던지기.

힘의 합성

두 척의 견인선이 오른쪽 그림처럼 큰 배를 항구로 끌고 오고 있다. 이 때 견인선들은 서로 얽히지 않기 위해 약간 옆쪽으로 큰 배를 끌어야 한다. 이 경우 큰 배는 어떤 방향으로 견인되며, 작용하는 힘의 크기는 얼마인가?

실험을 해보면, 힘이 작용하는 화살표가 벡터와 같은 성질을 띤다는 것이 드러난다. 따라서 이 화살표들은 벡터의 덧셈이 가능하다. 벡터의 합은 큰 배에 작용하는 모든 힘의 합

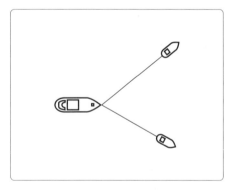

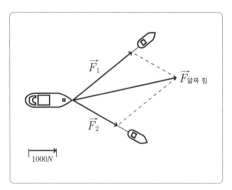

력(알짜 힘, net force)이라고 한다.

이제 한쪽 견인선은 3000뉴턴, 다른 쪽 견인선은 2000뉴턴의 힘으로 큰 배를 끈다고 가정해보자. 힘 화살표로 이 힘들을 그림에 표시하고 덧셈을 한다. 이때는 평행사변형을 그려 그 대각선이 알짜 힘을 나타내게 할 수 있다. 견인되는 배에 작용하는 힘의 절댓값이 바로 대각선의 길이인 것이다. 이 예에서 알짜 힘의 크기는 4400뉴턴이다.

힘의 분해

힘의 합성과는 반대로, 어떤 개개의 힘들이 알짜 힘을 만드는지를 알기 위해 알짜 힘을 각 성분으로 나누는 것을 힘의 분해라고 한다.

아래 그림의 얼굴 표정은 두 사람이 부담해야 하는 힘이 균등하게 나뉘지 않았음을 보여준다. 여기서 알짜 힘은 (중력 가속도 g를 편의상 $10\mathrm{m/s^2}$로 하면) 800 뉴턴이다. 알짜 힘을 위로 향하는 수직 화살표로 표시한 것은 중력을 상쇄해야 하기 때문이다. 이제 알짜 힘을 대각선으로, 팔을 두 변으로 하는 평행사변형을 그림에 표시하면 누구에게 얼마의 힘이 작용하는지를 알 수 있다. 그림에서 볼 수 있듯이, 이 경우에는 키 작은 사람이 유리하다!

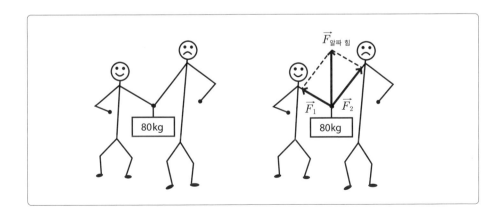

물체의 상호작용

수영장에서 수영 중인 당신이 반대 방향으로 가속되도록 수영장 풀의 가장자리 벽을 발로 차면서 돈다고 해보자. 잠깐! 당신이 가속된다고? 누구에 의해? 아니면 무엇에 의해 가속될까? 풀의 가장자리 벽은 아무 일도 하지 않는다. 지어놓은 대로 그냥 그 자리에 있을

여기서 누가 누구를 가속시키는가?

뿐이다! 이 벽이 아무 일도 하지 않는데 당신이 가속될 수 있는가?

반작용력

수영장의 상황은 물체들 사이의 상호작용에 대한 첫 번째 예다. 이 경우는 당신과 수영장 가장자리 벽의 상호작용이다.

지금까지는 한 물체의 운동을 다루었다. 이제는 여러 물체들이 충돌할 때 어떤 일이 생기는지를 살펴볼 것이다. 아이작 뉴턴은 상호작용에선 힘이 홀로 작용하는 것이 아니라 늘 쌍으로 작용한다는 사실을 발견했다. 즉, 한 물체가 다른 물체에 힘을 작용하면 힘을 받는 물체도 크기는 같고 방향이 반대인 힘을 이 물체에 작용한다. 작용은 항상 반작용을 불러일으키는 것이다!

이 현상이 실제로 일어나는 것을 보여주는 예는 많다. 당신이 벽을 밀면, 벽도 당신을 반대로 민다. 또는 당신이 책을 높이 들었을 때 책이 당신의 손을 끌어 내리려 하는 힘을 느낀다. 당신이 놀이공원에서 사격 게임을 하면 총알이 발사되면서 당신의 몸에 반발력이 전달되는 것도 느낄 것이다. 또 다음과 같은 일도 해볼 수 있다.

두 개의 스케이트보드를 구해 친구와 탄다. 각자 스케이트보드에 올라탄 상태에서 당신이 친구를 밀면 어떻게 될까?

친구의 스케이트보드도 움직이지만, 당신의 스케이트보드도 움직인다. 물론 친구와는 반대 방향으로 말이다. 당신이 친구의 스케이트보드에 작용한 힘이 당신의 스케이트보드에 반작용을 불러일으키는 것이다.

이제 친구의 스케이트보드를 점점 더 무겁게 만들기 위해 친구의 스케이트보드에 몇 사람을 더 태우고 무거운 쇠뭉치도 실어보자. 친구의 스케이트보드는 점점 가속도가 작아지는 것을 확인할 수 있을 것이다(왜냐하면 스케이트보드를 무겁게 할수록 이 스케이트보드의 질량이 점점 커지기 때문이다). 이렇게 상대방 스케이트보드를 점점 무겁게 하면 결국에는 당신만 움직이게 된다.

만약 스케이트보드에 나사못을 박아 땅에 고정시킨다면 어떻게 될까? 이제 당신은 땅 전체, 즉 지구를 밀어야 한다. 극히 미세한 영향을 줄 뿐이겠지만 지구를 이렇게 밀 수도 있다. 그러나 지구의 엄청난 질량으로 인해 당신은 지구가 움직이는 것을 전혀 느낄 수 없다. 이와 반대로 지구가 당신에게 작용하는 반작용력은 분명히 느낄 수 있다. 즉, 당신의 질량은 지구보다 훨씬 작기 때문에 당신이 가속되는 것은 쉽게 알 수 있는 것이다.

이제 우리는 수영장에서 일어난 상호작용을 설명할 수 있다. 당신은 수영장 풀의 가장자리 벽에 힘을 작용시킴으로써 당신 자신도 모르게 이 벽을 가속시키게 되고, 벽은 당신의 몸에 반작용력으로 응답한다. 벽이 당신을 다시 밀며 가속시키는 것이다.

작용 또는 반작용?

상호작용의 원칙

물체 1이 물체 2에 힘을 작용하면, 힘을 받는 물체 2도 힘의 크기는 같고 방향이 반대인 힘을 동시에 물체 1에 작용한다. 요약하면 작용=반작용이 되는 것이다.

뉴턴의 법칙

뉴턴은 1687년에 발표한 《자연철학의 수학적 원리
Philosophiae naturalis principia mathematica(프린키피아)》에서 물
리학의 기초 이론을 세워 뉴턴역학의 체계를 마련했
다. 그는 공리(원칙)라고 말했지만, 오늘날의 시각에서
는 법칙이라는 개념이 더 적합하다.

역학 현상을 단 세 가지 법칙으로 정리했던 뉴턴의
이 법칙들을 요약하면 다음과 같다.

PHILOSOPHIÆ
NATURALIS
PRINCIPIA
MATHEMATICA

뉴턴의 《자연철학의 수학적
원리(프린키피아)》.

뉴턴의 제1법칙(관성의 법칙)
모든 물체는 외부에서 힘을 가하지 않는 한, 자신의 상태를 그대로 유지하거나
등속직선운동을 한다. 즉, 정지한 물체는 영원히 정지한 채 있으려 하며 운동하
던 물체는 등속직선운동을 계속하려고 한다.

뉴턴의 제2법칙(가속도의 법칙)
물체에 작용하는 힘의 크기는 물체의 질량과 물체가 얻는 가속도의 곱이다. 즉,
물체에 힘을 가했을 때, 물체가 얻는 가속도는 가해지는 힘에 비례하고 물체의
질량에 반비례하는 것이다.

$$\vec{F} = m \times \vec{a}$$

뉴턴의 제3법칙(상호작용의 법칙 또는 작용반작용의 법칙)
물체 1이 물체 2에 작용하는 힘 $\vec{F}_{12}$는 물체 2가 물체 1에 작용하는 힘 $\vec{F}_{21}$과
크기는 같고 방향이 반대다.

$$\vec{F}_{12} = -\vec{F}_{21}$$

제1법칙은 사실상 제2법칙의 특수한 경우로 볼 수 있다. 즉, $\vec{F} = \vec{0}$ 이면, $\vec{a} = \vec{0}$ 이다. 따라서 물체는 가속되지 않는다.

관성력

우리는 관성에 관한 장에서 일부 관찰자에게 인지되지 않는 힘을 처음으로 접하게 되었다. 이제 관성력이라 불리는 이러한 가상적인 힘 중에서 두 가지를 살펴볼 것이다.

원심력

해머던지기 선수는 다음과 같이 말한다.

"해머를 돌릴 때, 해머가 도는 것을 분명히 느낄 수 있다. 그런데도 어떻게 가상력이라고 할 수 있는가? 해머를 나에게서 멀어지게 하는 것은 원심력이 작용하기 때문이다. 그러니 나는 가상력에 대해 동의할 수 없다. 원심력에 의해 힘의 균형이 생겨 해머가 날아가지 않는 것이다!"

해머던지기 선수의 이러한 주장을 원심력에 반대하는 사람이 반박하려 한다. 이 반박은 관성을 다룬 장에서 배운 지식만으로는 충분하지 않지만 관성뿐만 아니라 상호작용을 추가로 배운 사람이라면 다음과 같이 말할 수 있다.

"해머던지기 선수는 회전하면서 해머에 연결된 줄을 돌린다. 그로 인해 해머에 힘이 작용해 해머가 원 궤도를 그리게 된다. 이 힘이 바로 우리가 알고 있는 구심력이다. 해머던지기 선수가 느끼는 것은 다음과 같다. 즉, 그가 해머에 힘 $\vec{F}$ (구심력)를 작용하면, 해머는 그에게 다시 힘 $-\vec{F}$를 반작용한다. 이것이 바로 뉴턴의 제3법칙의 결과다. 해머던지기 선수는 작용＝반작용에 따라 반작용력을 느끼는 것이다. 여기서 원심력에 대해 이야기하는 것은 쓸데없는 일이며, 내가 보기엔 터무니없는 일이다!"

자, 과연 누가 옳을까? 답은 둘 다 '옳다'는 것이다. 각자의 계를 기준으로 한다면 말이다. 그러나 가속하는 계에서는 운동하는 과정을 파악하기가 어렵다. 대부분 관성계에 있는 원심력에 반대하는 사람의 입장이 이해하기가 더 쉬운 것이 사실이다.

코리올리의 힘

뮌헨의 독일 박물관에는 박물관 탑의 천장으로부터 60m 길이의 밧줄을 늘어뜨려, 그 끝에 30kg의 진자를 매달아놓았다. 이 진자는 프랑스의 물리학자 장 베르나르 레옹 푸코^{Jean} $^{Bernard\ Léon\ Foucault,\ 1819~1868}$가 파리의 팡테옹에서 실험한 장치를 본떠 만든 것이다.

아침에 진자를 일정한 방향(예를 들어 북남 방향)으로 움직이게 하면, 진

푸코의 실험 장면.

자는 하루 종일 진동한다. 특이한 점은 이 진자가 처음에는 남북 방향으로 진동하다가 점차 진동하는 방향이 이동한다는 것이다.

시간이 흘러감에 따라 원래 방향과의 편차는 동일하게 커진다. 마치 보이지 않는 손이 진자를 계속해서 다른 방향으로 조금씩 밀고 있는 것처럼 말이다. 보이지 않는 손이라고? 여기서 우리는 또다시 가상력이 작용할지도 모른다는 의심을 품을 수 있다! 우리는 관성계에서 살고 있지 않은가. 그러나 이번에는 이런 추측이 맞지 않을 수도 있다!

이 문제는 북극에서라면 아주 간단히 해결할 수 있다. 박물관 탑을 해체해서

북극에 그대로 다시 짓는다. 그런 다음, 진자를 움직이게 하고 원심력에 반대하는 이들로 하여금 어떻게 생각하는지를 물어보자. 이들이 우주선을 타고 북극을 내려다본다면 말이다. 이들은 관성계에 있는 관찰자이고 싶어 하기 때문에 자신들이 타고 있는 우주선이 지구와 함께 회전하는 것이 아

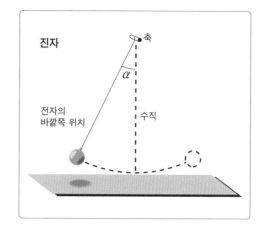

진자

축

α

전자의 바깥쪽 위치

수직

니라 항성처럼 위치가 변하지 않는다고 생각하며 다음과 같이 말한다.

"우리의 입장에서 볼 때, 즉 우리가 타고 있는 우주선에서 볼 때, 진자는 진동 방향을 바꾸지 않는다. 변하는 것이라곤 없다. 관성의 법칙에 따라서도 이렇게 되어야 한다! 물론 탑은 지구가 돌기 때문에 회전할 수밖에 없다. 탑에 있는 사람은 진자가 방향을 바꾼다고 생각할 것이다. 하지만 그가 이렇게 생각하는 것은 진자 아래의 땅이 돌기 때문이다!"

이 말에 덧붙일 것이라곤 이 실험 결과가 지구의 (적도를 제외한) 모든 곳에서 들어맞는다는 사실이다. 다만, 상당히 복잡한 성분 분해를 해야 한다. 이 성분 분해에 대해서는 여기서 다루지 않겠다. 역으로, 이 실험은 지구가 돈다는 것을 입증한다. 푸코는 이렇게 해서 지구의 자전을 입증하고자 했다!

우리가 (가속)계에 머문다면, 진자의 진동면의 회전은 가상력에 의한 것으로 생각할 수밖에 없다. 즉, 그 진동면은 태양에서 볼 때는 일정하지만 지상에서 보면 하루에 360° 회전한다. 따라서 지상에서 이 진자를 볼 경우에는 진동면이 끊임없이 변하는 힘을 가정해야 한다. 이 가상력은 (프랑스의 물리학자 가스파르 코리올리$^{\text{Gaspard Coriolis, 1792~1843}}$의 이름을 따서) 코리

가스파르 코리올리.

올리의 힘이라고 한다. 이 힘은 진자뿐만 아니라 기류에도 작용한다. 이 힘으로 인해 북반구에서 대기가 오른쪽으로 쏠리는 것이다. 따라서 북반구에서는 왼쪽으로(반시계 방향으로) 도는 회오리바람이 생긴다.

대기가 오른쪽으로 쏠리는데, 어떻게 왼쪽으로 도는 회오리바람이 생기느냐고 묻는다면, 자동차가 로터리를 도는 경우를 생각해보라. 자동차는 오른쪽으로 돌아 로터리에 들어서지만, 로터리를 돌 때는 왼

북반구에서 왼쪽으로 도는 소용돌이 바람.

쪽으로 회전한다. 북반구의 저기압 지역의 대기도 이와 똑같이 움직이며 남반구에서는 이와 반대의 현상이 생긴다.

일, 일률, 에너지

물리학의 개념 중 일상생활에서 에너지보다 자주 쓰이는 것은 없다. 예를 들어 에너지 공급자는 효율적으로 연계된 다양한 형태의 에너지를 공급하고, 에너지 절약 램프나 에너지 자문 위원이 있으며 언론에선 에너지 위기라는 말이 자주 등장한

에너지 절약 램프.

다. 그런데 에너지란 무엇을 의미하는가? 이 소단원에서는 바로 이 문제를 다룰 것이다. 이를 위해 물리학적 '일'이라는 개념부터 알아보자. 이 '일'이 문화사적으로 볼 때 에너지 개념의 뿌리를 이루고 있다.

이 소단원의 끝에 가서는 물리학의 핵심 중 하나인 에너지 보존의 법칙도 살

펴볼 것이다.

일

당신이 함부르크의 슈파이허슈타트에 있는 상품 창고 주인이라고 가정해보자. 당신은 일꾼이 필요하다. 일꾼은 밧줄을 이용해 입고된 상품 박스를 창고의 각 층으로 올려야 한다. 박스의 크기와 무게는 모두 같고 각 층의 높이도 같다고 가정한다.

슈파이허슈타트의 창고.

그렇다면 일꾼에게 임금을 어떻게 주는 것이 공평할까? 계획 경제식 방법(박스를 몇 개 올리든 상관없이 정해진 임금을 지불한다)은 논외로 친다. 우선 당신이 일꾼에게 박스와 층을 기준으로 1유로씩 지불한다고 하자. 이 경우, 일꾼이 3층으로 네 개의 박스를 올렸다면, 일꾼은 $4 \times 3 \times 1 = 12$유로를 받는다.

따라서 항상 박스의 수에 층수를 곱해야 한다. 지금부터는 바로 이런 계산 방식을 염두에 두어야 한다!

층을 물리학 용어로 바꾸어보자. 일꾼은 박스를 올리기 위해 힘을 써야 한다. 이 힘은 박스에 미치는 중력과 같지만, 방향은 반대다(정확히 말하면, 일꾼은 처음에는 박스를 움직이기 위해 비교적 큰 힘을 써야 하지만, 끝에 가서는 박스가 중력에 의해 다시 멈춰지도록 이보다 작은 힘을 쓴다). 층수는 박스가 올라가는 이동거리를 가리킨다. 이 예에서 알 수 있듯이, 물리학에서 일은 '힘×이동거리'로 정의된다. 따라서 일의 단위는 $1N \times 1m = 1Nm$(1뉴턴미터)로 표시하는 것이 맞지만, 영국의 물리학자 제임스 줄[James Prescott Joule, 1818~1889]을 기념하기 위해 1줄(1J)이라고 한다.

제임스 줄.

물리학에서 일(W)은 물체에 작용한 힘(F_s)과 물체가 힘의 방향으로 이동한 거리(s)의 곱과 같다.

$$W = F_s \times s$$

일의 단위는 줄(J)이고, $1J = 1N \times 1m$이다.

'힘의 방향으로'라고 한 이유는 힘과 이동 방향이 항상 같지는 않기 때문이다. 당신이 빙판 위에서 썰매를 끌 때는 비스듬히 위 방향으로 끄는 것이 좋다. 이때는 당신이 쓰는 힘 중에서 썰매의 이동 방향으로 향하는 성분만이 썰매를 움직인다. 이 일을 벡터 $\vec{F}$와 $\vec{s}$의 스칼라 곱을 이용해 정의하면 $W = \vec{F} \times \vec{s} = F \times s \times \cos\alpha$ 가 된다. 여기서 cos은 코사인 함수를, α는 $\vec{F}$와 $\vec{s}$ 사이의 각을 나타낸다. 스칼라 곱에 대해서는 《누구나 수학》을 참조하기 바란다.

일의 종류

일은 내용에 따라 여러 종류로 나뉜다. 짐꾼은 들어 올리는 일을 하고, 달리는 자동차는 가속 일을 한다. 용수철이나 탄력 밴드(예를 들어 피트니스 센터에서 근력을 키워주는 익스팬더)를 당기면 탄성 일을 하고, 갈고리로 꽃밭을 가꾸면 마찰 일을 한다.

갈고리로 꽃밭 가꾸기.

익스팬더 당기기.

일의 원리

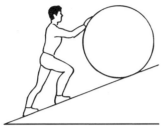

빗면에서 하는 일.

먼저 들어 올리는 일부터 살펴보기로 하자. 일꾼은 박스가 매우 무거울 때는 장치를 이용한다. 그림과 같이 빗면을 이용해 박스를 위로 올리는 방법이 있을 수 있다. 이때는 박스의 중력에 해당하는 힘 전체를 쓰는 것이 아니고 평면에 작용하는 부분 힘만 쓰면 된다.

피라미드를 만든

고대 이집트의 인부들은 대략 4500년 전에 이와 같은 방법을 이용했다. 그들은 빗면을 만들어 네모진 돌을 위로 끌어 올렸다.

그러나 인간사가 항상 그렇듯, 장점이 있으면 단점도 있기 마련이다. 이 경우의 단점은 직접 들어 올릴 때보다 훨씬 더 먼 거리를 운반해야 한다는 것이다. 계산을 하거나 실험을 통해 일, 즉 힘과 거리의 곱인 일은 항상 동일하다는 사실이 드러난다. 때문에 힘은 아낄 수 있지만 일 자체는 줄일 수 없다!

도르래 장치에서도 이와 똑같은 현상이 일어난다. 박스가 여러 개의 도르래에 매달려 있다(그림에서는 도르래 줄이 두 개다). 도르래를 이용할 경우, 직접 들어 올릴 때 필요한 장력의 반만 있으면 된다. 그러나 박스를 1m 들어 올리기 위해서는 2m의 도르래 줄을 연결해야 한다. 왜냐하면 도르래의 줄은 이중으로 연결되어 1m가 줄어들기 때문이다. 따라서 힘은 줄어들지만 거리는 더 길어진다.

이러한 경험 법칙을 일의 원리라고 하며, 오늘날

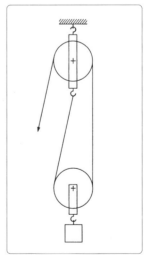

도르래 장치.

까지 어느 누구도 일을 줄이는 기계 장치를 만들어낸 사람은 없다.

일의 원리

물리학적인 일은 기계를 사용할 때 변화하지 않는다.

일률

창고 주인 입장에서는 주어진 시간에 일을 처리하는 것이 중요하다. 때문에 주인은 박스를 빠르게 옮긴, 즉 일을 더 많이 한 일꾼에게는 다른 일꾼보다 더 많은 돈을 준다. 물리학적인 일률은 단위 시간 동안 한 일로 정의된다. 일률의 단위는 원래 1J/S이다. 그런데 영국의 물리학자 제임스 와트[James Watt, 1736~1819]의 첫 글자를 딴 'W(와트)'를 이용해 일률을 표시한다. 전구에 표시된 '60W'라는 표시도 일률과 관련이 있다. 이에 대해서는 '전기' 장에서 다룰 것이다.

제임스 와트.

일률(P)은 일(W)을 시간(t)으로 나눈 값이며 단위 시간 동안 한 일의 양이다.

$$P = \frac{W}{t}$$

일률의 단위는 와트(W)다. $1W = 1J/S$

$$1kW = 1000W$$

질량이 10kg인 박스를 3m 들어 올리는 데는 다음과 같은 힘이 필요하다.

$$F = F_G = m \times g = 98.1\text{N} \approx 100\text{N}$$

이때 일은 다음과 같다.

$$W = F \times s = 100\text{N} \times 3\text{m} = 300\text{J}$$

이 일을 2초 만에 한다면, 일률은 다음과 같다.

$$P = \frac{W}{t} = \frac{300\text{J}}{2\text{s}} = 150\text{W}$$

시간이 반으로 줄어들면, 일률은 두 배로 늘어난다.

에너지

일꾼이 한 일은 없어지는 것이 아니라 들어 올린 박스에 보존되어 있다. 예를 들어 위 건물에 매단 도르래를 통해 줄을 아래로 늘어뜨려 줄 끝에 두 번째 박스를 매단다. 이제 첫 번째 박스를 천천히 아래로 내리면, 두 번째 박스가 위로 올라간다. 이렇게 하면 들어 올리는 일이 실행되는 것이다. 또 박스를 용수철로 당기면 '탄성 일'이 실행될 수도 있다. 끝으로 박스를 아래로 떨어뜨리면, 박스에 작용하는 중력이 가속 일을 할 수도 있다. 가속된 박스는 다시 용수철을 당기고, 당겨진 용수철은 다른 박스를 들어 올린다. 이 박스는 다시 수레를 가속시킨다……. 이렇게 일이 계속 진행되는 것이다!

짐꾼의 일에 의해 박스는 노동력을 얻고, 실행된 일은 박스에 저장되어 적절한 기회가 주어지면 새로운 일을 실행할 수 있다. 우리는 이렇게 저장된 일을 에너지라고 부른다. 에너지는 물체가 일을 할 수 있는 능력을 의미한다.

> 에너지는 저장된 일이며, 물체가 일을 할 수 있는 능력을 의미한다.

그리 대수롭지 않아 보이는 이 에너지의 개념 정의가 왜 그토록 중요한지 여러분은 이 소단원의 끝에 가서 이유를 알게 될 것이다.

에너지의 다양한 형태

에너지의 형태는 실행하는 일에 따라 구분된다. 한 물체에 가속 일을 해주면, 물체는 운동에너지(운동하는 물체가 가지는 에너지)를, 물체에 들어 올리는 일을 해주면, 물체는 위치에너지(중력이 작용하는 공간에서 기준 위치와 다른 위치에 있는 물체가 중력 때문에 갖는 에너지)를 얻는다. 또 물체에 탄성 일을 해주면, 물체는 탄성에너지(탄성력에 의한 위치에너지)를 얻는다. 이러한 각각의 에너지를 구하는 식을 만들려면, 실행된 일을 계산해야 한다. 예를 들어 가속 일을 하면 운동에너지가 생긴다. 등가속도 운동의 경우는 다음과 같다.

$$W = F \times s = (m \times a) \times \left(\frac{1}{2} \times a \times t^2 \right) = \frac{1}{2} \times m \times (at)^2 = \frac{1}{2} \times m \times v^2$$

질량이 1000kg인 자동차가 시속 80km(22.2m/s)의 속도로 달리면 운동에너지는 다음과 같다.

$$W = \frac{1}{2} \times 1000\text{kg} \times (22.2\text{m/s})^2 = 246420\text{J}$$

(단위를 초와 m로 환산하는 것을 잊어선 안 된다!)

질량이 m인 물체를 높이 h로 들어 올릴 때, 중력에 의한 위치에너지는 다음과 같다.

$$W = F \times s = m \times g \times h$$

질량이 10kg인 박스를 3m 높이로 들어 올리면, 위치에너지는 (계산의 편의를 위해 중력 가속도 g를 근삿값인 $10m/s^2$로 했을 때) 300J이 된다.

훅의 법칙에 따르는 용수철에 대해서는 다음의 식이 성립한다.

$$W = \frac{1}{2} \times D \times s^2$$

(여기서 s는 정지 상태에서 변형된 길이, 즉 평형점으로부터의 변위를 말한다.)

질량이 m인 물체가 속도 v로 운동할 때의 운동에너지는 다음과 같다.

$$W_{운동에너지} = \frac{1}{2} \times m \times v^2$$

질량이 m인 물체를 높이 h로 들어 올릴 때의 중력에 의한 위치에너지는 다음과 같다.

$$W_{위치에너지} = m \times g \times h$$

탄성 계수가 D인 용수철을 정지 상태에서 s만큼 변형했을 때의 위치에너지는 다음과 같다.

$$W_{위치에너지} = \frac{1}{2} \times D \times s^2$$

에너지 보존

이제 드디어 에너지 보존의 법칙을 살펴볼 차례가 되었다. 이 법칙은 인류가 성취한 가장 중요한 문화 업적 중 하나이다!

여기서 우리는 지금까지 배운, 낙하하는 물체의 성질을 이용한다. 앞에서 예로 든, 질량이 10kg인 박스를 창고 3층에서, 즉 9m 높이에서 떨어뜨려 보자. 이 박스를 들어 올릴 때 실행된 일은 위치에너지로 박스에 저장되어 기준 에너지가 된다. 이 에너지는 다음과 같다.

$$W_{위치에너지} = m \times g \times h = 10\text{kg} \times 10\text{m/s}^2 \times 9\text{m} = 900\text{J}$$

(계산의 편의를 위해 중력 가속도 g를 근삿값 10m/s²로 한다. g의 정확한 값은 이 계산에서 아무 의미가 없다. 이 계산은 달에서의 자유낙하에 대해서도 적용할 수 있다.)

운동에너지는 처음 속도가 0이기 때문에 다음과 같다.

$$W_{운동에너지} = 0\text{J}$$

이제 박스를 아래로 떨어뜨리면, 박스는 운동을 시작한다. 박스가 한 층(3m)을 내려오면 위치에너지는 다음과 같다.

$$W_{위치에너지} = m \times g \times h = 10\text{kg} \times 10\text{m/s}^2 \times 6\text{m} = 600\text{J}$$

(이는 어려운 계산 과정 없이도 쉽게 구할 수 있다.)

한 층을 내려올 때, 300J이 사라졌다. 어떻게 된 것일까? 우리는 박스가 더 빨라져서 운동에너지를 얻은 것은 안다. 이제 박스가 지면에서 6m 높이에 도달한 시점의 운동에너지를 구해보자. 그런데 이 시점은 언제인가? 이는 앞의 등가속도 운동의 반응 테스트에서 배운 공식을 이용하면 구할 수 있다.

$$t = \sqrt{\frac{2 \times s}{g}} = \sqrt{\frac{2 \times 3\mathrm{m}}{10\mathrm{m/s}^2}} = 0.774597\mathrm{s}$$

(결과가 설득력을 얻을 수 있도록 소수점 이하 자리까지 계산했다. 하지만 이렇게 많은 소수점 이하 자리까지 시점을 확인하는 것은 실제상에서는 불가능한 일이다.)

시점 t에서의 속도는 다음과 같다.

$$v = g \times t = 10\mathrm{m/s}^2 \times 0.774597\mathrm{s} = 7.74597\mathrm{m/s}$$

따라서 운동에너지는 다음의 값을 갖는다.

$$W_{운동에너지} = \frac{1}{2} \times m \times v^2 = \frac{1}{2} \times 10\mathrm{kg} \times 60\mathrm{m}^2/\mathrm{s}^2 = 300\mathrm{J}$$
(여기서 $7.74597^2 \approx 60$이다.)

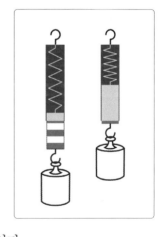

그러므로 위치에너지에서 줄어든 300J은 사라지는 것이 아니라 운동에너지로 다시 나타난다. 에너지는 손실 없이 온전히 보존되는 것이다! 다른 시점의 경우에도 계산해보면 결과는 항상 같다. 즉 위치에너지와 운동에너지의 합은 변화가 없다. 바로 이것이 에너지 보존 법칙의 핵심이다. 에너지는 사라지는 것도 아니고 새롭게 생기는 것도 아닌 다른 형태로 전환될 뿐이다. 물론 여기에는 외부의 힘이 물체에 작용하지 않는다는 조건이 있다.

이러한 조건이 충족되는 계를 '닫힌계'라고 한다. 박스와 지면으로 이루어지는 계가 이러한 닫힌계다. 또 다른 조건은 마찰이 없어야 한다는 것이다. 이 조건은 박스의 운동에서는 완벽하게 충족되지 않는다. 근삿값을 이용하는 중력 가속도의 경우와 마찬가지로 사소한 편차는 무시할 수밖에 없다. 마찰 문제는 에너지 보존의 법칙을 심화 학습할 때 다시 다룰 것이다.

지금까지 다룬 세 가지 형태의 에너지를 포괄하는 예로서, 수직으로 매단 용수철에 연결한 저울추를 생각해볼 수 있다. 이 경우에는 세 가지 형태의 에너지가 모두 나타나며 그 합은 항상 일정하다(마찰의 영향을 무시한다면 말이다).

역학적 에너지 보존의 법칙
마찰이 없는 닫힌계에서는 어떤 시점에서든 역학적 에너지의 합은 일정하다.

에너지 보존의 예

장대높이뛰기 선수는 도움닫기를 한 후 장대를 이용해 바를 뛰어넘는다. 선수가 세계 신기록을 세우려면 도움닫기를 얼마나 빠르게 해야 할까?

여러분은 질문을 듣자마자, "그건 여러 가지 요인에 따라 달라진다"고 말할 것이다. 도움닫기를 하는 기술, 장대를 다루는 법, 도약할 때의 자세 등과 같이 영향을 미치는 요인은 아주 많다. 그러나 에너지 보존의 법칙을 이용하면 전체를 한눈에 파악할 수 있는 장점이 있다. 즉 개별적인 요인을 따지지 않고 전체를 결산하면 되는 것이다. 물론 이렇게 하면 정확한 결과가 나오지는 않지만, 그래도 유용한 근삿값을 얻을 수 있다.

이제 장대높이뛰기의 전 과정에 대해 에너지 보존의 법칙을 적용한다고 가정해보자. 처음에는 운동에너지만 있다(이것은 도약하는 시점에 장대높이뛰기 선수가 지닌 운동에너지다). 이 에너지는 도약하는 동안 장대의 탄성력에 의한 위치에너지와 중력장에서의 위치에너지로 전환된다. 처음의 운동에너지는 최고점에 이르면 전체가 중력장의 위치에너지로 전환된다.

$$W_{운동에너지} = \frac{1}{2} \times m \times v^2 = m \times g \times h = W_{위치에너}$$

이 방정식을 m으로 나누면, 장대높이뛰기 선수의 질량은 아무런 역할을 하지 않게 된다. v를 좌변에 남기고 방정식을 정리하면 다음과 같다.

$$v = \sqrt{2 \times g \times h}$$

러시아의 장대높이뛰기 선수 옐레나 이신바예바는 2008년 베이징 올림픽 경기에서 5.05m를 뛰어넘어 세계 신기록을 세웠다. 당시 이신바예바는 도약할 때 10.0m/s의 속도로 달렸을 것이다(이는 앞에서 다룬, 박스가 5.05m에 도달한 후의 속도와 정확히 일치한다). 이미 말했듯이 어디까지나 근삿값이다! 여기서 우리는 장대높이뛰기 선수를 하나의 무게중심으로 취급한다.

도약하는 옐레나 이신바예바.

실제로 방정식은 이 선수의 무게중심의 운동을 나타낸다. 무게중심은 도약할 때 이미 지면에서 약간 높은 위치에 있고 바의 높이에 완전히 도달하지도 않는다. 즉 바를 뛰어넘을 때, 선수는 몸을 굽힌다. 이렇게 함으로써 무게중심은 바보다 낮은 위치에 있지만 몸은 바를 뛰어넘게 되는 것이다. 다시 말해, 무게중심은 5.05m를 완전히 도달하지 않고 도약할 때의 속도는 10.0m/s보다 약간 작게 되는 것이다.

장대높이뛰기 선수는 바를 뛰어넘은 후 바닥의 매트로 떨어진다. 전체 에너지에 어떤 변화가 생겼을까? 사라진 에너지가 있는가? 사라진 에너지는 전혀 없다! 이에 대해서는 제6장에서 다시 다룰 것이다.

운동량

주차장에서 두 대의 자동차가 정면으로 충돌했다. 운전자들이 빈자리를 찾느라 앞을 보지 못한 것이다. 꽝 소리를 내며 충돌하고 범퍼가 서로 부딪친 두 차에 이제 무슨 일이 일어날지 예측해보자. 두 자동차가 멈춰 설까? 두 대가 서로 붙은 채 한 방향으로 진행하게 될까? 그렇다면 어떤 방향으로?

자동차 충돌.

충돌

두 자동차의 이러한 상호작용을 물리학에서는 충돌이라고 한다. 더 정확히 말하면, 자동차들이 직선으로 달렸기 때문에 이 경우는 정면충돌이다. 자동차의 충돌을 물리학적으로 설명하기 위해 쇠구슬의 정면충돌을 살펴보기로 하자. 상황은 그림과 같다.

상황이 너무 복잡해지는 것을 피해 네 개의 쇠구슬을 떼어내고 첫 두 개의 쇠구슬만 충돌시킨다.

첫 번째 쇠구슬을 잡아당겨 두 번째 쇠구슬에 충돌시키면, 충돌하는 쇠구슬은 정지하고 충돌된 쇠구슬은 운동을 시작해 첫 번째 쇠구슬을 잡아당긴

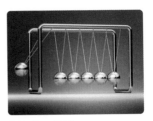
충돌하는 쇠구슬.

만큼 이동한다. 여기서 우리는 첫 번째 쇠구슬의 운동에너지가 두 번째 쇠구슬로 완전히 옮겨간 것으로 생각할 수 있다. 따라서 운동에너지의 손실은 없다. 그런데 항상 이럴까?

이번에는 쇠구슬 하나에 씹은 껌을 붙이고 이 실험을 반복해보자.

두 개의 쇠구슬은 충돌 후 서로 붙어 함께 움직인다. 이 충돌은 앞에서 말한 주차장의 자동차 충돌과 유사하다. 그런데 여기서 운동에너지는 보존되는가?

이번에는 두 개의 쇠구슬 모두에 껌을 붙인 뒤 똑같은 간격으로 하나는 왼쪽, 다른 하나는 오른쪽으로 잡아당겼다가 놓아보자. 두 개의 쇠구슬은 충돌 후 중앙에서 멈춘다. 이 경우는 운동에너지가 보존되지 않았다!

따라서 운동에너지는 충돌 전과 후에 보존되는 경우가 있고, 그렇지 않은 경우도 있다.

> 운동에너지가 보존되는 충돌을 탄성 충돌이라고 한다. 이와 다른 충돌은 모두 비탄성 충돌이라고 한다.

운동량과 운동량의 보존

(역학적) 에너지 보존 법칙으로 파악되지 않는 충돌이 있으므로, 이러한 충돌 문제를 해결할 또 다른 보존 법칙이 있다면 도움이 될 것이다. 그런데 이러한 보존 법칙이 실제로 존재한다. 그리고 우리는 이 법칙을 이미 알고 있다. 지금까지 정체를 드러내지 않았을 뿐이다. 이는 뉴턴의 제3법칙의 결과로 나타난다. 이제 이 법칙에 대해 살펴보기로 하자.

물체 1과 물체 2가 충돌하면, 항상 (탄성 충돌이든 비탄성 충돌이든 상관없이) 작용=반작용의 법칙이 성립한다.

$$\vec{F}_{21} = -\vec{F}_{12} \text{ 또는 } m_1 \times \vec{a}_1 = -m_2 \times \vec{a}_2$$

가속도는 시간당 속도의 변화를 의미한다.

물체들이 충돌할 때 시간 간격 Δt 동안 생기는 속도의 변화를 대입하면 다음과 같다.

$$m_1 \times \frac{\Delta v_1}{\Delta t} = -m_2 \times \frac{\Delta v_2}{\Delta t}$$

충돌 전의 속도를 v_1과 v_2로, 충돌 후의 속도를 v_1^*과 v_2^*로 표시하면 다음과 같은 식을 만들 수 있다.

$$\Delta v_1 = v_1^* - v_1, \ \Delta v_2 = v_2^* - v_2$$

이 두 식을 대입한 방정식에 Δt를 곱하면 다음과 같다.

$$m_1 \times (v_1^* - v_1) = -m_2 \times (v_2^* - v_2)$$

이제 괄호를 풀고 충돌 후의 상황과 관련된 항을 좌변에, 다른 항들을 우변에 모으면 다음과 같다.

$$m_1 \times v_1^* + m_2 \times v_2^* = m_1 \times v_1 + m_2 \times v_2$$

따라서 물체의 질량에 속도를 곱한 값을 더하면 충돌 전과 후의 총합은 동일하다는 것을 알 수 있다. 이로써 보존 법칙을 찾은 셈이다. 이는 질량과 속도의 곱을 운동량이라고 표현하면 이해하기 쉽다.

이 개념은 일반적으로 벡터로 표시하며 새로운 보존 법칙은 다음과 같다.

물체의 운동량 $\vec{p}$ 는 질량 m과 속도 $\vec{v}$ 의 곱이다.

$$\vec{p} = m \times \vec{v}$$

운동량 보존의 법칙
닫힌계에서 충돌 후의 운동량 합은 충돌 전 운동량의 합과 같다.

$$\vec{p_1^*} + \vec{p_2^*} = \vec{p_1} + \vec{p_2}$$

운동량 보존의 법칙은 정면충돌이 아닌 경우에도 적용된다.

운동량을 운동의 힘으로 표현하면 이해하기 쉽다. 물체는 질량과 속도가 커질수록 충돌 시 더 큰 힘을 발휘한다.

앞서 말한 주차장의 충돌에서 충돌 후 붙어서 움직이는 두 자동차의 속도를 구하기 위해서는 충돌 전의 자동차의 질량과 속도, 그리고 운동량 보존의 법칙을 알면 된다. $m_1 = 1000\text{kg}$, $m_2 = 1500\text{kg}$, $v_1 = 10\text{km/h}$, $v_2 = -8\text{km/h}$(방향이 반대이므로 음의 부호가 붙는다!)이라고 하자. 방정식 $m_1 \times v_1^* + m_2 \times v_2^* = m_1 \times v_1 + m_2 \times v_2$에서 충돌 후 두 자동차의 속도가 같다는 점을 고려하면($v_1^* = v_2^*$), 다음과 같이 계산할 수 있다.

$$(m_1 + m_2) \times v_1^* = m_1 \times v_1 + m_2 \times v_2$$

$$v_1^* = v_2^* = \frac{m_1 \times v_1 + m_2 \times v_2}{m_1 + m_2} = -0.8\text{km/h}$$

따라서 질량이 큰 자동차가 속도는 느리지만 이긴다.

탄성 충돌의 경우, 상대방 차의 충돌 후 속도도 에너지 보존의 법칙을 추가로 적용하면 계산할 수 있다.

각운동량

다이빙 선수는 앞쪽으로 운동(일종의 선형 운동)해 나아가는 동시에 자체적으로는 회전운동을 한다. 그림에서는 다이빙 선수가 자신의 무게중심을 축으로 회전하지만, 무게중심 자체는 포물선을 그리고 있는 것이 드러난다.

다이빙 선수.

이 소단원에서는 모든 종류의 기계에서 중요한 역할을 하는 회전운동을 다룬다. 기계에는 회전하는 부품이 포함되어 있기 마련이다. 이 책에서는 주로 선형 운동이 등장하므로 회전운동의 주요 개념들을 일반적인 형태로 다루지는 않는다. 다양한 운동이 소개되고 운동의 결과가 다루어지긴 하지만 이러한 결과가 있기까지의 자세한 내용은 생략한다.

회전운동에너지와 관성 모멘트

축구 선수 중에는 골 세리머니를 공중제비를 돌며 하는 사람이 있다. 이때 선수는 팔과 다리를 몸에 바짝 붙이고 몸을 가능한 한 작게 만든다. 왜 그럴까?

이에 대한 답을 찾기 위해 피겨 스케이팅 선수의 피루엣(한 발을 축으로 회전하는 동작) 장면을 살펴보자.

공중제비를 돌며 골 세리머니를 하는 선수.

피겨 스케이팅 선수는 원을 그리고 돌면서 속도를 낼 때 팔과 다리를 몸에 붙인다. 이렇게 하면 외부로부터 가속되는 일 없이도 갑자기 속도가 빨라진다. 팔과 다리를 몸에 붙이는 동작이 회전 속도를 높이는 효과를 가져온 것이 분명하다. 축구 선수도 공중제비를 돌 때, 몸을 작게 만든다. 땅에 다시 착지하기 위해서는 몸의 회전이 가능한 한 빠르게 이루어져야 하기 때문이다.

피겨 스케이팅 선수.

당신의 사무실에서 쓰는 의자가 회전의자라면 이 효과를 직접 느껴볼 수 있다. 무거운 책 두 권을 각각 한 손에 들고 팔을 펼친 상태에서 의자를 천천히 돌린다. 그다음, 팔을 재빨리 몸에 붙여보자. 의자 도는 속도가 빨라지는 것을 느낄 수 있을 것이다.

속도가 빨라지는 이유를 알기 위해 우선 단순한 형태의 바퀴를 살펴보자. 바퀴는 회전하면 운동에너지를 얻는다. 여러 형태의 바퀴(질량 전체가 실질적으로 바깥쪽에 있는 자동차 바퀴나 기차 바퀴)를 조사하면, 회전운동에너지는 항상 $E_{운동에너지} = \frac{1}{2} \times J \times w^2$으로 나타난다. 여기서 w는 각속도를, J는 바퀴의 질량 m의 분포와 반지름 r에 따라 좌우되는 상수를 말한다. 자동차 바퀴의

살이 촘촘히 붙어 있는 자동차 바퀴.

경우는 $J_{\text{자동차 바퀴}} = m \times r^2$이고, 기차 바퀴의 경우는 $J_{\text{기차 바퀴}} = \frac{1}{2} \times m \times r^2$이다. J가 클수록 바퀴가 일정한 각속도를 내기 위해서는 더 많은 일이 필요하고 바퀴의 운동에너지는 그만큼 더 커진다. 따라서 J는 회전운동의 관성을 나타낸다. 질량 m이 선형 운동에 영향을 미치는 요소라면, J는 회전운동에 영향을 미친다. J는 회전 물체의 관성 모멘트라고 한다.

회전운동에너지는 다음의 식으로 나타낸다.

$$E_{\text{운동에너지}} = \frac{1}{2} \times J \times w^2$$

여기서 J는 관성 모멘트로서 회전하는 물체의 질량, 크기, 모양 등에 따라 달라진다.

각운동량과 각운동량 보존의 법칙

회전운동에서 관성 모멘트 J는 선형 운동에서의 질량 m에 해당되고 회전운동에서 각속도 w는 선형 운동에서의 이동 속도 v와 일치하므로, 운동량 $p = m \times v$에 근거해서 각운동량은 J와 w의 곱으로 정의할 수 있다. 선형 운동의 경우와 같은 계산을 하면 J와 w의 곱은 외부의 힘이 작용하지 않는 한, 일정하다. 이는 사실상 뉴턴의 제1법칙, 즉 관성의 법칙의 결과다.

회전하는 물체의 각운동량 L은 관성 모멘트 J와 각속도 w의 곱이다.

$$L = J \times w$$

외부의 힘이 물체에 작용하지 않으면, 각운동량은 일정하다.

이제 공중제비를 하는 축구 선수와 피겨 스케이팅 선수의 속도가 빨라지는 이유에 대해 쉽게 답할 수 있게 되었다. 이들은 몸을 작게 만들어 관성 모멘트를 줄인다. 그러나 각운동량은 일정해야 하기 때문에 각속도가 커지는 것이다.

각운동량은 운동량과 마찬가지로 벡터 성질을 지닌다. 닫힌계에서는 각운동량 보존의 법칙이 적용된다. 아래로 뛰어내리는 고양이도 일종의 '계'다. 고양이는 꼬리를 한 방향으로 돌리며 회전한다. 각운동량 보존의 법칙 때문에 몸은 다른 방향으로 회전한다. 이로 인해 고양이는 항상 발로 착지할 수 있게 되는 것이다.

고양이도 각운동량을 쓴다.

회전하는 물체의 축은 외부의 힘이 작용하지 않으면 기존의 방향을 유지한다. 이는 지구에 대해서도 거의 그대로 적용된다. 지구 축은 항상 같은 방향을 나타내지만, 태양 주위를 도는 궤도에서는 수직이 아니라 약 23도 기울어 있다. 이로 인해 사계절이 생긴다(지구 축의 운동을 보다 자세히 관찰하면, 지구 축은 외부의 힘이 전혀 작용하지 않는 것이 아니라 밀물과 썰물의 영향으로 지구 축이 이동하는 이른바 세차 운동precessional motion을 하는 것이 드러난다. 이 세차 운동은 아주 느리게 진행되며 한 바퀴 회전하는 데 대략 2만 6000년이 걸린다).

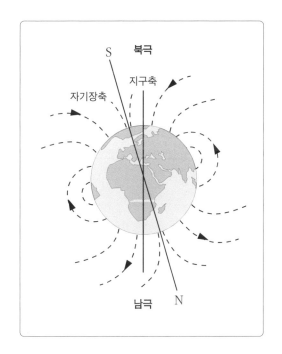

밀도

자갈을 판매하는 업자에게 $4m^3$의 자갈을 주문한다. 최고 7톤을 실을 수 있는 화물차로 운반할 수 있을까?

화물차에 자갈을 계속 실으면서 무게를 재어 7톤을 맞출 수도 있을 것이다. 하지만 이는 매우 번거롭다. 대신 일부의 질량을 재어 그 결과를 바

자갈을 운반하는 화물차 – 적재량 초과?

탕으로 전체를 산출하는 방법을 이용하면 훨씬 더 간편하다. 예를 들어 계량컵으로 $100m^3$의 자갈을 재고, 질량이 160g인 것을 확인한다. 이렇게 하면 $1cm^3$의 자갈은 질량이 1.6g인 것을 알 수 있게 되는 것이다.

$1m^3$는 100만 cm^3다. 이제 모서리 길이가 1m인 주사위($1m^3$)를 생각해 보라. 이 주사위를 모서리의 길이가 1cm인 주사위($1cm^3$)로 채운다고 가정한다. 바닥에는 1m=100cm이므로, $100 \times 100 = 10000$개의 작은 주사위가 놓이게 된다. 주사위를 계속 쌓으면 100개의 층이 생기므로, 총 $10000 \times 100 = 1000000 cm^3$의 주사위가 들어간다.

그런데 400만 cm^3의 자갈을 운반해야 한다고 했다. $1cm^3$의 자갈은 질량이 1.6g이므로, 총질량은 $4000000 \times 1.6g = 6400000g$이다. 이는 6.4톤이다(1톤은 1000kg이고 1kg은 1000g이다). 따라서 화물차는 적재량을 초과하지 않는다.

물리학적 크기로서의 밀도

우리는 $1cm^3$의 자갈 질량을 계산하기 위해 질량을 부피로 나누었다. 이는

다른 물질에 대해서도 쓸 수 있는 방법이다.

밀도는 물질마다 고유한 값을 지닌다.

한 물질의 밀도 ρ(그리스어 로^{rho})는 질량 m을 부피 V로 나눈 값이다.

$$\rho = \frac{m}{V}$$

밀도의 단위는 g/cm^3 또는 kg/m^{3}를 사용한다.

밀도는 물질마다 다르다. 우리는 앞에서 자갈의 밀도가 대략 1.6g/cm^{3}이라는 것을 알았다. 금의 밀도(19.3g/cm^3)는 자갈의 밀도보다 훨씬 더 크고, 공기의 밀도(0.0012g/cm^3)는 훨씬 더 작다. 이때의 공기는 바다 표면 위에 있는 보통의 공기를 말한다. 물의 밀도 ρ는 1g/cm^{3}이다. 이렇게 된 것은 우연이 아니라 킬로그램 단위에 그 이유가 있다. 기억을 되살려보자. 1kg은 물 1ℓ=1dm^{3}의 질량을 의미한다. 그런데 1dm^{3}은 질량 1kg을 가지므로 1cm^{3}은 질량 1g을 가지는 것이다.

지구의 밀도

지구의 질량은 대략 $m = 6.0 \times 10^{24}$kg이고, 반지름은 $r = 6400$km이다. 이 수치는 어떻게 알 수 있는가? 이에 대해서는 앞으로 설명할 것이다! 이 반지름을 이용하면 지구의 부피를 계산할 수 있다.

$$V = \frac{4}{3} \times \pi \times r^3 = 1.1 \times 10^{21}\text{m}^3 = 1.1 \times 10^{27}\text{cm}^3$$

여기서 6×10^{24}kg은 6×10^{27}g이므로 지구의 밀도는 다음과 같다.

$$\rho = \frac{m}{V} = 5.5 \text{g/cm}^3$$

물론 이는 평균값으로, 이러한 밀도를 지닌 물질을 얻으려면 지구 전체를 쪼개어 가루를 낸 다음 서로 뒤섞어야 한다. 어쨌든 지구가 자갈로 이루어져 있지 않다는 것은 알 수 있다. 지구 표면이 자갈과 물로만 이루어져 있다고 극단적으로 단순하게 생각한다면, 지구의 내부에는 밀도가 더 큰 물질이 들어 있을 수밖에 없을 것이다.

압력

빨대로 액체를 빨아 마시는 일이 어떻게 가능한지를 생각해본 적이 있는가? 그냥 빨아 마시면 되는데 생각할 게 뭐 있느냐고 웃을지도 모르지만 물리학적 측면에서 보면 이 일은 그렇게 사소한 것이 아니다. 액체를 움직이게 하기 위해서는 힘이 필요하다. 이 힘은 어디에서 오는가? 이에 대해서는 이 소단원 끝부분에서 밝힐 것이다. 여기서는 잠깐 딴 이야기를 하겠다. 이 문제의 해답은 압력과 관계 있다는 점을 설명할 것이다. 우리는

빨대가 들어 있는 유리잔.

물리학에서 압력과 압력의 특수한 종류인 '중력에 의한 압력'에 대해 살펴보기로 하겠다. 이에 덧붙여 수압 리프터가 어떻게 작동하는지와 배가 움직이는 이유 그리고 기압이 생기는 이유에 대해 알아볼 것이다.

액체의 압력

그림은 수압 리프터의 작동 원리를
보여준다. 수압 리프터는 자동차 정
비소에서 자동차를 들어 올리는 일
을 한다. 수압^{hydraulisch}이라는 개념
은 물이나 액체를 의미하는 그리스
어 'hydor'에서 유래하며, 대개 두 개
의 피스톤 사이에 기름과 같은 액체

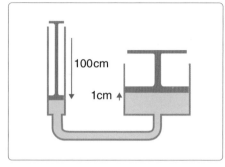

수압.

를 넣기 때문에 수압 리프터라고 불린다. 실제의 수압 리프터에
는 밸브, 펌프, 관, 실린더 등과 같은 부속 장치가 있지만, 그림은
기본 원리를 설명하기 위해 단순화시킨 형태다. 우리는 그림에서
작은 피스톤을 아래로 누르는 장면을 생각할 수 있다. 이렇게 되
면 큰 피스톤이 움직이고 그 위에 놓인 자동차가 위로 올라가는
것이다. 그런데 여기서 힘은 어떻게 전달될까? 또 자동차를 들어
올리기 위해서는 작은 피스톤에 얼마의 힘을 주어야 할까?

이를 알기 위해서는 우선 물의 경우, 액체는 압축될 수 없는 성질을 지니고
있다는 사실을 알아야 한다. 플라스틱 병에 물을 가득 채우고 뚜껑을 돌려 잠
근다(이때 병 속에 공기가 남아 있어서는 안 된다). 그리고 병을 눌러보라. 아무리
해도 압축되지 않는다.

따라서 수압 리프터 속에 들어 있는 물은 피스톤으로 눌러도 더 이상 압축되
지 않는다. 대신 다른 곳에서, 즉 다른 피스톤에서 물이 솟아오른다. 그런데 작
은 피스톤의 힘이 어떻게 큰 피스톤으로 전달되는 것일까? 이는 액체의 물리
학적인 성질에 대한 모델을 생각해보면 쉽게 알 수 있다.

아주 작은 구슬 모양의 입자들과 액체를 채운 병을 떠올려보자. 병 속에 촘

촘히 들어 있는 입자들은 어느 정도 자유롭게 이동할 수 있다. 유리병에 액체를 넣고 콩을 채운 상태를 생각하면 된다(이 작은 입자들이 어떤 성질을 가지는지는 열역학 장에서 자세히 다룰 것이다).

구슬 모양의 입자.

이 모델은 액체가 압축되지 않는 이유를 설명할 수 있다. 즉, 구슬 모양의 입자들은 그 자체가 압축될 수 없고 입자들 사이에는 빈 공간이 없다! 이제 우리는 액체가 힘을 어떻게 전달하는지를 쉽게 알 수 있다. 입자들은 구슬 모양을 하고 있고 이동할 수 있기 때문에 작은 피스톤이 만드는 압력을 모든 방향으로 전달한다. 따라서 이 압력은 도처에 전달되며 용기의 벽과 큰 피스톤에도 전달되는 것이다. 용기의 벽은 압력을 견디고 큰 피스톤은 운동을 시작한다. 구슬 입자가 어떻게 '느끼는지'는 당신이 관중으로 가득 찬 록 콘서트장의 무대 앞쪽에 서보았다면 잘 알 수 있을 것이다. 록 콘서트장에서 당신은 한 방향에서 오는 압력뿐만 아니라 사방에서 밀려오는 압력을 몸으로 느낀다.

사방에서 압력을 받는 록 콘서트장.

자동차의 무게와 큰 피스톤에 작용하는 힘을 안다면, 작은 피스톤에 가하는 힘은 어떻게 계산할 수 있을까? 이는 수압 리프터가 다른 기계들처럼 일의 원리에 의해 에너지 보존의 법칙에 따른다는 사실에 착안해서 계산한다. 이와 함께 액체의 압축될 수 없는 성질을 이용하면 된다.

작은 피스톤에 힘 $\vec{F_1}$을 거리 s_1만큼 아래로 누른다. 이렇게 하면 일 $W_1 = F_1 \times s_1$이 실행된 셈이다. 큰 피스톤에 실행된 일은 힘 $\vec{F_2}$가 거리 s_2만큼 작용했다면, $W_2 = F_2 \times s_2$이다. 일의 원리에 따르면, 이 두 일은 크기가 같다.

따라서 다음과 같이 나타낼 수 있다.

$$(1)\ F_1 \times s_1 = F_2 \times s_2$$

작은 피스톤의 접촉 단면 넓이가 A_1이라면 작은 피스톤은 부피가 $V_1 = A_1 \times s_1$인 액체를 누르는 셈이다. 왜냐하면 부피는 '밑넓이×높이'로 계산하기 때문이다. 이 액체는 큰 피스톤을 다시 들어 올린다. 큰 피스톤의 접촉 단면 넓이가 A_2라면 큰 피스톤에서의 액체의 부피는 $V_2 = A_2 \times s_2$이다. 그리고 액체는 압축될 수 없으므로, $V_1 = V_2$여야 한다. 따라서 다음의 식이 성립한다.

$$(2)\ A_1 \times s_1 = A_2 \times s_2$$

이제 방정식 (1))과 (2)의 좌변과 우변을 서로 나누면 다음과 같다.

$$\frac{F_1}{A_1} = \frac{F_2}{A_2}$$

달리 말하면, 힘을 넓이로 나눈 몫은 항상 일정하고(!) 힘은 넓이에 비례해서 커진다. A_2가 A_1보다 100배 크다면 F_2도 F_1보다 100배 커야 한다. 자동차가 서 있는 피스톤의 접촉 단면을 크게 하면, (이론적으로는) 작은 피스톤에 같은 힘을 가하더라도 무거운 자동차를 들어 올릴 수 있는 것이다. 물론 이 경우, 이동거리는 길어진다는 점을 감수해야 한다.

수압 프레스, 굴삭기의 삽, 자동차의 제동 장치 등도 수압 리프터와 같은 원리로 작동한다.

수압으로 작동하는 굴삭기의 삽.

힘을 넓이로 나눈 몫이 일정하다는 것은 피스톤뿐만 아니라 용기의 벽 어느 곳에서나(단, 용기가 압력을 견뎌낸다는 가정하에) 적용된다. 따라서 힘을 넓이로 나눈다는 말은 액체의 압력을 설명하고 측정하는 데에는 아주 적합하다.

압력이라는 개념의 물리학적 의미는 다음과 같이 정의한다.

넓이 A에 힘 $\vec{F}$이 꼭 수직으로 작용할 때, 압력 p는 다음과 같다.

$$p = \frac{F}{A}$$

압력은 스칼라 양이다. 따라서 압력은 방향을 가지고 있지 않고 크기만 가지고 있는 물리량이다.

압력의 단위는 1Pa(파스칼)이고 $1\mathrm{Pa} = 1\mathrm{N/m}^2$이다.

이전부터 오늘날까지 많이 쓰이고 있는 압력의 단위로 바^{bar}가 있다.

$$1\mathrm{bar} = 100000\mathrm{Pa}$$

따라서 1mbar=100Pa(mbar는 mbar로 읽는다)이다.

압력의 단위 Pa은 프랑스의 수학자이자 물리학자인 블레즈 파스칼[Blaise Pascal, 1623~1662]을 기념하기 위해 도입되었다.

블레즈 파스칼.

작은 피스톤이 액체에 힘 $F_1 = 500\mathrm{N}$을 누르고 접촉 단면의 넓이가 $A_1 = 10\mathrm{cm}^2 = 0.001\mathrm{m}^2$이라면, 액체의 압력은 다음과 같다.

$$p = \frac{F_1}{A_1} = \frac{500\mathrm{N}}{0.001\mathrm{m}^2} = 500000\mathrm{Pa} = 5\mathrm{bar}$$

기체의 압력

액체는 압축될 수 없지만, 공기와 같은 기체는 압축될 수 있다. 자전거의 공기를 넣는 펌프의 피스톤을 당겼다가 다시 밀어 넣어보면 여러분도 이 사실을 실감할 것이다. 여기서 손가락으로 공기의 출구를 막으면 공기가 빠져나가지 못한다. 이 출구를 완전히 막기는 쉽지 않고 빈틈이 생긴다. 이 틈새로 압축된 공기가 빠져나온다. 따라서 공기가 압축될 수 있다는 사실을 알 수 있다. 이는 액체의 입자와 달리 기체의 분자 사이에는 공간이 있기 때문이다.

기체의 물리학적 성질에 대해서는 열역학 장에서 자세히 다룰 것이다. 밀폐된 기체의 압력도 '넓이당 힘'으로 정의된다. 자동차 타이어의 압력은 대략 2 바^{bar} 정도다.

압력계

압력을 측정하는 기구는 마노미터^{manometer}(그리스어 'manos'는 '얇은, 투과시키는'을 뜻한다)라고 한다.

다이어프램 압력계$^{diaphragm\ press\ ure\ gauge}$는 간단한 형태의 압력계다. 이 압력계에는 유연한 납으로 된 막(M)이 들어 있다. 이 막이 관(S)으로 연결되어 압력을 측정한다. 압력에 따라 막의 휘는 정도가 달라지고, 이는 축(H)을 통해 지침(Z)으로 전달된다. 지침이 가리키는 눈금이 압력을 나타낸다.

혈압을 잴 때도 압력계를 이용한다. 혈압은 심장 박동에 따라 달라진다. 혈압의 최고치는 수축기 혈압으로, 심근이 최대로 수축하는 순간에 도달하는

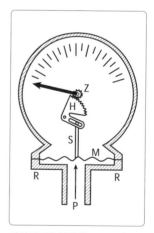

다이어프램 압력계.

혈압을 말한다. 심근이 다시 이완되면 혈압은 최
소치로 내려가는데, 이때의 혈압은 확장기 혈압이
라고 한다. 의사가 '120, 80'이라고 말한다면, 수
축기 혈압이 120이고 확장기 혈압이 80이라는 의
미다(이 수치는 정상을 의미하니 이런 말을 들으면 안심
해도 된다). 의사가 혈압을 측정하는 단위는 바^{bar}
가 아니라(만약 그렇다면 상당히 큰 수치를 가리키게 된

압력계.

다), mmHg 또는 이탈리아 물
리학자 에반젤리스타 토리첼
리$^{Evangelista\ Torricelli,\ 1608\sim1647}$의
이름을 따서 토르^{torr}라고 한다.
어떻게 이런 단위가 생기게 되
었는지는 다음 장에서 다룰 예
정이다.

에반젤리스타
토리첼리.

혈압계.

액체에서의 중력에 의한 압력

　바다나 실내 수영장에서 물속으로 잠수하면 깊이 들어갈수록 귀에 점점 더
큰 압력을 느낀다. 왜냐하면 귀의 고
막은 압력을 받으면 휘는 압력계의
막과 다를 바 없기 때문이다. 바로 이
것이 압력 측정의 원리다. 우리 몸
의 귀는 일종의 다이어프램 압력계로
볼 수 있다. 보통의 압력계로 측정하
면 물속의 압력은 깊이 1cm당 대략

귀에 압력이 생기는 이유는 무엇일까?

1mbar씩 증가한다.

물속으로 깊숙이 들어갈수록 압력이 커지는 이유는 왜일까? 물론 물기둥의 중력 때문이라고 추측할 수 있다. 물기둥은 당신이 깊숙이 잠수할수록 더 높아지고 무거워진다(실제로는 물 이외에 대기도 영향을 미친다. 하지만 이는 무시해도 된다. 그 이유에 대해서는 기압을 다루는 장에서 설명할 것이다). 경우에 따라서는 다음과 같이 말하는 사람이 있을지도 모르겠다.

"내 위에 있는 물의 무게 때문만은 아니다. 왜냐하면 모든 방향에서 압력이 내 귀에 미치기 때문이다. 이는 머리를 어느 쪽으로 돌려도 마찬가지다. 위쪽에서만 압력이 미치는 것이 아니다!"

그러나 이러한 주장이 근거 없다는 것은 수압 리프터를 다룬 소단원에서 구슬 모델로 쉽게 증명할 수 있다. 즉, 입자들은 자신들에게 미치는 힘을 모든 방향으로 전달하면서 압력을 행사한다! 또 고막이 큰 사람이라고 해서 고막이 작은 사람보다 압력을 느끼는 정도가 다른 것은 아니다. 이는 압력이 넓이당 힘으로 정의되고, 넓이의 크기에 따라 좌우되는 것이 아니기 때문이다.

높이가 1m=100cm인 물기둥이 자체 무게로 인해 미치는 압력의 크기는 얼마일까? 이를 계산하기 위해서는 물이 일정한 넓이에 작용하는 무게를 알아야 한다. 그런 다음 이 무게를 넓이로 나누면 된다.

넓이가 $10cm^2$라고 가정해보자. 이때 물기둥의 부피(밑넓이×높이)는 $1000cm^3$가 된다. 이 물기둥의 질량은 물의 밀도가 $1g/cm^3$이므로 1000g=1kg이다. 이 질량에 낙하 가속도 g를 곱하면 중력 F_G가 나온다. 근삿값인 $g \approx 10m/s^2$을 적용하면 중력은 10(뉴턴)이다. 이제 압력을 계산하려면 이 중력을 넓이($10cm^2$)로 나누어야 한다. 계산은 다음과 같다.

$$p = \frac{10N}{10cm^2} = 1\frac{1N}{cm^2} = \frac{N}{0.0001m^2} = 100000Pa = 100mbar$$

따라서 100cm 깊이에서는 압력이 100mbar인 것을 알 수 있고 압력이 커지는 원인도 발견된 셈이다. 원인은 당신이 물속에 들어갔을 때 당신의 몸 위에 있는 물 때문이다! 이러한 종류의 압력을 중력에 의한 압력이라고 한다.

앞에서 중력에 의한 압력을 계산해보았는데, 이는 일반화시킬 수 있다. 밀도와 높이를 알면 다양한 경우의 압력을 구할 수 있는 것이다. 정리하면 다음과 같다.

깊이 h에서 밀도가 ρ인 액체의 중력에 의한 압력 p는 다음과 같은 식으로 구한다.

$$p = \rho \times g \times h$$

여기서 g는 중력 가속도이다.

이전에는 액체 상태의 수은을 넣은 압력계를 이용해 압력을 측정했다. 따라서 중력에 의한 압력은 mmHg라는 단위로 표시되었고 혈압을 측정할 때도 이용되었다. 수은의 밀도는 $\rho = 13.6\text{g/cm}^3$이다. 따라서 높이가 1mm인 수은주의 압력은 다음과 같다.

$$\rho = 13.6\text{g/cm}^3 \times 9.8\text{m/s}^2 \times 1\text{mm}$$
$$= 13600\text{kg/m}^3 \times 9.81\text{m/s}^2 \times 0.001\text{m} = 133.4\text{Pa}$$

따라서 1mmHg=133.4Pa이다.

예: 한 도시의 물 공급

19세기 유럽에서는 산업화와 함께 도시화도 진행되었다. 그러면서 도시 주

민에게 위생적으로 아무 문제가 없는 물을 충분히 공급하는 것이 시급한 과제로 부각되었다. 이 목적을 이루기 위해 수도관이 설치되고 급수탑이 건설되었다. 급수탑은 물을 저장하기도 하고, (물의 중력에 의한 압력을 이용해) 동일하고 충분한 압력으로 물을 공급하는 일을 한다.

급수탑.

아래그림은 급수탑을 통해 물을 공급하는 과정을 보여준다. 전기 펌프가 (그림에서 깔때기 모양을 하고 있는) 저장 탱크로 물을 끌어 올린다. 이 저장 탱크에 저장했다가 필요에 따라 각 가정으로 물을 보내는 것이다.

각 가정의 수도로 물을 보낼 때 얼마의 높이까지 올라갈 수 있는지를 결정하는 요인은 무엇인가? 실험실에서 연통관을 통해 조사해보면 다음과 같다.

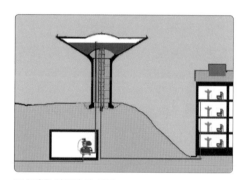

급수탑을 이용한 물 공급.

우선 연결관 중 하나에 액체를 채운다.

결과는 명확하다. 연통관에 액체를 넣으면, 용기 속 액체의 높이는 모두 동일해진다. 물이 얼마의 높이까지 올라갈지는 관의 형태나 물의 양과는 관계가 없다. 따라서 도시의 물 공급은 수도관의 연결 방법이나 굵기, 형태와는 아무 관계가 없다는 것을 알 수 있다. 물은 (높은 곳에서 물을 관으로 보내면) 항상 같은 높이로 올라가게 된다! 그 이유는 중력에 의한 압력이 (밀도와 중력 가속도 이외에) 물기둥의 높이에만 좌우되지, 다른 어떤 것에 의해서도 영향을 받지 않기 때문이다! 이러한 사실은 파스칼(앞에서 압력의 단위는 파스칼을 기념하기 위해 Pa

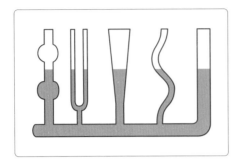

연통관.

포도주 통.

를 쓴다고 말한 바 있다)이 실험을 통해 증명했다고 전해진다.

파스칼은 가득 찬 포도주 통 위쪽에 아주 얇은 관을 꽂아 길게 연결한 다음, 발코니에서 몇 잔의 포도주를 이 관에 넣었다. 그러자 포도주 통이 터지고 말았다! 중요한 것은 액체 기둥의 높이지 부피가 아닌 것을 증명하는 순간이었다.

급수탑으로 물을 공급하는 것은 급수탑의 수면보다 낮은 위치에 있는 가정에만 물을 공급할 수 있다는 단점이 있다. 그래서 오늘날에는 급수탑을 만들지 않고 전기 펌프로 물의 압력을 발생시킨다.

물받이 통이나 화장실 배수구의 악취 차단도 연통관의 원리를 이용한다. U 자형 관의 물은 악취를 차단할 수 있다.

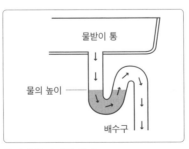

물받이 통의 악취 차단.

물 펌프.

부력

플라스틱 통을 (욕조나 정원의 연못에서) 물속에 담가보자. 물이 플라스틱 통을 밀어내는 것을 느낄 것이다. 밑에서 위로 향하는 힘이 플라스틱 통에 작용한것으로, 이 힘을 부력이라고 한다.

부력은 어떻게 생기는 것일까?

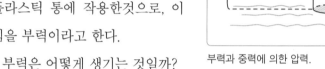

부력과 중력에 의한 압력.

플라스틱 통을 깊이 h만큼 물속으로 누른다. 깊이 h에서는 h에만 좌우되는 중력에 의한 압력이 작용한다. 이 압력을 만들어내는 것은 플라스틱 통의 외부에 있는 물기둥이다. 하지만 압력은 앞에서 살펴본 대로 물에서 계속 전달된다. 따라서 플라스틱 통의 바닥도 압력을 받고 물은 이 압력을 높이려고 한다. 물의 중력에 의한 압력이 부력의 원인인 셈이다!

물속에 넣은 플라스틱 통에 구멍을 내면 물이 압력의 균형을 이루기 위해 어떤 움직임을 보이는지가 드러난다. 즉, 물이 분수처럼 위로 솟아오르면서 플라스틱 통은 점차 물로 채워진다. 그런데 어디까지 채워질까?

플라스틱 통의 외부와 플라스틱 통 자체를 짝을 이룬 연통관으로 볼 수 있는데 이 경우, 플라스틱 통은 물이 정확히 높이 h에 도달할 때까지 채워진다! 이렇게 되면 압력의 차이는 존재하지 않고 물은 관으로 흐르며 부력은 더 이상 생기지 않는다.

그런데 부력의 크기는 얼마일까? 이는 쉽게 알 수 있다. 즉, 부력을 플라스틱 통에 있는 물의 무게로 정확하게 상쇄시켰기 때문에 부력과 채워진 물의 무게는 크기가 똑같아야 한다!

이제 플라스틱 통의 벽이 아주 얇다고 가정한다면, 채워진 물은 플라스틱 통이 물속에 들어갈 때 밀어낸 물, 즉 플라스틱 통이 차지한 자리에 있던 원래의 물의 양과 일치한다. 따라서 우리는 부력의 크기를 계산할 수 있다. 즉, 부력은 밀려난 물의 무게(일반적으로 표현하면 밀려난 액체의 무게)와 크기가 정확히 일치한다.

이는 고대 그리스의 철학자이자 과학자인 아르키메데스 Archimedes, B.C. ?287~?212가 발견해, 그의 이름을 따서 아르키메데스의 원리라고 한다.

아르키메데스.

아르키메데스의 원리
액체의 부력은 중력에 의한 압력에 의해 생긴다.
부력은 물체에 의해 밀려난 액체의 무게와 크기가 같다.

뜨거나 가라앉음

밀어내는 물이 관건이다!

플라스틱 통은 사실상 배와 같은 작용 원리를 가지고 있다. 왜냐하면 무거운 것을 넣지 않으면 물에 떠다니기 때문이다. 플라스틱 통 대신 금속 통을 가지고 실험해보자. 이 경우에도 통이 물에 뜨는 것을 결정하는 것은 통의 재질이 금속이냐 플라스틱이냐가 아니라 밀어낸 물의 무게가 일정한 한도를 초과하지 않느냐 하는 것이다. 무거운 금속으로 만든 배의 무게가 밀어낸 물보다 무거우면 뜨지 않는다. 그러나 내부에 가벼운 재료들이 있으면 외부를 금속으로 만들어도 된다. 배는 밀어낸 물과 같은 양의 물을 옮길 수는 없다. 이 경우에 배는 가라앉는다! 이를 다음과 같이 표현할 수 있다. 즉, 물체의 평균 밀도가 액체의 밀도보다 작으면 물체는 뜬다. 물체의 평균 밀도가 액체의 밀도보다 크면 물체는 가라앉는다. 이 둘의 밀도가 같다면 물체는 정지해 있게 된다. 이때는 물체가 위로부터든 아래로부터든 힘을 받지 않는 것이다.

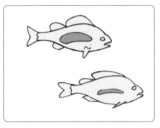

해양 동물 중 일부는 공기를 채울 수 있는 부레를 지니고 있다. 큰 부레를 가진 동물은 다른 동물과 질량이 같아도 부피는 더 크다. 따라서 평균 밀도가 낮아져 위로 뜨게 된다. 거꾸로 부레가 작으면 가라앉는다.

물고기의 부레.

기압

지구에는 대기가 있기 때문에 우리는 공기를 마시며 살아갈 수 있다. 공기가 누르고 있는 중력에 의한 압력을 기압이라고 하는데 해수면에서의 기압은 평균 101300Pa=1013mbar이다. 따라서 대략 1bar쯤 된다. 날씨가 좋을 때, 즉 고기압일 때는 기압이 조금 올라가고(약 1040mbar), 날씨가 나쁠 때, 즉 저기압일 때는 조금 내려간다(약 970mbar). 우리의 집이 이런 압력에서 무너지지 않는 이유는 집에도 공기가 있고 내부 기압이 외부 기압과 똑같기 때문이다. 집의 내부와 외부의 기압이 다르다면 압력의 차이를 상쇄하는 기류(바람 또는 공기의 유입)가 생긴다. 또한 기압은 정상적인 상태에서는 우리 귀의 고막 앞과 뒤에서 똑같아 우리는 기압을 느끼지 못한다. 이 때문에 우리는 액체에서의 중력에 의한 압력을 다룰 때 기압을 무시할 수 있었던 것이다. 즉, 막의 양쪽에서 방향은 다르지만 같은 힘으로 누르는 것은 감지되지 않는다. 압력이 달라야 감지되는 것이다.

자동차 타이어와 관련해서도 기압이라는 말을 쓴
다. 그런데 자동차 타이어 안의 기압은 외부의 기
압보다 훨씬 높다. 자동차 타이어의 압력이 2bar라
면 외부 기압보다 2bar가 높다는 것을 의미한다.

자동차 타이어.

기압을 느껴보고 싶다면 공기 주입구를 막은 상
태에서 빼내면 된다. 이 경우에는 큰 힘이 필요하
다. 왜냐하면 외부 기압이 피스톤을 안쪽으로 밀어 넣으려 하기 때문이다. 하
지만 공기 주입구를 열면 피스톤을 빼내기가 쉬워진다. 이때는 공기가 쉽게 들
어가고 나올 수 있어 내부와 외부의 압력이 동일해지기 때문이다.

독일의 정치가이자 법학자이며 자연과학자이기도 했던
오토 폰 게리케^{Otto von Guericke, 1602~1686}는 마그데부르크에
서 기압 관련 실험을 했다.

오토 폰 게리케.

그는 금속으로 된 두 개의 반구(이를 마그데부르크의 반구
牛球라고 한다)를 만들어 맞춘 다음, 자신이 만든 공기 펌프
를 이용해 맞춘 두 반구(공) 안의 공기를 모두 빼냈다. 이
렇게 함으로써 공의 내부가 진공 상태가 되면서 두 반구는
기압에 눌려 단단히 밀착되었다. 이 두 반구를 떼어놓기 위해 말 16마리가 양

마그데부르크의 반구 실험 장면.

쪽에서 끌어당겼지만 밀착된 반구는 떼어지지 않았다. 하지만 공기를 다시 반구 안으로 집어넣자 반구는 서로 떨어졌다. 오토 폰 게리케는 이렇게 해서 기압의 존재를 입증했다.

이제 이 장 도입부에서 말한 질문(빨대로 액체를 빨아 마시는 일이 어떻게 가능한지?)에 답할 차례가 되었다. 당신은 입으로 빠는 행동을 할 때 어떻게 하는가? 먼저 입 공간을 크게 만들 것이다. 이렇게 하면 공기가 들어올 수 없기 때문에 입안의 기압이 낮아져 음료수에 미

기압의 역할.

치는 외부 기압보다 작아진다. 따라서 외부 기압이 액체를 입 쪽으로 밀어 올리게 된다!

빨대로 액체를 빨아 마시기는 쉬운 일이다. 하지만 여기에도 한계는 있다. 빨대 속의 액체 기둥이 높으면 높을수록 중력에 의한 압력도 커진다. 이 압력은 외부 기압에 역작용을 한다. 즉, 액체의 중력에 의한 압력이 기압과 크기가 같으면 아무리 세게 빨아도 소용이 없다. 액체는 더 이상 올라갈 수 없는데 이는 물의 높이가 대략 10m일 경우로, 이 높이가 되면 물기둥의 중력에 의한 압력이 1bar가 되어 기압과 같아지기 때문이다. 하지만 10m나 되는 빨대를 이용하려는 사람은 없기 때문에 이 한계는 현실성이 없고 학술적인 의미를 지닐 뿐이다.

이제 기압계로 고층 건물 높이를 잴 수 있는 방법을 알아보자. 이는 앞의 등가속도 직선운동을 다룰 때 나온 문제다. 앞에서는 기압계를 긴 밧줄에 매달아 지붕에서 땅까지 늘어뜨리거나 기압계를 지붕에서 떨어뜨려 땅에 닿을 때까지 걸리는 시간을 측정하는 방법이 나왔지만, 이제는 기압계를 이용한다.

공기의 밀도는 높이 올라갈수록 작아진다. 그것도 기하급수적으로! 이는 작아지는 정도가 지수 함수를 따른다는 것을 의미한다. 높이 h에서 압력 p는

$p(h)=p_0 e^{\rho_0 gh/p_0}$로 나타낼 수 있다. 여기서 p_0는 압력을, ρ_0는 공기의 밀도를 가리킨다. 이 둘의 기준은 모두 지표면이다. e는 오일러 수($e\approx2.71818$)이다. 따라서 공기의 밀도와 높이 사이에는 밀접한 관계가 있음을 알 수 있다. 즉, 특정한 높이에서는 밀도도 특정한 값을 갖고 그 역도 성립한다. 때문에 고층 건물 지붕에 미치는 기압을 통해 이 고층 건물의 높이도 측정할 수 있다. 이는 위에서 말한 방정식의 대수 계산 방식에 따른다. 자세한 사항은 《누구나 수학》에 나오는 지수 함수와 로그 함수를 참조하면 된다.

비행기의 고도계는 원래 기압계지만 고도계의 눈금은 밀도가 아니라 비행기의 고도高度를 가리킨다. 기압을 측정해서 계산식에 따라 고도를 표시하는 것이다.

고도를 나타내는 고도계.

액체와 기체의 흐름

비행기는 활주로에서 이륙 준비를 하고 대기하다 이륙 허가가 나면 굉음을 내며 가동되기 시작한다. 비행기는 활주로를 따라 점점 빠르게 이동하다가 이륙해 목적지를 향해 날아간다.

당신은 비행기가 이륙하는 장면을 (영화에서든 실제로든) 자주 보았을 것이다. 물론 직접 비행기를 타고 여행한 적도 있을 것이다. 비행기가 날 수 있는 이유는 무엇일까? 그것은 공기와 비행기 동체의 좌우로 뻗은 날개

이륙하는 비행기.

와 관련이 있다. 이때 공기는 기류를 말한다. 우리가 비행기의 날개 위에 있다고 가정한다면, 공기가 우리에게 밀려오는 것을 느낄 것이다. 실제로는 공기가 아니라 날개가 움직이고 있다는 것은 중요하지 않다. 앞에서 관성계를 다룰 때 살펴보았듯이 이때는 상대 운동이 중요하다.

액체와 기체의 흐름은 유체역학에서 다룬다. 원래 이 개념은 유체역학과 기체역학으로 분리되어야 하지만 통합하여 유체역학이라고 부른다. 게다가 기체는 흔히 액체와 같이 취급된다. '압력'장에서 다루어진 현상들은 유체 정역학에 속한다.

유체역학은 광범위한 분야로, 비행기가 날 수 있는 이유에 대해 적합한 답을 하자면 아주 복잡하기 때문에 이 책의 수준을 넘어서지 않는 범위 안에서 간단히 답하고자 한다.

날개의 모형

날개가 밀려오는 기류에 어떻게 대응하는지를 알기 위해 실험실에서 다음과 같은 모형을 만든다. 이때 기류는 (가열 기능이 없고 바람만 만드는) 풍력 발전기로 발생시킨다.

공기가 날개로 밀려들기 때문에, 수평 방향으로 공기 저항력 $\vec{F}_L$을 측정한다. 이 저항력을 좌우하는 요소는 공기의 밀도, 공기의 속도, 날개의 횡단

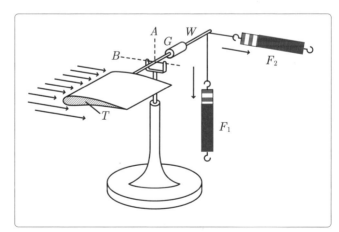

날개 모델.

차체.

면, 모형의 형태 등 여러 가지가 있다. 모형의 형태는 공기 저항 계수(항력 계수, drag coefficient) C_W로 구분된다. 자동차의 차체는 공기의 흐름을 인공적으로 만들어, 흐름이 물체에 미치는 영향이나 흐름 속 물체의 운동, 흐름 속에 놓인 물체로 인한 흐름의 변화 등을 조사하는 인공 장치 풍동風洞, wind tunnel을 통해 공기 저항 계수를 측정한다.

아래의 그림은 몇 가지 모형과 이 모형들의 공기 저항 계수를 나타내는데 이 중 유선형 모형의 공기 저항 계수가 가장 작다.

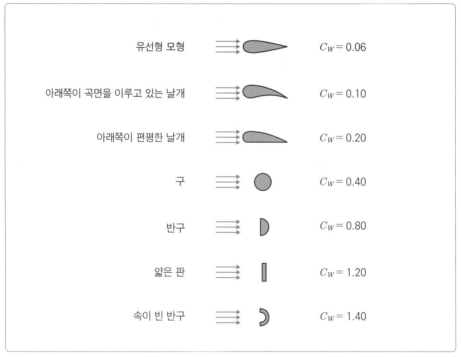

유선형 모형	$C_W = 0.06$
아래쪽이 곡면을 이루고 있는 날개	$C_W = 0.10$
아래쪽이 편평한 날개	$C_W = 0.20$
구	$C_W = 0.40$
반구	$C_W = 0.80$
얇은 판	$C_W = 1.20$
속이 빈 반구	$C_W = 1.40$

여러 모형의 공기 저항 계수.

곡면을 이루고 있는 모형에서는 동역학적 양력$^{\text{lift force}}$ F_A을 측정할 수 있다. 양력은 비행기를 날게 하는 힘이다. 실험을 통해 어떤 모형의 양력이 가장 큰지를 알 수 있다. 이러한 실험 결과를 이용해 날개의 모형을 최적화한다.

비행기를 제작하는 기술자는 날 수 있는 비행기를 설계하는 일만 하면 되기 때문에 양력이 존재한다는 사실만 알고 있으면 된다. 하지만 우리에게는 의문이 남아 있다. 바로 이 양력이 왜 존재하는지가 해명되지 않았기 때문이다. 이제 이 문제를 다루어보자.

어떤 현상을 물리학적으로 설명한다는 것은 그 현상을 이미 해명된 현상에 결부시켜 기존의 이론에 편입시키는 것을 의미한다. 이제부터 우리가 하는 일도 이런 방식을 취할 것이다.

연속방정식

정원에서 호스로 물을 뿌릴 때 어떻게 하면 물의 흐름을 빠르게 해서 멀리까지 닿게 할 수 있을까? 아주 간단하다. 호스의 출구를 손으로 눌러 좁히면 된다! 출구를 좁히면 물의 속도를 빠르게 할 수 있다. 이 효과는 강에서도 관찰할 수 있는데, 강바닥이 넓으면 천천히 흐르고, 좁으면 물살이 빠르다. 자동차를 운전할 때도 이와 유사한 효과를 경험할 수 있다. 도로 공사로 인해 2차선 중 하나가 차단되면 공사 현장 앞에서 정체가 생긴다. 이때는 차단 지점까지 차를 천천히 몰 수밖에 없다. 그러나

굽이치며 흐르는 강.

고속도로의 노선 차단으로 생기는 정체.

일단 좁아진 도로에 도달하면 빠르게 진행할 수 있다. 이는 모든 차들이 한 차선으로 주행하게 되어 두 개의 차선으로 주행할 때보다 빠르게 이동할 수 있

기 때문이다.

다시 정원의 호스로 돌아와 살펴보자. 정원의 호스는 일정한 단면을 지닌 관을 이루고 있다. 단면이 작으면 흐르는 속도가 빨라지고 그 역도 성립한다. 이것이 바로 연속방정식의 핵심이다.

연속방정식

압축되지 않는 유체가 마찰이 없고 등속으로 흐를 때는 다음의 식이 성립한다.

$$A_1 \times v_1 = A \times v_2$$

여기서 A_1은 어떤 지점 1에서 관의 단면적을, v_1은 이곳을 통과하는 유체의 속도를 말한다. 이와 마찬가지로 A_2와 v_2는 지점 2에서의 단면적과 속도를 말한다.

유체가 등속으로 흐른다는 말은 속도가 공간 내 모든 지점에서 일정하다는 것을 의미한다. 또한 유체가 마찰 없이 흘러야 한다는 말은 공간이 충분히 채워진 이상적인 상태를 의미한다. 끝으로, 압축되지 않는다는 조건은 액체에 한해서 적용되지만, 기체는 흐르는 속도가 음속보다 작을 때에만 근사적으로 적용된다.

베르누이의 법칙

흐르는 유체가 좁아진 곳에서 속도가 빨라진다면 가속력이 작용하는 것이 분명하다. 이 경우, 압력의 차이만 문제될 뿐이다. 즉, 좁아진 곳 앞에서는 좁아진 곳보다 더 큰 (유체 정역학적인) 압력이 작용한다. 이는 관 벽에 압력계를 대는 실험을 통해 입증할 수 있다(물론 압력계의 막은 흐르는 유체와 평행해야 한다. 그래야 유체 정역학적인 압력만을 측정할 수 있고 흐르는 유체가 속도로 인해 막을 누르는 일이 생기지 않는다).

다니엘 베르누이.

스위스 수학자이자 물리학자인 다니엘 베르누이[Daniel Bernoulli, 1700~1782]는 압력과 흐르는 속도의 관계를 연구해 다음과 같은 결론에 도달했다.

베르누이의 법칙

압축되지 않는 유체가 마찰이 없고 등속으로 흐를 때는 $P+\frac{1}{2}\times\rho\times v^2$이 모든 지점에서 항상 일정하다. 여기서 P는 유체 정역학적인 압력을, ρ는 유체의 밀도를, v는 유체의 속도를 의미한다.

이 법칙은 압력이 낮아지면 속도가 빨라진다는 것을 말하며 그에 대한 역도 성립한다.

비행기가 날 수 있는 이유는?

이 질문에 대한 답을 하자면 아주 복잡하다. 하지만 지금까지 배운 지식을 활용해서 핵심 내용을 설명할 수 있다.

실험을 통해 비행기 (곡면을 이루고 있는) 날개 모형 위쪽에서는 아래쪽보다 공기의 흐름이 빠른 것을 알 수 있다. 우리가 이 사실을 받아들인다면 동역학적인 양력이 어디에서 오는지가 분명해진다. 유체의 속도가 커지면 압력이 작아지고 유체의 속도가 작아지면 압력이 커진다는 베르누이의 법칙에 따라 공기 속도가 큰 날개 위쪽은 공기 압력이 작고, 공기 속도가 작은 날개 아래쪽은 공기 압력이 크다는 것을 알 수 있다. 따라서 공기 압력이 큰 아래쪽에서 공기 압력이 작은 위쪽으로 밀어 올리는 힘인 양력이 발생하는 것이다!

여기까지는 그래도 이해하기가 쉽다! 그런데 위쪽의 공기 속도가 아래쪽보다 큰 이유는 무엇일까?

오른쪽 그림은 구 주변에 흐르는 유선을 나타내고 있다(유선은 유체의 속도가 나뉘는 것을 표시한다. 즉, 유선은 속도의 방향을, 유선의 조밀한 정도는 속도의 절댓값을 나타내는 것이다. 유선이 조밀할수록 속도는 커진다).

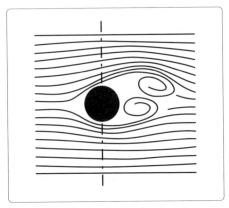

구 주변에 흐르는 유선.

유체의 요소들이 구 주변에 촘촘한 경계층을 이루고 있다. 이 경계층 마찰에 의해 소용돌이가 생기는데, 구 뒤에서는 회전 방향이 반대인 두 개의 소용돌이가 나타난다. 날개에서는 예리한 뒷모서리를 지닌 곡면이 시계 방향으로 도는 소용돌이를 반시계 방향으로 도는 소용돌이보다 더 가로막아 결국 이 소용돌이를 소멸시킨다. 하지만 반시계 방향으로 도는 소용돌이는 그대로 남아 모형 전체를 휘돌아 앞쪽에서 흘러오는 기류와 겹친다. 이러한 겹침으로 인해 모형 아래쪽 기류의 속도는 줄어들고 위쪽 기류의 속도는 커진다. 따라서 위쪽의 (유체 정역학적) 압력은 아래쪽보다 작아져 비행기가 날게 되는 것이다!

중력

중력 때문에 비는 항상 아래로 떨어지고 저울은 제 기능을 발휘한다. 또한

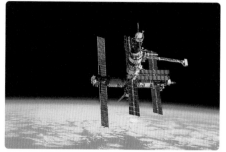

인공위성.

중력의 작용으로 달이 지구를 돌고 지구는 태양을 돌며 밀물과 썰물이 생긴다. 천체가 중력의 지배를 받는다는 것은 오늘날 우리에게는 자명한 사실이다. 그러나 16세기 말까지만 해도 이를 전혀 모르고 있었다. 아리스토텔레스 이래로 지상의 운동과 천체의 운동은 별개의 영역이었고, 지상의 운동 법칙이 천체에도 적용될 수 있다는 생각을 하지 못했다. 하지만 사람들의 생각이 바뀌어 천체를 관찰하면서 중력을 수학적으로 정확히 서술하게 되었다. 바로 뉴턴이 발견한 중력의 법칙이 그것이다. 그렇다고 중력의 원인까지 밝혀진 것은 아니었다(이 점에 대해서는 일반상대성이론을 다루는 장에서 다시 살펴볼 것이다). 그러나 중력의 법칙이 단지 서술에 불과할지라도 이를 통해 인공위성을 쏘아 올려 텔레비전이나 위성 항법 장치^{GPS}에 이용할 수 있게 되었다. 지금까지 우주 비행에서 거둔 최대의 성과인 1969년의 달 착륙도 결국은 중력 법칙을 발견했기에 가능했다. 이제 이러한 발견의 역사를 살펴보기로 하자.

케플러의 법칙

덴마크 왕 프레데리크 2세$^{Frederick\ II,\ 1534\sim1588}$는 천체에 관심이 많았다(하지만 그는 당시 거의 모든 군주들처럼 천문학이 아닌 점성술에 관심이 있었다). 그는 천문학자인 튀코 브라헤

튀코 브라헤.

밤하늘의 별.

오늘날의 관측소.

Tycho Brahe, 1546~1601에게 덴마크와 스웨덴 사이에 있는 벤 섬을 하사했고 그곳에 우라니보르크Uraniborg(하늘의 성이라는 뜻)라는 관측소를 지어주었다.

결투를 벌이다가 코의 일부가 잘려나가 코를 보정하는 장치를 달고 다녔던 브라헤(벤 섬에 칩거한 이유가 이 때문인지는 확실치 않지만 어느 정도 영향을 미쳤으리라 짐작된다)는 수년 동안 행성 운동을 관측해 방대한 자료를 모았다. 이 자료들은 당시에는 유례가 없을 정도로 정확했다. 아직 망원경이 나오기 전이어서 맨눈으로 관측한 자료임을 감안한다면 놀라운 일이었다.

브라헤는 뛰어난 관측자였지만 수학적 분석 능력이 떨어져 자신이 모은 자료에서 법칙성을 이끌어낼 수 없었다. 이 일은 독일 천문학자이자 신학자였던 요하네스 케플러Johannes Kepler, 1571~1630의 몫이었다.

요하네스 케플러.

케플러는 브라헤가 모은 자료를 이용해 합리적인 추론을 하고 직관력을 발휘해 태양 주위를 도는 행성의 운동에 관한 세 가지 법칙을 발견했다. 이는 오늘날 케플러의 법칙이라고 불린다.

타원의 수학적 특징에 대해서는 《누구나 수학》을 참조하면 된다. 원은 타원의 특수한 형태다. 즉, 원은 타원에서 두 개의 초점이 일치할 때 생기는 도형이다(원은 평면 위의 한 점에서 거리가 일정한 점들의 집합이다. 타원은 평면 위의 두 점에서의 거리의 합이 일정한 점들의 집합이다. 타원의 이러한 두 점을 타원의 초점이라고 한다. 두 초점 사이의 중점이 타원의 중심, 두 초점을 잇는 직선을 타원의 장축, 이와 수직이면서 타원의 중심을 지나는 축은 단축이다. 타원의 중심에서 장축이 타원과 만나는 점까지의 거리를 장반경, 단축이 타원과 만나는 점까지의 거리를 단반경이라고 한다. 타원의 장반경과 단반경이 같은 경우가 원에 해당하며, 이때 두 초점은 타원의 중심에서 만난다―옮긴이)

오른쪽 그림은 넓이 속도 일정의 법칙이라 불리는 케플러의 제2법칙을 나타낸다.

이 법칙은 행성의 궤도 운동이 일정하지 않다는 것을 의미한다. 즉, 행성이 궤도 운동을 할 때 그 속도는 행성이 태양에 가장 가까이 있는 근일

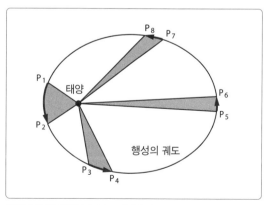

케플러의 제2법칙(넓이 속도 일정의 법칙).

점에서 빨라지고 가장 멀리 있는 원일점에서 느려진다.

뉴턴의 달 계산

케플러의 법칙은 행성이 어떤 궤도를 그리며 운동하는지를 설명한다. 하지만 이 법칙은 운동의 원인인 작용하는 힘에 대해서는 설명하지 않는다. 뉴턴은 행성이 궤도를 따라 움직이게 하는 힘이 중력이라 생각했고 케플러의 법칙에서 이 힘을 계산할 수 있는 수학적 공식, 즉 중력의 법칙을 도출해냈다. 뉴턴이 아이디어를 얻은 출발점이 된 것이 바로 달 계산이다.

전해지는 이야기에 따르면 사과나무 아래에 앉아 생각에 잠기곤 했던 뉴턴은 어느 날 사과가 머리에 떨어지는 것을 보고 천재적인 아이디어를 떠올렸다고 한다.

"난 사과와 달이 중력의 지배를 받는다는 것을 증명하고 싶다. (……) 달이 사과와 달리 땅에 떨어지지 않는 것은 달의 속도가 지구와 달을 잇는 직선에 수직으로 향하고 있기 때문이다. 달을 멈추게 하면 달은 즉각 땅으로 떨어질 것이다. (……) 그렇게 되면 사과를 땅과 평행하게 던질 수도 있을 것이다. 사과의 처음 속도가 충분할 정도로 크다면, 사과는 달과 마찬가지로 지구 주위를 돌 것이다. (……) 사과의 가속도를 계산

사과나무 아래에 있는 뉴턴.

하려면 케플러의 제3법칙을 이용하면 된다. (……) 그렇게 하면 가속도는 …… 이다. 바로 이것이다! 정말 놀랍다. 난 유명해질 거야!"

하늘이나 지구에서 동일한 중력의 법칙이 작용한다면, 사과의 가속도가 어

떤 값이 되는지를 말할 수 있을까?

지금까지의 설명이 너무 빨라 이해되지 않을지도 모르겠다. 따라서 뉴턴의 아이디어를 보다 자세히 설명해보겠다.

지구 주위를 도는 물체는 앞의 원운동을 다루는 장에서 배웠듯이 가속도를 얻는다.

$$a = w^2 r = \left(\frac{2 \times \pi}{T}\right)^2 \times r = \frac{4 \times \pi^2}{T^2} \times r$$

여기서 w는 각속도이고, T는 공전 주기, r은 궤도 반지름이다. (설명을 쉽게 하기 위해 단순화시켜) 지구 주위를 도는 달의 궤도가 원이라고 가정한다면, 달이 얻는 가속도를 계산할 수 있다. 왜냐하면 공전 주기와 달의 궤도 반지름을 알기 때문이다(이 반지름을 어떻게 측정하는지는 천체 물리학 장에서 다룰 것이다). 공전 주기가 27.3일이고 반지름이 38만 4000km일 때 달의 가속도는 다음과 같다.

$$a_M = 0.00272 \text{m/s}^2$$

여러분도 계산해보라(계산할 때 일을 초로, km를 m로 바꾸는 것을 잊어선 안 된다!).

사과와 달이 지구 주위를 돈다면, 이 둘 모두에게는 케플러의 제3법칙이 성립한다.

$$\frac{T^2}{r^3} = C$$

여기서 C는 지구 주위를 도는 물체에서 일정한 상수다(태양 주위를 도는 행성의 운동에 대해서도 동일한 법칙이 성립하고 상수만 다를 뿐이다). 이 방정식에서 T^2을 가속도를 구하는 식에 대입하면 다음과 같다.

$$a = \frac{4 \times \pi^2}{C \times r^3} \times r = \frac{4 \times \pi^2}{C} \times \frac{1}{r^2}$$

따라서 사과의 경우는 $a_A = \frac{4 \times \pi^2}{C} \times \frac{1}{r_A^2}$ 이고,

달의 경우는 $a_M = \frac{4 \times \pi^2}{C} \times \frac{1}{r_M^2}$ 이다.

이 두 방정식을 서로 나누어 a_A의 값을 구하면 다음과 같다.

$$a_A = a_M \times \frac{r_M^2}{r_A^2}$$

a_M과 r_M은 이미 알고 있다(위 참조). r_A는 지구 반지름과 같아야 한다. 따라서 값은 6400km다. 이제 이 모든 값을 대입하면 어떤 값이 나올까?

바로 $a_A = 9.8 \text{m/s}^2$이다(소숫점 두 자리 이하를 반올림한 값이다).

이는 달리 말해 달과 사과에 동일한 법칙이 적용된다면 사과의 가속도는 당연히 나와야 하는 값을 가진다는 것을 의미한다. 바로 낙하 가속도 g이다. 따라서 이제부터 중력의 법칙은 항상 성립한다는 전제에서 출발한다.

중력의 법칙

이제 중력의 법칙을 다룰 때가 되었다. 이미 실마리는 찾은 셈이다. 케플러의 제3법칙을 이용해 만든 가속도를 구하는 식에 질량을 곱한다(왜냐하면 힘은 질량×가속도이기 때문이다). 또한 뉴턴의 제3법칙에 따르면 두 물체 사이에는 상호작용, 즉 작용 반작용이 성립한다. 따라서 두 물체의 질량을 힘을 구하는 식에 대입하면 된다. 이를 정리하면 다음과 같다.

엄밀하게 말하면 중력의 법칙은 입자 형태의 물체에만 적용된다. 하지만 물체의 무게중심 사이의 거리를 감안한다면 물체들 상호 간의 중력 작용에도 이 법칙을 적용할 수 있다. 즉, 물체 사이의 거리에 비해 물체 크기가 작으면 임의의 물체에도 적용할 수 있는 것이다. 달과 지구는 충분히 멀리 떨어져 있으므로 이들을 입자로 어림하여 볼 수 있다. 구에서는 무게중심과 중심이 일치한다.

γ는 어느 곳에서나 통용되는 자연상수다. 이 자연상수의 값은 지구 상의 실험실에서의 측정을 통해 결정할 수 있다. 하지만 이는 간단하지 않은데 γ는 아주 작은 수이고 납으로 된 공 상호 간의 힘의 작용을 민감한 회전 저울로 측정해야 하기 때문이다.

중력의 법칙은 임의의 물체들이 서로 당기는 것을 의미한다는 사실을 기억해야 한다. 이러한 작용은 두 사람 사이에서도 일어난다. 하지만 사람들 사이에서 작용하는 힘은 아주 작다. 질량이 70kg인 두 사람이 1m 떨어져 있을 때, 작용하는 힘은 대략 0.0000003N이

끌림은 중력 작용으로만 생기는 것이 아니다.

다(여러분도 계산해보기 바란다!). 이는 실제로 인지하거나 측정할 수 있는 한계를 넘어선다. 따라서 이러한 종류의 인력은 별 의미가 없다.

천문학적인 질량 측정

지구나 사과와 같은 어떤 물체 사이에 작용하는 중력을 이용하면 지구의 질량을 계산할 수 있다. 사과에 작용하는 중력은 두 가지 방법으로 계산한다. 질량과 낙하 가속도를 곱하거나 중력의 법칙을 이용하면 된다. 이 두 가지 방법으로 계산한 결과는 같다.

$$F_G = m \times g = \gamma \times \frac{m \times M}{r^2}$$

여기서 m은 사과의 질량이고 M은 지구의 질량이다. 지구 반지름 r의 값은 6400km로 생각한다. 위의 방정식을 살펴보면 사과의 질량은 아무 역할도 하지 않는 것을 알 수 있다(사과의 질량은 m으로 나눌 때 없어진다). 이제 M을 제외하고는 우리가 이미 알고 있는 크기만 남는다. 따라서 M을 좌변에 두고 이항하면 지구의 질량은 다음과 같이 계산할 수 있다.

$$M = \frac{g \times r^2}{\gamma^2} = \frac{9.81\text{m/s}^2 \times (6400000\text{m})^2}{6.674 \times 10^{-11}\text{N} \times \text{m}^2/\text{kg}^2} = 6.0 \times 10^{24}\text{kg}$$

이는 엄청나게 큰 값이다. 따라서 사과와 지구가 서로 같은 힘으로 당기는데도 우리가 사과의 가속도만을 인지하는 이유가 드러난다. 지구는 너무나 무거워 느리기 때문이다!

그런데 달과 태양 그리고 행성들의 질량은 어떻게 구하는가? 이것도 아주 간단하다. 방법은 동일하다. 이들의 주위를 도는 (인공 또는 자연) 위성의 공전 주기와 궤도 반지름만 알면 된다. 이 자료들을 이용해 (앞의 달 계산에서와 같이) 위성이 얻는 가속도를 계산할 수 있다. 그런 다음, 중력의 법칙을 적용해 질량을 구하는 것이다. 이렇게 하면 태양의 질량은 $2.0 \times 10^{30} kg$이 된다. 따라서 지구의 질량은 태양의 질량의 100만분의 3에 불과하다.

한 물체가 다른 물체 주위를 돈다고 말하는 것은, 원래는 옳은 표현이 아니다. 왜냐하면 두 물체가 서로 잡아당기면서(이 힘은 뉴턴이 발견했다) 회전할 경우 회전의 중심은 두 물체의 무게중심이 되며, 각 물체는 이 공동의 무게중심을 타원의 한 초점으로 하여 궤도 운동을 하기 때문이다. 그러나 회전 중심은 두 물체의 질량 차이가 크다면 실제적으로는 질량이 큰 물체의 무게중심과 일치한다. 예를 들어 지구와 태양처럼 태양의 질량이 지구보다 엄청나게 크면 무게중심은 질량이 큰 태양의 내부 깊숙한 곳에 있게 되어 태양의 무게중심이 태양과 지구의 무게중심(이 점이 타원 궤도의 초점이다)에 아주 근접하게 되는 것이다.

마찰

지금까지 마찰은 일종의 장애 요소로 등장했다. 대개의 경우, 마찰을 배제했을 때에야 비로소 정상적인 값을 구할 수 있었던 것이다. 그러나 이러한 평가는 결코 합당하지 않다. 왜냐하면 마찰 없이는 문자 그대로 아무것도 진행되지 않기 때문이다.

우리의 발과 신발은 땅에 달라붙는다. 발이나 신발이 땅에 달라붙지 않으면 걷는 것은 차치하고라도 서 있을 수조차 없다. 자동차가 움직이는

마찰이 있기에 가능한 마라톤 경기.

것도 바퀴가 도로에 달라붙기 때문에 가능하다.

이 소단원에서는 고체 물체들이 접촉할 때 생기는 마찰력을 다루고, 물체가 공기 중에서 움직일 때 얻는 저항력에 대해 살펴볼 것이다.

정지와 미끄럼

자동차가 겨울에 얼어붙은 도로를 주행한다. 운전사는 브레이크를 밟지만 바퀴가 말을 듣지 않고 미끄러진다(제동 시 바퀴 잠김 현상을 방지하는 장치인 ABS$^{anti-lock\ brake\ system}$가 없다고 가정한다). 도로 가장자리에는 다른 자동차들이 꿈쩍도 않고 멈춰 서 있다. 이 경우에는 두 가지 종류의 힘이 작용한다. 즉, 물체가 정지해 있을 때 작용하는 정지 마찰력과 운동하는 물체에 작용하는 미끄럼 운동 마찰력이 그

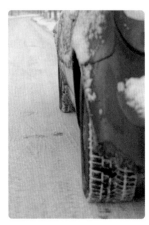

정지하느냐 미끄러지느냐.

것이다. 차가 정지해 주차하고 있다는 것은 정지 마찰력이 미끄럼 운동 마찰력보다 훨씬 큰 경우다. 그렇지 않으면 주차하고 있는 차들이 미끄러질 것이다.

실험실에서 마찰력을 조사할 때는 네모난 물체를 고체의 접촉면에 놓고 역량계를 매달아 당긴다. 힘을 조금씩 크게 주면서 당기면 처음에는 아무런 반응도 보이지 않다가 어느 순간이 되면 물체가 움직이기 시작한다. 이때가 최대 정지 마찰력이 작용하는 시점이다. 이제 물체는 미끄럼

스케이트를 탈 때는 마찰이 작다.

운동을 시작해 등속 운동을 한다. 물체가 움직이기 시작하는 시점에서는 물체를 끄는 힘이 미끄럼 운동 마찰력과 같다. 다양한 종류의 물체와 접촉면을 통해 실험해보면, 미끄럼 운동 마찰력은 최대 정지 마찰력보다 항상 작다는 것을 알 수 있다. 또한 다음과 같은 결과가 드러난다.

최대 정지 마찰력 $F_{H, max}$과 미끄럼 운동 마찰력 F_R은 물체가 접촉한 면이 물체를 수직한 방향으로 떠받치는 힘인 수직 항력 F_N과 비례한다.

$$F_{H, max} = f_H \times F_N \text{ 또는 } F_R = f_R \times F_N$$

여기서 f_H는 정지 마찰 계수를, f_R은 미끄럼 운동 마찰 계수를 가리킨다.

수직 항력은 중력과 항상 일치하지 않는다. 물체가 경사면에 있으면 수직 항력은 접촉면에 수직으로 작용하는 중력의 성분이다. 즉, 수직 항력은 어떤 물체가 접촉하는 표면이 물체에 작용하는 힘 가운데 표면에 수직한 성분을 말하며, 접촉면이 그 면에 수직한 방향으로 물체를 밀어내는 힘이라고 생각할 수 있다. 예를 들어 평평한 면에 가만히 놓인 물체의 경우, 수직 항력이 중력을 반대 방향의 서로 같은 크기의 힘으로 상쇄시킴으로써 물체가 바닥에서 지구 중심을 향해 내려앉는 것을 막는다고 볼 수 있다.

도로에서 자동차 바퀴의 정지 마찰 계수를 측정하면, 마른땅에서는 0.7과 0.9 사이의 값이 나오고 빙판길에서는 0.1과 0.4의 값이 나온다. 정지 마찰 계수 f_H가 클수록 물체는 접촉면에 더 잘 정지한다.

이러한 마찰력이 생기는 원인은 물체의 표면이 매끄럽지 않기 때문이다. 겉으론 매끄럽게 보이는 물체라 할지라도 현미경으로 관찰하면 불규칙한 표면 구조가 드러나는데, 이러한 표면 구조가 미끄러지는 운동을 방해하는 것이다.

공기 저항

지상으로부터 2km 높이에 있는 구름에서 생긴 빗방울이 자유낙하할 경우, 포탄과 같은 속도로 땅에 떨어진다. 하지만 속도가 빨라짐에 따라 공기의 저항력도 커지기 때문에 빗방울은 처음에만 속도가 빨라질 뿐이다. 공기의 저항력은 약간의 시간이 지나면 중력과 같아진다. 따라서 합력은 0이 되어 이후의 낙하는 등

비는 공기의 저항 때문에 위력이 크지 않다.

속 운동을 하게 되는 것이다. 큰 빗방울은 대략 초당 8m의 속도로 땅에 떨어진다.

속도가 크지 않을 때 공기의 저항력은 속도에 비례한다(이는 이 법칙을 발견한 영국의 물리학자 조지 스토크스[George stokes, 1819~1903]의 이름을 따서 스토크스의 마찰 법칙이라고 한다). 속도가 클 때는 소용돌이가 생긴다. 이때 물체가 받는 공기의 저항력은 속도의 제곱에 비례한다(이는 뉴턴의 마찰 법칙이라고 한다).

속도가 클 때, 공기의 저항력 F_L에 대해서는 다음의 식이 성립한다.

$$F_L = \frac{1}{2} \times C_W \times \rho \times A \times v^2$$

여기서 C_W는 저항 계수, ρ는 공기의 밀도, A는 물체가 공기와 접촉하는 넓이, v는 물체의 속도를 가리킨다.

속도가 제곱이 되기 위해서는, 달리는 자동차는 공기의 저항력을 상쇄하고 속도를 유지하기 위해서 기름 소비량을 네 배로 늘려야 한다.

고속 운전을 하면 공기 저항 때문에 기름값이 많이 든다.

II

역학적
진동과 파동

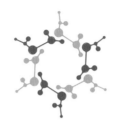

진동

앞에서 우리는 역학의 중요한 몇 가지 기초 지식을 배웠다. 지금부터 다루게 될 역학적 진동과 파동 역시 역학의 분야에 속한다. 진동과 파동도 독자적인 장으로 다뤄야 할 만큼 역학에서는 중요한 토대를 이룬다.

진동의 발생

아이들이 타는 그네를 밀었다가 놓아보자. 그네에 탄 아이가 가만히 있어도 주기적으로 왔다 갔다 하는 반복 운동, 즉 진동이 일어난다. 이 진동이 우리가 아무 일도 하지 않고 그대로 내버려두어도 언젠가 멈추게 되는 데에

재미있는 그네 타기!

는 그네를 매단 줄의 마찰과 공기의 저항이 작용하기 때문이다(이렇게 마찰력이나 항력을 받아 진동이 잦아드는 것을 진동이 감쇄된다고 한다). 그런데 진동이 일어나는 이유는 무엇일까?

실에 연결한 추로 그네를 대신해 실험을 해보자. 그림에서

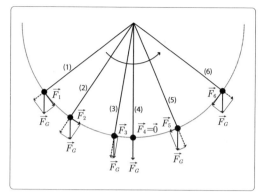

실에 연결한 추.

추는 진동하는 동안 임의의 시점에 어떤 위치에 있는지를 나타낸다.

그네와 마찬가지로 추에도 항상 같은 힘인 중력만 작용한다.

반복 운동이 일어나는 이유는 무엇인가? 위의 그림을 보면 추를 가속시키는 것은 전체 중력이 아니라 원호에 접하는 힘의 성분이다. 실의 방향으로 작용하는 다른 성분은 추의 가속에는 아무런 기여도 하지 않는다. 추를 왼쪽으로 당겨 1의 위치에서 놓을 때 원호에 접하는 힘의 성분이 가장 크고 추는 크게 가속된다. 그다음에는 힘과 가속도가 점점 작아져 결국 추가 궤도의 가장 낮은 점인 4에 도착한다. 이곳에서는 추에 더 이상의 힘이 작용하지 않지만 속도는 최대가 된다. 추는 관성에 따라 계속 운동한다. 하지만 상승하는 궤도에서 운동 방향에 역행하는 힘을 받는데, 이 힘이 점점 강해짐에 따라서 추의 속도가 줄어들다 추가 오른쪽 끝에 있는 전환점인 6에 도달하면 역방향으로 가속된다. 이제 추의 운동은 원점에서 다시 시작하는 것이다!

이러한 추의 운동에서 드러나듯, 진동이 발생하려면 두 가지 조건이 충족되어야 한다.

첫째, 추에 아무런 힘도 작용하지 않는 평형 위치(그림에서는 4의 지점)가 있어야 한다. 둘째, 평형 위치 이외의 지점에서는 이 평형 위치로 향하는 힘이 항상 작용해야 한다. 이러한 힘을 복원력이라고 한다.

진동의 크기

진동은 다양한 형태로 빠르게 펼쳐지며 다양한 진폭을 가진다. 이러한 특징을 파악하기 위해 다음과 같은 진동의 크기를 도입했다.

> 진동 주기 T는 한 번 진동하는 데 걸리는 시간을 뜻한다.

앞에서 말한 실에 연결한 추의 경우, T는 추가 1의 위치에서 출발해 다시 1의 위치에 도달하는 데 걸리는 시간이다. 따라서 진동 주기는 한 번 진동하는 데 걸리는 시간을 뜻한다.

> 진동수^{frequency} f는 진동 횟수를 진동하는 데 걸린 시간으로 나눈 값이다. 즉, 진동수는 1초 동안에 몇 번 진동하는지를 나타낸다.
>
> $$1\text{Hz} = 1\frac{1}{s} = 1s^{-1}$$

진동수의 단위인 헤르츠(Hz)는 독일의 물리학자 하인리히 루돌프 헤르츠 $_{\text{Heinrich Rudolph Hertz, 1857~1894}}$를 기념하기 위해 만들어졌다.

하인리히 루돌프
헤르츠.

진동수를 설명하면 다음과 같다.

추가 10초 동안에 30번 진동하면 진동수는 $f=3\text{Hz}$이다 (초당 세 번 진동). 하지만 초당 세 번 진동할 때 진동 주기는 $T=\frac{1}{3}s$가 된다. 따라서 f와 T는 다음과 같은 관계를 가진다.

진동 주기 T와 진동수 f에 대해서는 다음의 식이 성립한다.

$$T = \frac{1}{f}, \quad f = \frac{1}{T}$$

다음의 개념은 운동의 공간적인 측면을 설명한다.

위치 변화 또는 변위 $y(t)$는 진동하는 물체가 시점 t에서 평형 위치와 얼마나 떨어져 있는지를 나타낸다.

실에 매단 추의 진동에서 추가 이동한 거리는 원호에 따라 측정한다. 추가 평형 위치로부터 오른쪽 지점에 있을 때는 양의 부호를, 왼쪽 지점에 있을 때는 음의 부호를 붙인다면, 추가 5의 지점에 있을 때의 변위는 +4cm, 3의 지점에 있을 때의 변위는 −2cm라고 말할 수 있다.

진폭amplitude은 최대 변위의 절댓값이다. 따라서 진폭은 값이 양수인 상수로서 물체가 평형 위치에서 양쪽으로 벗어날 수 있는 변위의 최댓값을 나타낸다.

앞에서 말한 실에 연결한 추의 경우, 진폭은 1과 6의 지점에서 도달한다.

진동의 감쇠

시간이 흘러감에 따라 진동의 진폭이 작아질 때, 진동이 감쇠된다고 한다. 그네에 계속 힘을 가해 마찰로 인한 손실을 상쇄하지 않으면 그네의 진동은 감쇠된다. 자동차가 주행하면서 도로에서 받는 충격은 스프링으로 흡수한다.

스프링 장치를 한 완충기.

그런데 이 스프링은 감쇠되지 않은 채 진동해서는 안 된다. 왜냐하면 아래위로 계속 진동하는 자동차는 제어하기가 힘들기 때문이다. 따라서 자동차에서는 완충기를 이용한다. 차량용 완충기에 사용되는 유압 장치는 실린더 안에 기름을 가득 채우고, 그 속을 피스톤이 왕복 운동을 하게 한다. 피스톤에는 작은 구멍이 있어 외력을 받아 피스톤이 움직일 때 실린더 안의 기름이 그 작은 구멍을 빠져나온다. 이때 발생하는 마찰력이 진동을 흡수한다.

> 진폭이 일정한 진동을 감쇠되지 않는 진동이라 하고, 진폭이 시간에 따라 줄어드는 진동을 감쇠진동이라고 한다.

조화진동

진동에는 여러 가지 형태가 있다. 자연에서 볼 수 있는 진동이 있고 인공적인 진동도 있다. 시계추나 북해의 수위, 기복이 있는 지면을 달릴 때의 자동차 바퀴 등은 진동한다. 스피커의 막도 진동한다.

북해의 수위나
스피커도 진동
한다.

진동의 법칙을 알고자 한다면 가능한 한 단순한 진동 유형부터 시작해야 한다. 이렇게 하지 않으면 진동을 파악하기가 어렵다. 그래서 우선 단순하지만 가장 기본적인 진동 유형인 조화진동을 다룰 것이다.

용수철의 추를 살펴보자.

용수철 추

용수철 추는 탄성이 있는 용수철에 추를 매단 것이다. 이때 용수철의 탄성력은 변위(변형된 길이)에 비례한다는 훅의 법칙에 따른다.

추를 들어 올렸다가 놓으면 추는 아래위로 진동하기 시작한다. 이때 추의 진동을 지속적으로 촬영하면 추가 어떤 시점에 어떤 위

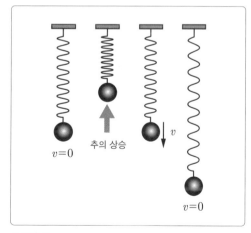

용수철 수.

치에 있는지를 알 수 있다. 이 자료를 이용해 시간−거리 다이어그램의 형태로 표시하면 아래와 같은 곡선이 나온다.

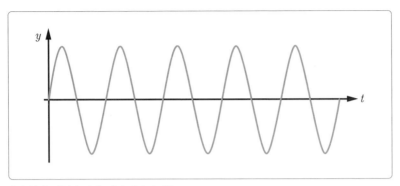

용수철 추 진동의 시간-거리 다이어그램.

평형 위치를 출발점으로 삼고 있는 이 그림의 곡선은 사인 곡선일까? 사인 곡선이란 무엇이며 어떻게 식별할 수 있는가? 여기서 잠깐 수학의 세계로 들어가보자!

사인과 코사인

오른쪽 그림의 왼쪽 부분은 원 운동을 다룰 때 이미 배운 단위원을 나타낸다. 원에는 이동하는 점 P가 표시되어 있다. 원점에서 점 P를 잇는 선분이 x축과 이루는 각이 φ(파이^{phi})이다. 그림은 각 φ_0일 때의 상황이며 모든 각에 대해 점의 위치, 즉 x와 y의 좌표를 정할 수 있다. 예를 들어 φ가 $\dfrac{\varphi}{2}$(각으로 표시하면 90°다)이면, 점 P의 좌표는 $x=0$, $y=1$이다.

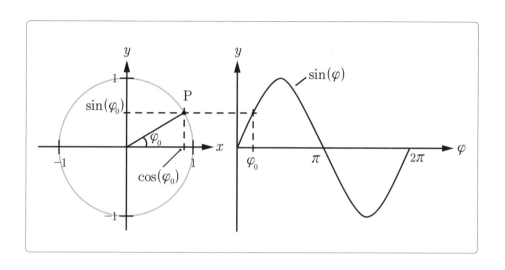

그렇다면 코사인과 사인은 무엇인가? 아주 간단하다. 바로 점 P에 x와 y의 좌표를 정해주는 함수이다!

단위원에서 원점부터 점 $P(x, y)$까지의 선분이 x축과 각 φ를 이루면, 다음이 성립한다.

$$x = \cos(\varphi), \quad y = \sin(\varphi)$$

때문에 다음의 식을 기억해두자.

$$\cos\left(\frac{\pi}{2}\right) = 0, \quad \cos(\pi) = -1,$$

$$\sin\left(\frac{\pi}{2}\right) = 1, \quad \sin(\pi) = 0, \quad \sin\left(\frac{3 \times \pi}{2}\right) = -1$$

그림의 오른쪽 부분에는 $\sin(\varphi)$가 표시되어 있다. 코사인 함수의 그래프도 원칙적으로 이와 똑같은 형태를 띠며, 사인 함수의 그래프를 왼쪽으로 $\left(\dfrac{\pi}{2}\right)$만큼 이동시키면 코사인 함수의 그래프가 된다.

이때 점이 단위원에 있지 않고 반지름 $r \neq 1$인 원에 있다면, 모든 좌표를 인수 r로 곱해야 한다.

$$x = r \times \cos(\varphi), \quad y = r \times \sin(\varphi)$$

용수철 추의 운동 법칙

용수철 추가 사인 함수 형태로 진동한다면, 변위는 원운동의 y좌표와 동일하다. 이는 실험을 통해 쉽게 입증할 수 있다.

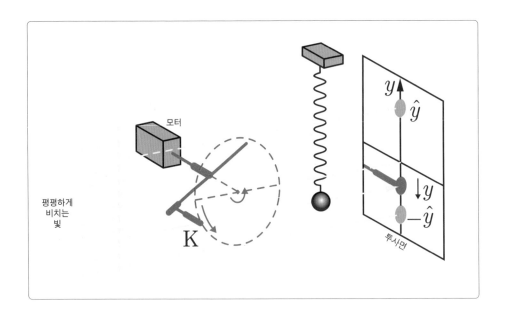

물체 K(그림에서는 작은 볼펜)는 각속도 w로 등속 원운동을 한다. 이는 회전 각 φ가 선형적으로 증가한다는 것을 의미한다. 즉, $\varphi = w \times t$이다.

회전하는 물체 옆에 용수철 추를 설치한 후, 물체와 추가 투사 면에 그림자를 비추도록 왼쪽으로부터 빛을 비춘다. 이제 추를 진동시키면 진폭은 회전하는 물체가 그리는 궤도의 반지름과 같다. 모터의 회전 속도를 적절히 맞추어 물체와 추가 똑같은 박자로 움직이도록 만든다. 이렇게 하면 투사 면에서는 두 개의 그림자가 항상 정확하게 겹친다! 따라서 추가 원운동의 y좌표와 같이, 즉 사인 함수 형태로 진동하는 것이 입증되는 것이다.

사인 함수 형태의 진동을 물리학에서는 조화진동이라고 하며, 각 φ는 진동의 변위를 결정한다. $\varphi = \frac{\pi}{2}$라면, 추는 반복 운동의 4분의 1을 실행해 완전히 위에 있게 된다. φ는 위상각 또는 간단히 위상이라고 하고, $\varphi = w \times t$를 이용해 다음과 같이 정리할 수 있다.

용수철 추는 조화진동을 한다.

시간 t에 따라 달라지는 조화진동의 변위 $y(t)$는 다음과 같은 식으로 나타낼 수 있다.

$$y(t) = \hat{y} \times \sin(w \times t)$$

여기서 $\hat{y}$는 진폭이다. 진폭은 원운동의 반지름과 같다.

실에 연결한 추는 조화진동을 하지 않는다. 그러나 진폭이 아주 작은 진동은 조화진동에 근접한 진동을 한다. 이 경우, 추는 대략 $10°$ 이내로 움직인다. 이때 미분 계산을 이용해 조화진동의 속도와 가속도를 구하는 식을 세울 수 있다.

조화진동의 속도 $v(t)$와 가속도 $a(t)$에 대해서는 다음의 식이 성립한다.

$$v(t) = \hat{y} \times w \times \cos(w \times t), \quad a(t) = -w^2 \times \hat{y} \times \sin(w \times t)$$

조화진동의 복원력

조화진동이 생기기 위해서는 복원력이 어떠해야 하는가? 복원력이 상수라면 조화진동은 생기지 않는다. 이는 다음과 같은 예로 설명할 수 있다.

구에는 항상 경사면과 평행한 중력의 성분이 작용한다. 이러한 구의 운동에서는 사인 함수 형태가 아닌 시간−거리 함수로서의 포물선 형태가 나온다.

그런데 128쪽 그림의 용수철 추에서 특이한 점은 무엇인가? 앞에서 우리는 용수철이 훅의 법칙을 따른다고 전제했다. 따라서 용수철의 탄성력은 변위에 비례한다. 이 관계가 용수철의 탄성력과 중력을 합친 힘인 복원력에 대해서도 성립함을 입증할 수 있다. 이 비례 관계로 인해 조화진동이 생기는 것일까?

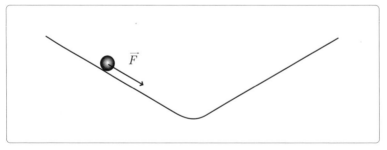

두 개의 경사면을 구르는 구.

힘은 질량과 가속도의 곱이므로 복원력에 대해서는 다음의 식이 성립한다.

$$F_y(t) = m \times a(t) = m \times (-w^2) \times \hat{y} \times \sin(w \times t)$$

그런데 끝의 두 인수는 $y(t)$이며 정리하면 다음과 같다.

$$F_y(t) = -m \times w^2 \times y(t)$$

따라서 복원력은 변위에 비례하는 것을 알 수 있다. 비례 상수는 D로 표시되며 용수철 추의 경우에는 용수철 상수와 같다.

조화진동은 복원력이 변위에 비례할 때, 즉 선형적인 힘의 법칙이 성립할 때 생긴다.

$$F_y = -D \times y$$

여기서 D는 용수철 상수를 가리킨다.

진동 주기

이제 조화진동의 진동 주기를 계산하는 것은 아주 간단하다. $D = m \times w^2$이고 $w = \dfrac{2 \times \pi}{T}$로, 두 번째 식을 제곱해 첫 번째 식에 대입하면 다음과 같다.

$$D = m \times \frac{4 \times \pi^2}{T^2}$$

T를 이항해 계산하면 다음과 같이 말할 수 있다.

조화진동의 진동 주기에 대해서는 다음의 식이 성립한다.

$$T = 2 \times \pi \times \sqrt{\frac{m}{D}}$$

용수철 추에서 추의 질량이 0.2kg이고(용수철의 질량은 아주 작기 때문에 무시해도 된다고 가정한다), 용수철 상수가 m당 4뉴턴이라면, 진동 주기는 $T = 1.4\mathrm{s}$이다(진폭과는 무관하다!).

조화진동의 에너지

조화진동에서는 운동에너지와 위치에너지가 끊임없이 서로 교환된다. 이 경우 운동에너지를 구하는 식은 아래와 같다.

$$W_{\text{운동에너지}} = \frac{1}{2} \times m \times v^2$$

$$= \frac{1}{2} \times \hat{y}^2 \times m \times w^2 \times \cos^2(w \times t)$$

$$= \frac{1}{2} \times \hat{y}^2 \times D \times \cos^2(w \times t)$$

복원력은 변위에 비례함에 따라 위치에너지는 다음의 식으로 구한다.

$$W_{\text{위치에너지}} = \frac{1}{2} \times D \times y^2$$

$$= \frac{1}{2} \times D \times \hat{y}^2 \times \sin^2(w \times t)$$

따라서 전체 에너지는 다음과 같다.

$$W_{전체\ 에너지} = W_{운동에너지} + W_{위치에너지} =$$

$$\frac{1}{2} \times \hat{y}^2 \times D \times (\cos^2(w \times t) + \sin^2(w \times t)) = \frac{1}{2} \times \hat{y}^2 \times D$$

이 계산은 인수 $\frac{1}{2} \times \hat{y}^2 \times D$를 소거한 다음, 삼각비의 법칙 $\cos^2(w \times t) + \sin^2(w \times t) = 1$(단위원에서의 피타고라스의 정리)을 이용한 결과다.

따라서 전체 에너지는 상수이고 진폭의 제곱에 비례한다. 즉 진폭이 두 배가 되면 전체 진동에너지는 네 배가 된다.

강제진동

미국의 워싱턴 주 푸젓사운드 만灣 위에 설치된 현수교인 타코마 다리는 1940년 11월 7일 바람이 세게 불지 않았는데도 진동을 일으켰다. 몇 시간 동안 상하 진동을 하며 비틀거리다가 진폭이 점점 커지던 이 다리는 결국 하중을 견디지 못하고 무너져 내렸다.

무너진 타코마 다리.

다리를 통과하는 도로가 조기에 차단되어 다행히 인명 피해는 없었지만, 폭풍이 분 것도 아닌데 다리가 무너져 내린 것은 많은 사람들의 궁금증을 불러일으켰다(당시의 풍속은 68km/h였다).

자발적인 진동

당시 타코마 다리에서는 바람이 등속으로 불다가 돌풍이 일기도 했지만 주기적으로 분 것은 아니다. 주기적인 기류가 아닌데도 어떻게 진동을 유발할 수 있었을까? 이것이 가능한지는 여러분이 직접 시험해볼 수 있다. 신문을 놓고 옆면에 바람을 불어보라. 제대로

바람에 펄럭이는 깃발.

불기만 한다면 신문은 팔락거릴 것이다. 이와 마찬가지로 바람은 나뭇잎이나 깃발을 진동시킬 수 있다.

이러한 진동은 어떻게 생기는가? 바람에 나부끼는 나뭇잎을 관찰해보면 쉽게 이해할 수 있다. 우선 나뭇잎이 기류에 공격할 단면을 크게 제공하고 있다. 바람은 나뭇잎을 휘게 만든다. 하지만 일단 휘고 나면 바람이 공격할 단면은 점점 작아져 나뭇잎은 다시 펼쳐진다. 이 상태에서는 다시 공격할 수 있는 단

파이프 오르간.

면이 점점 커져 바람이 나뭇잎을 누른다. 이 과정이 계속 반복되어 나뭇잎은 진동하게 되는 것이다. 이 경우, 진동은 저절로 생긴다. 이를 자발적인 진동이라고 한다. 이런 진동은 흔히 악기에서 큰 역할을 한다. 예를 들어 파이프 오르간에서는 송풍관을 통해 일정한 바람을 보낸다. 그러면 파이프에서 자발적인 진동이 일어나 음으로 울리는 것이다(이런 음과 음향에 대해서는 음향학 장에서 자세히 살펴볼 것이다).

공진

바람이 다리를 진동시킬 수 있다는 사실은 알게 되었지만, 진폭이 다리를 무너뜨릴 정도로 커지는 이유는 아직 설명하지 않았다. 이 문제는 다음과 같은 간단한 실험으로 확인해볼 수 있다.

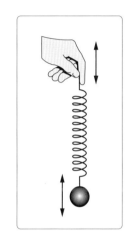

오른쪽 그림과 같이 손으로 용수철 추를 아래위로 움직여보자(용수철이 없다면 열쇠 꾸러미에 실을 연결하면 된다. 이때는 아래위로 움직이는 것이 아니라 좌우로 움직여야 한다). 운동을 통해 용수철 추를 진동시키는 것이다. 이러한 운동을 강제진동이라고 한다. 하지만 추는 자체의 고유진동수를 지니고 있기 때문에 힘을 가한다고 그대로 따라서 움직이지 않는다. 즉, 추는 당겼다가 놓으면 일정한 진동 주기로 운동한다. 우리가 추에 강제하는 진동과 추 스스로 움직이는 진동 사이의 갈등이 일어나는 것이다.

추를 움직이는 손(진동의 유발자)이 천천히 움직이는 한, 추는 이 운동에 따르고 용수철은 거의 늘어나지 않는다. 손 운동을 아주 빠르게 할 때도 진동의 폭은 큰 변화가 없다. 그러나 손을 아래위로 흔들어 추의 고유진동수에 근접할수록 진폭은 점점 커진다. 여러분도 실험해볼 수 있다. 손 운동을 작게 하는데도 추를 강하게 진동시킬 수 있을 것이다. 손을 적절한 박자로 움직이면 손의 운동에너지가 최상의 상태로 추에 전달되어 추의 운동을 증폭시킨다. 이러한 경우에 진동의 유발자와 추 사이에 공진이 생긴다고 말한다. 강제진동의 진폭이 진동 유발자의 진동수에 따라 달라질 때는 위상 이동이 생긴다. 즉 진동 유발자와 추는 진동수가 작을 때는 같은 박자로 진동하지만, 진동수가 클 때는 진동이 π만큼(즉 $180°$만큼) 이동해 역방향으로 진동한다. 공진 진동수에서의 위상 이동은 $\frac{\pi}{2}$, 즉 $90°$다.

이론상으로 진폭은 무한히 커질 수 있지만, 항상 존재하는 감쇠가 이러한 상승을 가로막는다. 또 추의 고유진동수와 공진 진동수는 서로 완전히 일치하지 않지만, 아주 근사한 값을 나타낸다.

공진 현상은 일상생활에서도 흔히 나타난다. 밖에서 화물차가 지나갈 때 집 안의 선반에 올려 둔 유리잔이 흔들리며 소리를 내는 경우가 있다. 이는 선반의 공진 진동수가 우연히 일치했기 때문에 생기는 현상이다. 자동차에 놓아둔 물건이 모터의 일정한 회전수에 덜거덩거리는 것도 공진 현상으로 볼 수 있다. 결함이 있거나 낡은 자동차의 경우, 차체에서도 공진 현상이 나타날 수 있다. 보통 이러한 종류의 공진은 바람직하지 않지만, 악기의 경우 환영받을 일이며 심지어 없어선 안 되는 일이기도 하다. 이에 대해서는 음향학 장에서 다룰 것이다.

다시 앞의 질문으로 돌아가 타코마 다리의 경우, 바람이 다리의 고유진동을 강화시켜 공진 참사가 발생했다.

1950년, 같은 장소에 새로운 다리가 건설되었다. 새로운 공법(다리의 횡단면 변화)을 도입해 고유진동수를 바꾸어 바람이 불 때도 다리가 요동치지 않게 한 것이다. 이 새로운 다리는 지금도 이용되고 있다.

2009년에 촬영한 타코마 다리의 모습. 왼쪽에 있는 다리는 2007에 새로 건설되었고, 오른쪽에 있는 다리는 1950년에 건설되었다.

파동

진동이 공간적으로 퍼져나갈 때 파
동이 생긴다. 파동은 물리학의 여러
분야에서 기초를 이루며 음파, 물결
파, 지진파, 전자기파 등으로 나뉜다.
양자물리학에서는 물질파와 확률파
로 나누어 설명하는 데 중력파도 존
재하는 것으로 추측되고 있다. 그리

파도.

고 이 소단원에서는 파동의 기초적인 성질에 대해 살펴볼 것이다.

파동의 전파

파도가 이는 바다에서 헤엄치는 바닷새를 본 적이 있을 것이다. 파도가 밀려
와도, 새는 파도에 휩쓸려가지 않고 있던 자리에서 아래위로만 운동한다. 마치
새의 몸 아래로 파도가 지나가고 새는 있던 자리에 그대로 있는 것처럼 말이
다! 그것은 파도가 진행하는 방향으로 바닷물이 흘러가는 것이 아님을 나타낸
다. 만약 바닷물이 파도와 함께 흘러간다면 물 위에 앉아 있는 새도 이동해야
할 것이기 때문이다. 바닷물은 흘러가지 않고
한 자리에서 아래위로만 진동한다(정확하게 관
찰하면, 실제로 바닷물은 아래위로 움직이는 것이 아
니라 타원을 그리면서 운동한다).

파도를 따라 움직이는 것은 물질이 아니라
상태이며, 파도가 퍼져나가는 방향으로 물은

물결 속에서 헤엄치는 새.

스포츠 경기장에서 파도타기 응원을 준비하는 관중.

흘러가지 않는다! 이는 스포츠 경기장의 파도타기 응원에서 아주 명확하게 드러난다. 파도타기 응원의 파도는 관중이 관중석을 뛰어가기 때문에 생기는 것이 아니라 차례대로 일어섰다가 다시 앉기 때문에 생긴다. 어느 누구도 자리를 이동하지 않고 파도의 상태가 경기장을 따라 이동해 가는 것이다.

파동은 진동이 공간적으로 전달되는 특징을 지닌다. 이 때문에 진동을 일으키는 진동자와 이 진동자들을 결합한 고리가 있어야 한다. 그런데 진동자는 꼭 물질이어야만 하는 것은 아니며, 전자기장과 같이 비물질일 수도 있다.

파동의 전파는 추를 연쇄적으로 연결한 고리를 통해 실험해볼 수 있다. 오른쪽 그림은 진동자가 원칙적으로 두 종류의 진동을 할 수 있음을 나타낸다.

종파는 진동자가 파동의 전파 방향으로 진동하는 파동을 말하고, 횡파는 진동자가 파동의 전파 방향에 수직으로 진동하는 파동을 말

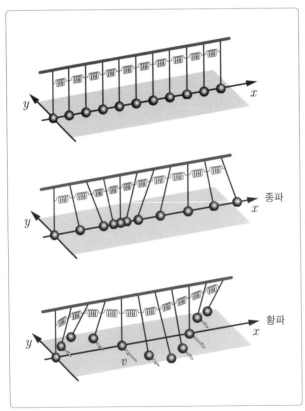

진동자를 연결한 고리.

한다.

아래 그림은 파동이 진동자 고리를 통해 전파되는 모습을 나타낸다. 첫 번째 진동자를 당기면 고리를 통해 두 번째 진동자가 움직이고 그다음 진동자도 연

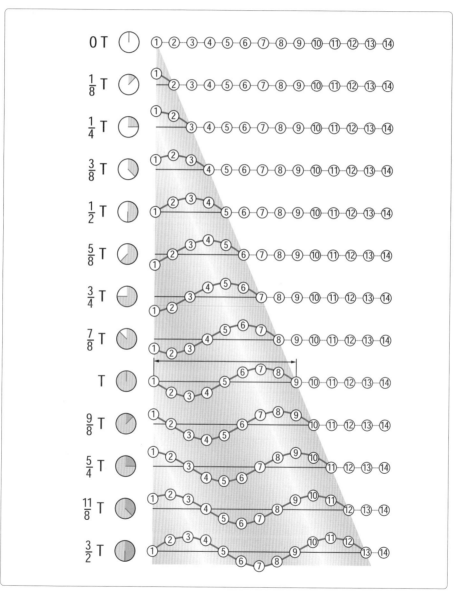

파동의 전파.

쇄 반응을 보인다. 결국 다른 진동자들도 모두 진동하고 파동이 마루(파동에서 가장 높은 곳)와 골(파동에서 가장 낮은 곳)을 이루며 퍼져나간다. 파동이 전파될 때는 파동의 에너지도 진동자에서 진동자로 전달되어 계속 이어진다.

파동의 속도

진동자는 시간 간격을 두고 동일한 진동을 수행한다. 이로써 파동의 마루와 같은 위상의 상태가 진동자의 고리를 따라 계속 이어지는 것이다. 파동을 순간 촬영한 사진에서 어느 한 진동자를 따라 추적해보면(오른쪽에서 시작하든, 왼쪽에서 시작하든 차이는 없다), 어느 한 시점에서 첫 번째 진동자와 동일한 위상을 가지는 진동자를 만나게 된다. 139쪽 그림을 보면, 파동이 진동자 9에 도달했을 때 진동자 1과 9가 여기에 해당된다. 걸린 시간 T는 진동 주기다.

위상이 같은 인접한 두 진동자 사이의 거리는 공간적인 주기를 나타내기 때문에 파동에서는 중요한 의미를 지닌다. 이 공간적인 주기는 파장이라 하고 λ(람다^{lambda})로 표시한다.

진동 상태가 λ만큼 이동하는 데 시간 T가 걸린다면, 이 진동 상태가 퍼져나가는 속도, 즉 파동의 속도는 λ를 T로 나누면 구할 수 있다. 이때 파동의 속도는 c로 표시한다.

파장 λ는 위상이 같은 인접한 두 진동자 사이의 거리다.
파동의 속도 c에 대해서는 다음의 식이 성립한다.

$$c = \frac{\lambda}{T}$$

앞에서 살펴본 대로 진동수 f와 진동 주기 T에 대해서는 $f = \dfrac{1}{T}$이 성립하므로, 파동의 속도는 다음과 같이 나타낼 수도 있다.

$$c = \lambda \times f$$

따라서 진동자의 진동수가 $f = 4\text{Hz}$이고 파장이 $\lambda = 0.5\text{m}$인 파동은 속도 $c = 2\text{m/s}$로 전파된다.

간섭

수면에 돌을 던지면 원형 고리 모양의 물결파가 생긴다. 두 개의 돌을 동시에 던지면 두 개의 물결파가 생겨 서로 겹친다. 이때 두 개의 원은 형태의 변화 없이 그대로 유지되며 각각의 파동은 마치 상대편 파동이 없는 것처럼 전파된다.

두껍고 긴 밧줄을 땅에 놓고 아래위로 흔들어 파동의 마루를 만들 때에도 이와 유사한 현상이 나타난다. 이때 친구가 밧줄 반대편에서 당신과 똑같이 흔들

물결파.

두 물결파의 중첩.

어도 파동의 마루가 생기면서 동일한 현상이 생긴다.

통에서 관찰한 물결파의 중첩.

이런 물결파나 밧줄파에서 두 개의 파동이 영향을 미치는데도 전혀 움직이지 않는 점들이 있다. 이는 실험실에서 통에 물을 넣고 파동을 일으켜 촬영한 사진에서 관찰할 수 있다. 이 사진은 통 아래쪽에서 빛을 비추고 촬영한 것으로, 파동의 마루와 골이 렌즈와 같은 작용을 하며 파동의 움직임을 보여준다.

아주 밝은 무늬가 나타나는 곳과 어두운 무늬가 나타나는 곳에서 진동의 진폭이 크다. 그 사이에 회색 무늬가 나타나는 곳이 있는데, 여기서는 두 파동이 영향을 미치는데도 물은 움직이지 않는다.

중첩과 간섭

두 개의 파동이 같은 매질 속에 있을 때, 각 파동이 다른 파동으로부터 아무 방해도 받지 않고 전파되는 것은 진동자의 진동이 중첩되는 방식의 결과다. 즉 진동하는 파동의 합성 변위는 각 파동의 변위의 합과 같다. 예를 들어 어떤 위치에서 일정한 시점에 한 파동에 의해 생기는 변위가 +3mm이고, 다른 파동에 의해 생기는 변위가 −2mm라면, 실제 변위는 +1mm가 된다.

진동의 이런 중첩은 경험적으로 알 수 있는 사실로, 음파에서도 이러한 중첩은 나타나지만 중첩의 결과는 두 음파의 변위를 합한 것과 반드시 일치

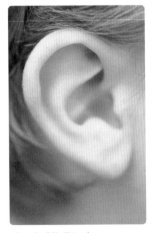

귀는 음파를 듣는다.

하지는 않는다. 즉, 우리의 귀에서는 두 개의 음파가 상호작용해 진동수가 다른 새로운 파동(결합음이라고 한다)이 생긴다. 따라서 이 경우에는 방해 없는 중첩이라고 말할 수 없다. 하지만 일반적으로는 다음과 같은 중첩의 원리가 적용된다.

> **중첩의 원리**
> 매질의 한 곳에서 여러 파동이 만나면 진동의 합성 변위는 각 파동의 변위의 합과 같다.

진동수가 같은(따라서 파장도 같은) 파동들이 중첩되는 현상을 간섭이라고 한다. 물을 담은 실험 통에서 진동을 일으키면, 파동이 주기적으로 생긴다. 이 파동들은 진동수가 같아서 간섭 현상이 생긴다.

> 진동수가 같은 파동들이 중첩의 원리에 따를 때 생기는 현상을 간섭이라고 한다.

간섭의 조건

다음의 그림을 통해 진동자가 큰 진폭으로 진동하는 곳이 있는 이유와 아예 진동하지 않는 곳이 있는 이유를 설명하겠다.

점 E_1과 E_2에서 파동이 시작된다. 이제 임의의 점 P에 주목해보자. 이 점에 도달하는 파동들이 관찰의 대상이다. 점 P에서 진폭이 큰 진동이 있게 되는 조건은 무엇인가? 물론 점 P가 점 E_1과 E_2로부터 동일한 거리에 있을 때다. 왜

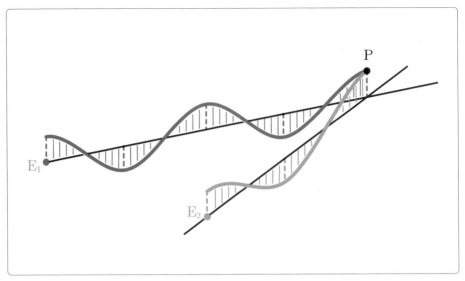

경로 차.

나하면 이때 파원(진동이 처음 시작된 곳)에서 전파된 마루와 골이 점 P에 동시에 도달하고 중첩의 원리에 따라 보강되어 진폭이 커지기 때문이다. 그러나 예를 들어 점 E_1이 점 E_2보다 정확하게 1파장만큼 점 P로부터 더 멀리 떨어져 있다고 할지라도 진동은 보강된다. 왜냐하면 이때도 같은 위상(마루와 마루, 골과 골)의 파동이 중첩되기 때문이다. 2파장, 3파장 또는 4파장만큼 차이가 나는 경우에도 마찬가지다. 이를 일반화시켜 표현하면 다음과 같다.

보강 간섭이 있기 위해서는 파원과의 거리 차이가 파장의 정수배가 되어야 한다! 이 차이를 경로 차라고 한다. 이 개념을 적용하면, 경로 차는 파장의 정수배가 되어야 한다고 말할 수 있다!

그런데 아예 진동하지 않는 곳이 있는 이유는 무엇인가? 그것은 아주 쉽게 설명할 수 있다. 그곳에서는 항상 반대 위상인 마루와 골의 파동이 중첩되기 때문이다. 따라서 진폭은 중첩의 원리에 따라 0이 된다. 이는 경로 차가 반파장인 경우, 또는 반파장의 홀수배인 경우다. 이를 일반화시켜 표현하면 다음과 같다. 즉, 경로 차가 반파장의 홀수배일 때는 소멸 간섭이 일어난다.

물을 담은 실험 통에서 진동을 일으켜 사진을 촬영했을 때, 숫자 0은 이곳에서 경로 차가 0이라는 사실을 나타낸다. 그다음에는 진동들이 서로 보강되는 지점이 나오고, 또 그다음에는 서로 상쇄되어 파동이 소멸되는 지점(경로 차가 $\frac{1}{2} \times \lambda$인 지점)이, 또 다시 서로 보강되는 지점(경로 차가 $1 \times \lambda$ 지점)이 계속 이어진다.

보강 간섭과 소멸 간섭은 다음과 같이 요약할 수 있다.

파장이 λ인 두 개의 파동이 서로 간섭하고 Δs가 경로 차를 나타낸다면, 다음의 간섭 조건이 성립한다.

보강 간섭의 조건: $\Delta s = n \times \lambda\,(n = \pm 0,\ \pm 1,\ \pm 2,\ \pm 3,\ \cdots)$

소멸 간섭의 조건: $\Delta s = \frac{1}{2} \times \lambda + n \times \lambda\,(n = \pm 0,\ \pm 1,\ \pm 2,\ \pm 3,\ \cdots)$

정상파

우리는 앞 장에서 땅에 놓인 밧줄로 파동을 만들었다. 이제 밧줄의 반대쪽 끝을 어느 한곳에 고정시켜보자. 이렇게 하면 반사를 관찰할 수 있다. 파동은 고정된 곳을 향해 움직이다가 끝에 도달하면 역방향으로 진행한다. 이 현상은 음파에서도 나타나는데, 음파가 물체에 반사되어 되돌아오는 것을 메아리라고 한다.

반사를 통해 두 개의 반대 방향으로 진행하는 파동의 간섭을 만들 수 있다. 이렇게 하면 간섭의 특수한 형태인 정상파가 생긴다. 정상파의 발생은 아래위로 움직이는 진동수에 따라 좌우된다. 146쪽 그림은 실험실에서 정상파를 발생시키는 과정을 나타내고 있다. 여기서는 손이 아닌 모터 장치로 진동을 일으킨다. 하지만 밧줄로도 가능하니까 시험해보기 바란다!

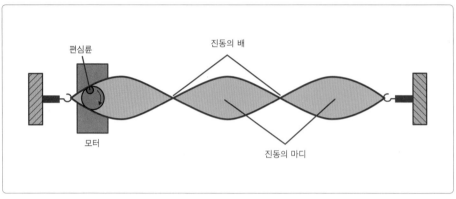

정상파.

정상파는 정지파라고도 하는데, 파형이 더 이상 진행되지 못하고 일정한 곳에 머물러 진동하는 것처럼 보이는 파동이다. 정상파에는 마디와 배가 있는데, 마디의 변위는 항상 0의 값을 가지고 배에서는 진동자가 가장 크게 진동한다. 그러나 진동의 상태가 전달되지 않아서 에너지도 전달되지 않는다! 마디와 마디 사이의 거리는 항상 $\frac{1}{2}$파장(λ)이라는 것은 이론적으로, 또 실험을 통해 입증할 수 있다.

그렇다면 정상파는 왜 생길까?

정상파의 형성

원래의 파동과 반사된 파동은 중첩의 원리에 따라 움직인다. 위의 그림에서는 두 파동의 변위가 방향은 반대이지만 크기가 같은 곳이 있음을 보여준다. 이곳에서는 진동자가 항상 정지되어 있지만 그 사이에는 진동이 최대로 커지

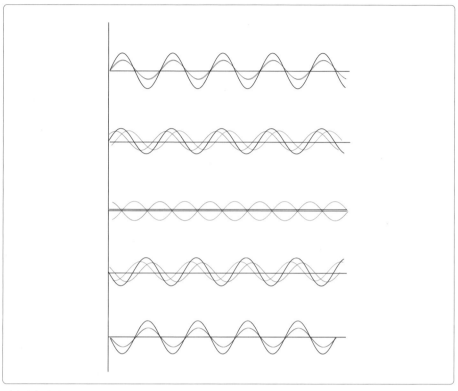

정상파의 형성.

는 곳이 있다. 정적인 그림을 통해 동적인 과정을 명확하게 나타내기는 쉬운 일이 아니다. 하지만 인터넷을 이용하면 정상파가 생기는 역동적인 과정을 볼 수 있다. 인터넷 검색란에 정상파 자바^{standing wave java}라고 입력해보라. 여러 개의 인터넷 주소가 나타나는데, 이 주소를 클릭하면 정상파의 형성 과정을 볼 수 있다.

진폭과 진동수가 같은 두 파동이 반대 방향으로 진행하다가 중첩될 경우, 마디와 배가 있는 정상파가 생긴다. 마디와 마디 사이의 거리는 $\frac{\lambda}{2}$이다.

고유진동

두 파동이 반대 방향으로 진행하다
가 중첩되면 항상 정상파가 생긴다.
그런데 앞의 실험에서 알 수 있듯, 두
파동만 중첩되는 것은 아니다. 왜냐
하면 반사되는 파동도 손이나 모터
가 있는 끝에서 다시 반사되어 반대
쪽 끝으로 진행하고 이 파동은 또다
시 반대쪽 끝에서 반사된다. 이렇게

기타 연주자.

계속 진행되는 것이다. 따라서 중첩되는 파동은 아주 많다. 감쇠가 없다면 무
한히 많은 파동이 생길 것이다. 이 파동들은 대개 아주 많고 위상도 꽤 다양하
기 때문에 결국 상쇄되지만 일정한 조건하에서는 중첩되어 마디와 배가 생겨
정상파가 형성된다.

앞에서 말한 실험의 경우, 밧줄의 양 끝에서 마디가 형성된다. 이 경우에 양
끝 마디의 거리, 즉 밧줄 길이가 반 파장의 정수배가 될 때 정상파가 만들어진
다. 따라서 정상파는 일정한 진동수에서만 형성되고 다른 진동수에서는 형성
되지 않는다. 정상파가 형성되는 진동수는 기본 진동수의 정수배이다. 기본 진
동수는 밧줄의 성질(밧줄의 재질이나 묶인 강도 등)에 따라 다르다.

정상파가 형성될 수 있는 진동수는 고유진동수라 하고 정상파 대신 고유진
동이라고 한다. 기타의 현은 고정된 줄이라고 볼 수 있다. 기타와 같은 악기의
고유진동에 대해서는 음향학 장에서 다시 살펴볼 것이다.

파동의 반사를 더 정확하게 분석하면 두 종류의 반사, 즉 '고정된 끝'에서의
반사와 '열린 끝'에서의 반사로 나눌 수 있다. 반사의 종류는 고유진동의 생성
에 영향을 미친다. 지금까지 우리는 고정된 끝에서의 반사만 다루었으며, 열린

끝에서의 반사는 자세히 다루지 않을 것이다.

고정된 밧줄에서는 일정한 진동수가 되면 정상파가 생긴다. 정상파를 만드는 진동을 고유진동이라 하고 그때의 진동수를 고유진동수라고 한다.

카오스 상태

주사위를 던질 때, 항상 눈의 수가 6이 나오게 할 수는 없을까? 이는 물리학의 입장에서 보면 가능한 일이어야 한다. 왜냐하면 포탄의 궤도나 우주선의 궤도처럼 주사위보다 훨씬 더 복잡한 일을 예측하는 것은 물리학자들이 거둔 가장 위대한 성과 중 하나이기 때문이다. 따라서 주사위를 특정한 방식으로 잡고 항상 동일하게 던지면 주사위는 바닥에 떨어진 후 몇 번 구르다가 항상 원하는 눈의 수가 나와야 할 것이다!

하지만 유감스럽게도 그렇지 않다! 이를테면 어떤 계의 초기 조건과 법칙을 안다 할지라도 이 계의 미래의 상태를 정확히 예측할 수 없는 경우가 있다. 주

물리학자들은 이런 일은 예측하지만……

주사위 던지기와 같은 일은 예측하지 못한다.

사위나 날씨가 이런 경우에 속한다. 우리는 내일의 날씨조차 예측하지 못해 어려움을 겪는 일이 많다. 이처럼 어떤 계의 미래 상태를 예측할 수 없을 때, 이 계를 카오스 상태라고 한다.

카오스 이론은 쥘 앙리 푸앵카레[Jules Henri Poincaré, 1854~1912], 에드워드 로렌츠[Edward Norton Lorenz, 1917~2008], 브누아 만델브로[Benôit Mandelbrot, 1924~2010], 미첼 파이겐바움[Mitchell Feigenbaum, 1944~] 등에 의해 발전되었다.

이제 날씨는 어떻게 될까?

약한 인과성과 강한 인과성

주사위를 던졌을 때 눈의 수를 예측할 수 없는 이유는 주사위의 운동 법칙을 모르기 때문이 아니다. 주사위가 움직이는 법칙은 이미 잘 알려져 있다! 따라서 주사위의 운동은 결정되어 있다고 말할 수 있다. 그런데도 예측할 수 없는 이유는 '특정한 방식으로 잡고'나 '항상 동일하게 던지면'과 같은 표현에 있다. 이는 무엇을 의미하는가? 동일한 초기 조건이 주어져 있다고 어떻게 확신할 수 있는가? 초기 조건은 초기 위치나 초기 속도를 의미하고 측정은 항상 오류가 끼어들기 마련이다. 초기 조건이 조금만 달라져도 결과는 큰 차이가 생길 수 있다. 이러한 경우를 약한 인과성이라고 한다.

인과성이 강한 계도 있다. 공을 동일한 위치에서 동일한 속도로 수평 방향으로 던져보자(이때 초기 조건은 항상 조금씩 차이가 생기는 것이 당연하다). 공이 땅에 닿는 지점은 단지 조금씩만 차이가 난다. 강한 인과성이 없다면, 달로 여행할 수도 없었을 것이다. 그러나 모든 계가 인과성이 강한 것은 아니다. 이제 인과성이 약한 계를 살펴보기로 하겠다.

자기 추

쇠구슬을 실에 매단 뒤 정삼
각형을 이루도록 배치한, 색
이 다른 세 개의 자석 사이에
늘어뜨려 보자. 세 개의 자석
은 모두 쇠구슬을 끌어당기는
데 이때 자석과의 거리가 멀어
짐에 따라 힘의 작용은 약해진
다. 이렇게 하면 각 자석당 하

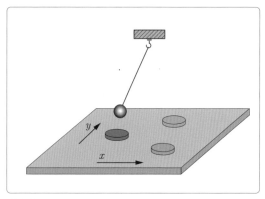

자기 추.

나씩, 모두 세 개의 안정된 균형 위치가 생긴다. 그러다 추를 당기면, 추는 더
이상 균형 위치에 있지 않게 된다. 다시 추를 놓으면 복잡한 토크 운동을 하며
이리저리 움직인다. 이러한 비틀림 운동은 결국 세 개의 균형 위치 중 하나에
서 끝난다. 하지만 어떤 균형 위치에서 비틀림 운동이 끝날지는 주사위 던지기
에서 어떤 눈의 수가 나올지와 마찬가지로 정확하게 예측할 수 없다.

이제 자기 추의 운동에서 어떤 초기 위치가 어떤 최종 위치를 초래하는지를
알아보기로 하자. 컴퓨터 시뮬레이션을 통해 만든 아래 그림에서는 특정한 자
석의 최종 균형 위치를 만든 모든 초기 위치가 각 자석의 색깔로 표시되어 있
다. 예를 들어 빨간색 초기 위치는 빨간색 자석으로 이어진다. 색깔의 분포는

명확하다. 왜냐하면 자기 추의 움직임이 결정되어
있기 때문이다. 하지만 외부 영역을 점점 확대해
(컴퓨터를 이용하면 확대가 가능하다) 자세히 살펴보면,
각각의 단면에서 세 개의 색깔이 모두 나타나는 것
을 알 수 있다(이러한 독특한 구조는 수학에서 프랙탈
이라고 한다)! 따라서 서로 다른 자석으로 이어지는

자기 추의 초기 영역과 최종 영역.

초기 위치가 임의적으로 밀접하게 붙어 있다. 이런 이유에서 최종 위치가 예측될 수 있도록 초기 위치를 정확히 확정하는 것은 불가능하다. 즉, 자기 추는 카오스적인 행태를 보이는 것이다. 우리가 자기 추의 운동 법칙을 알고 있어도 결과는 마찬가지다. 이 때문에 결정론적인 카오스라고 말하기도 한다.

비선형성

어떤 역동적인 계는 인과성이 약하고, 또 다른 계는 그렇지 않은 이유가 무엇일까? 이 질문에 답하기 위해서는 계가 시간적으로 어떻게 진행되는지를 알아야 한다. 한 가지 방법은 단계적으로 반복 운동을 관찰하는 것이다. 예를 들어 계가 진동자라면 진동의 폭이 어떻게 변하는지를 조사할 수 있다. 이때는 진동자를 피드백시키면 된다. 즉, 진동자에 각 주기마다 일정한 양의 에너지를 부여하는 것이다. 이렇게 하면 진폭의 값으로 이루어지는 수열이 생기는데, 이수열에서 각 수열의 항은 바로 앞의 진폭 값의 함수이다.

$$\hat{y}_{n+1} = f(\hat{y}_n)(n = 1, 2, 3, \cdots)$$

고유진동수로 진동을 일으키는 조화진동자의 진동 과정을 조사하면 f는 선형 함수이고, $\hat{y}_n$은 지수가 1인 경우뿐임을 알 수 있다.

$$\hat{y} = c \times \hat{y}_n + d \text{ (여기서 } c \text{와 } d \text{는 상수다.)}$$

따라서 이 경우는 진폭이 최종 상태를 향해 일정하게 지속되며, 강한 인과성이 존재한다. 또한 제한된 증가 과정이 나타난다.

이보다 더 복잡한 계산을 하게 되면 반복 운동 규칙이 선형성을 띠는 이유가 조화진동자의 선형적인 힘의 법칙이라는 사실, 즉 복원력은 변위에 비례한다는 사실이 드러난다. 실에 매단 추의 경우에는 변위가 크면 선형적인 힘의 법칙이 더 이상 적용되지 않고, 자기 추의 경우에는 아예 처음부터 이런 힘의 법칙이 적용되지 않는다. 그렇다면 약한 인과성은 비선형성으로 인해 생긴 것일까?

비선형적인 반복 운동 규칙의 간단한 예를 들면 다음과 같다.

$$\hat{y}_{n+1} = r \times \hat{y}_n \times (1 - \hat{y}_n) \text{ (여기서 } r \text{은 상수다.)}$$

피에르프랑수아 베르홀스트.

이러한 반복 운동 규칙은 베르홀스트 역학의 특징을 이룬다. 이 역학은 벨기에의 수학자 피에르프랑수아 베르홀스트[Pierre-François Verhulst, 1804~1849]의 이름을 땄는데, 그는 이 방정식에 따라 증가 과정을 연구했다.

진동하는 어떤 계의 진폭 값이 이러한 규칙에 따른다고 가정해보자. 오랜 시간이 지난 뒤, 다시 말해 일시적인 진동 과정이 끝난 후에 어떤 진폭의 값이 나오는지를 계산하면, 그 결과가 상수 r에 따라 크게 좌우된다는 것을 확인할 수 있다. r이 작은 수일 때는 결국 안정된 진폭의 값이 나오게 된다. r의 값이 일정한 수에 도달하면 갑자기 두 개의 서로 다른 진폭의 값이 나오는데, 이는 마치 계가 어느 한 진폭 값을 결정할 수 없기라도 한 것처럼 보인다. r의 값이 점점 커지면, 네 개의 진폭 값이 나오는 등 이 과정은 계속 이어지다 결국 여러 개의 진폭의 값이 아주 조밀하게 이어져 착종된 영역을 형성한다. 이렇게 되면 계는 최종적으로 카오스 상태로 진동한다. 진폭이 이렇게 이어지는 상태에서는 어떤 법칙성도 인식할 수 없기 때문이다!

다음과 같은 다이어그램은 진폭의 갈래질 현상, 즉 분기 현상을 나타낸다.

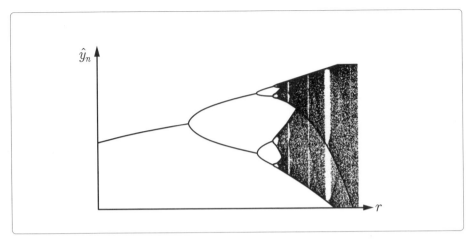

분기 현상.

    따라서 약한 인과성과 이로 인해 생기는 불안정성의 원인은 사실상 비선형성에서 찾을 수 있다. 많은 자연법칙들이 선형성을 띠고 있으므로, 불안정성은 오랫동안 물리학자들의 주목을 끌지 못했고 중요한 것으로 취급되지 않았다. 카오스 연구의 결과로 세계가 이미 알려진 법칙을 따르고는 있지만, 생각과는 달리 그렇게 안정적이지 않다는 사실이 드러나게 된 것이다.

    카오스 계는 약한 인과성으로 특징지을 수 있다. 약한 인과성은 계를 나타내는 크기가 비선형적인 형태를 띠기 때문에 생긴다. 그러니 당신 주변에서 누군가 일기 예보를 믿을 수 없다고 불평한다면, 2장에서 배운 내용을 바탕으로 다음과 같이 말해주면 된다.

    "기상학자들의 잘못은 없다! 날씨는 카오스 계를 이루고 있어서 기상 조건이 조금만 달라져도 엄청난 영향을 미친다. 100% 정확한 일기 예보는 있을 수 없는 것이다!"

Ⅲ

음향학

소리의 생성과 전파

이제는 음향학, 즉 소리의 이론을 다루기로 하자. 소리가 없다면 우리에게 위험에 대해 주의를 환기시켜줄 수 있는 소음(이러한 소음은 우리 선조들에게는 생존과 직결될 정도로 중요했다)도, 언어나 음악도 존재하지 않을 것이다. 이 소단원에서는 소리에 대한 물리학의 연구 상황을 살펴보기로 한다.

악보.

소리의 진동과 음파

악기의 현을 튕기면 음이 들린다. 이제부터 살펴보겠지만, 당신이 듣는 음은 정확히 말하면 음향이다. 당신이 손가락을 현에 대면 현의 울림, 즉 진동하는 것을 느낄 수 있다. 이러한 진동은 당신이 스피커의 막을 만지거나 노래를 부를 때 후두에 손을 대도 느낄 수 있다. 소리는 기계적인 진동에 의해 만들어지고, 우리는 이 소리를 귀를 통해 듣는다. 따라서 우리가 소리를 듣기 위해서는 소리를 발생시키는 음원에서 우리의 귀로 소리가 전달되어야 한다.

하프.

소리의 전달에는 공기가 결정적인 역할을 한다. 때문에 음원(예를 들어 신호음이 울리는 휴대전화)을 유리종으로 덮고 공기를 빼내면 울리는 소리가 들리지 않는다. 이처럼 공기는 진동을 전달하기 때문에 공기는 음파의 전달자이다.

소리의 생성과 전파 그리고 인지에 대해서는 다음과 같이 설명할 수 있다. 우선 음원이 진동하며 그 진동을 공기 입자로 옮긴다. 이때 음원 주위의 공기는 진동으로 인해 압축과 팽창을 반복하면서 음원의 진동과 똑같이 진동하기 때문에 소리가 공기로 전파되는 것이다. 결국 이 소리는 우리의 귀로 전달되어 고막을 진동시킨다. 그런 다음, 우리의 뇌가 받아들인 신호를 해석해 인지하게 되는 것이다. 음파는 종파(매질의 진동 방향과 파동의 진행 방향이 평행한 파동)이다.

소리는 공기뿐 아니라 물과 같은 다른 매질에서도 전파된다. 하지만 우주에서는 전달될 수 없다. 왜냐하면 우주는 거의 진공 상태를 이루고 있기 때문이다. 따라서 사이언스 픽션 영화에서 별이나 우주선이 굉음을 내며 폭발하는 장면은 스펙터클한 효과는 있지만, 물리학적으로는 있을 수 없는 일이다.

> 소리의 원인은 역학적인 진동으로, 소리는 음파로 전파된다.

음속

소리는 얼마나 빠른가? 당신은 다른 사람과 대화를 나눌 때 상대방의 말이 당신에게 즉각 도달하는 듯한 인상을 받는다. 그러나 누군가 200~300m 떨어진 거리에서 말뚝을 박고 있다면, 당신은 말뚝 박는 장면을 곧바로 보게 되지만 소리는 훨씬 더 늦게 듣는다. 이러한 자체 현상은 빛은 아주 빠르지만(이에 대해서는 광학 장에서 살펴볼 것이다), 소리는 비교적 천천히 전파되기 때문에 생긴다. 이러한 현상은 음속을 알아보는 실험을 해보면 명확히 파악할 수 있다.

동료에게 북처럼 소리를 낼 수 있는 악기를 주고 200~300m 떨어진 곳에 서게 한다. 스톱워치를 든 당신은 동료가 북 치는 모습을 보자마자 시간을 측정하기 시작해 소리를 듣는 순간 스톱워치를 중지시킨다. 이제 이동거리를 걸린 시간으로 나누면 음속을 구할 수 있다. 전문적으로 측정하면 다음과 같은 결과가 나온다.

말하고 듣기.

보통의 조건(온도 0℃, 기압 101,325Pa)에서 음속은 $c=331.5$m/s이다.

온도가 20도일 때, 음속은 대략 340m/s이다. 따라서 이 경우의 음속은 0도일 때보다 약간 크다.

번개와 천둥이 치는 곳까지의 거리를 대략 계산하는 것도 음속을 측정하는 원칙에 따른다. 번개와 천둥은 동시적으로 생기지만 번개를 보고 나서 천둥이 칠 때까지는 시간이 어느정도 흘러야 한다. 소리는 3초에 대략 1km씩 이동하기 때문에 번개와

얼마나 멀리 떨어져 있을까?

천둥 사이의 시간(초 단위)을 3으로 나누면 대략의 거리(km 단위)가 나온다.

초음속 돌파 폭발음

콩코드 비행기와 같은 초음속 비행기는 소리보다 빨라서 음속 장벽을 돌파한다. 물론 음속 장벽은 벽돌로 만든 장벽이 아니라 폭발음이 생기는 것을 비유적으로 말하는 것이다.

폭발음은 왜 생길까?

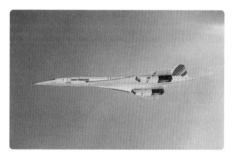

콩코드 비행기.

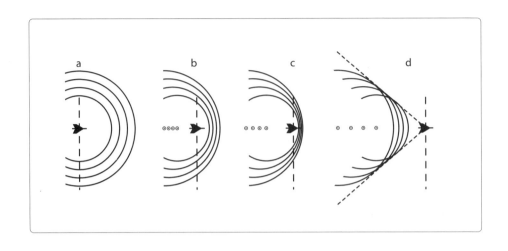

첫 번째 그림은 정지해 있는 비행기에서 나오는 구면파의 네 개의 마루를 나타낸다. 네 개의 마루는 동심원을 그린다. 이제 비행기가 움직이기 시작한다. 그러면 두 번째 그림에서 볼 수 있듯이, 원은 동심원이 아니라 앞쪽으로 밀집된다. 비행기가 음파와 똑같은 속도로 날면(세 번째 그림), 음파의 마루는 비행기 앞머리에서 중첩되어 서로 보강된다. 그래서 결국 음파 장벽이 돌파되는 것이다.

속도가 더 빨라지면(네 번째 그림) 나중에 생긴 음파의 마루가 이전의 마루와 교차하여 원뿔 모양의 파면이 생긴다. 이 원뿔면 위에서 충격파가 나타나는데, 이 충격파는 에른스트 마흐^{Ernst Mach,} _{1838~1916}의 이름을 따서 마흐파라고 하기도 한다. 이 충격파가 지면에 있는 관찰자에 도달하면 관찰자는 굉음, 즉 초음속 돌파 폭발음을 듣게 되는 것이다.

에른스트 마흐.

음과 음향

오케스트라는 악기들을 조율한다. 연주자들은 A음을 내는 소리굽쇠를 이용해 차례대로 자신들의 악기를 조율해나간다. 이 과정에서 우리는 언제 바이올린이 A음을 내는지, 또 언제 플루트가 A음을 내는지를 들을 수 있다. 악기가 동일한 음을 내는데도 각각의 악기를 구별할 수 있는 것이다. 어떻게 이러한 일이 가능한 걸까?

이 질문에 답하기 위해 여러 음원의 진동을 기록해 분석해보자. 진동 그림은 여러분도 직접 만들 수 있다. 인터넷에서 오디오 편집 프로그램을 내려받아(이러한 프로그램은 공짜로 받을 수 있고, 유료일 경우에도 비용이 싸다) 프로그램을 실행시키고 마이크를 꽂으면 곧바로 작업에 들어갈 수 있다!

음

소리굽쇠의 진동을 시간별로 기록하면 다음과 같은 그림이 생긴다. 물론 진동은 감쇠되고 기록 시간이 짧으면 진폭은 사실상 변화가 없다.

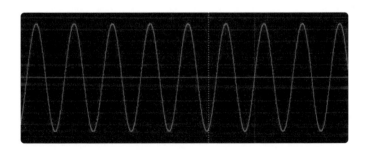

각속도 w와 진폭 $\hat{y}$를 택해 공식 $y(t) = \hat{y} \times \sin(w \times t)$을 이용하면 측정한 곡선과 정확히 일치하는 곡선을 계산할 수 있다. 이는 소리굽쇠가 사인 꼴 진동, 즉 조화진동을 하는 것을 의미한다.

이제 물리학에서 음을 어떻게 정의하는지를 살펴보자. 음은 조화진동을 하는 음원에 의해 만들어진다. 이미 앞에서 다룬 개념들과 마찬가지로 여기서도 일상생활에서 쓰이는 말이 엄밀하게 규정되고 물리학적 의미가 첨가된다.

우리는 컴퓨터로 직접 음을 만든 다음, 이 음을 기록할 수 있다. 이렇게 하면 음의 높이와 세기를 임의적으로 변화시킬 수 있는 장점이 있다.

진동수가 많을수록 음은 높아지고 진폭이 클수록 음은 세어진다.

소리굽쇠의 진동수는 440Hz(이 경우는 연주회용 표준음 A라고 한다)다. 우리가 들을 수 있는 진동수는 대략 20~2만 Hz 사이다. 특히 고음을 들을 수 있는 능력은 나이가 들수록 줄어든다. 음의 세기에 대해서는 뒤에 가서 다시 다룰 것이다.

소리굽쇠.

사인 형태로 진동하는 음원이 음을 만든다. 음의 진동수는 음의 높이를 결정하고 진폭은 음의 세기를 결정한다.

맥놀이

두 개의 음원을 마이크 앞에 두면 두 음원의 진동이 중첩된다. 진동수가 약간 다른 두 개의 소리굽쇠는 다음과 같은 진동 그림을 나타내는데, 이와 같은 형태의 진동을 맥놀이(비트)라고 한다.

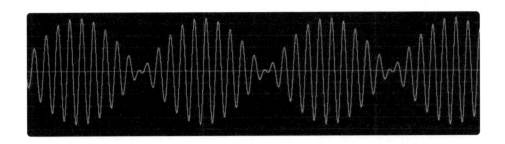

진동수가 서로 다른 두 음이 있더라도, 우리가 듣는 것은 하나의 음뿐이다. 주기적으로 커졌다가 작아지는 음을 인지하는 것이다. 두 개의 소리굽쇠가 같은 진동수로 진동하면 맥놀이는 사라진다. 바로 이 효과를 이용해 악기를 조율한다. 즉, 우리는 알려진 진동수의 음과 악기의 음 사이의 맥놀이를 이용해 악기를 조율한다. 맥놀이가 들리지 않을 때까지 악기의 음을 조정함으로써 원하는 진동수로 맞추는 것이다. 이렇게 하면 표준음에 맞출 수 있게 된다.

중첩의 원리를 마이크 막의 진동에 적용하면 앞에서 설명한 진동의 모습이 정확하게 나오는 것을 수학적으로 증명할 수 있다.

> 진동수가 약간 다른 두 음이 중첩되면 주기적으로 커졌다가 작아지는 진동의 형태, 즉 맥놀이가 생긴다.

음향

마이크에 대고 A음을 내면 다음과 같은 진동 다이어그램이 생긴다.

이 진동은 사인 꼴이 아니지만 주기적으로 진행한다. 이처럼 주기적이긴 하지만 사인 꼴이 아닌 진동을 물리학에서는 음향이라고 한다.

1970년대 중반에 전자 장치를 이용해 음향을 만드는 데 성공했는데 이때 이

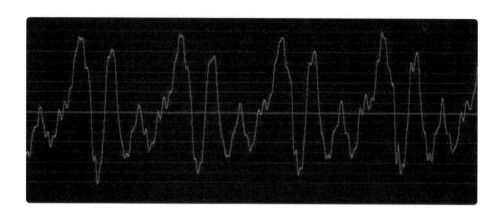

용한 전자 장치를 신시사이저^{synthesizer}라고 한다. 신시사이저는 인공적인 음을 내며 새로운 음색으로 1980년대 팝 음악에 큰 영향을 미쳤다. 다음 그림은 흔히 사용된 아주 강한 효과를 지닌 신시사이저의 톱니 음향을 나타낸다.

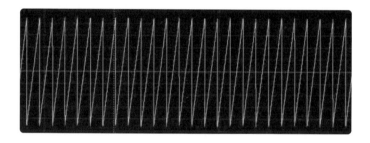

 신시사이저는 이러한 톱니 음향을 직접 만들 수 없다. 기술적인 이유로 진동 회로를 이용해 사인 꼴로 진동하는 음만을 만들 수 있는 것이다. 그러나 신시사이저는 여러 진동 회로의 진동을 중첩시키면 합성음을 낼 수 있다. 사인 진동을 다음과 같이 중첩시켜 톱니 음향을 만든다.

$$y(t) = \frac{2 \times \hat{y}}{\pi} \times \left[\sin(w \times t) - \frac{1}{2} \times \sin(2 \times w \times t) + \frac{1}{3} \times \sin(3 \times w \times t) - \cdots \right]$$

더하는 항이 늘어날수록, 톱니 음향은 점점 더 정확해진다. 엑셀과 같은 표계산 프로그램을 이용해 항들을 대입하면 더 많은 항을 더할수록 점점 더 나은 톱니 음향이 나타나는 것을 알 수 있다. 중첩될 때는 w, 즉 기본 진동수 f의 정수배만 나타날 수 있다는 점에 유의해야 한다. 따라서 신시사이저가 A음을 연주한다면, 440Hz, 880Hz, 1320Hz 등의 진동수만 나타난다.

이러한 중첩은 톱니 진동뿐만 아니라 임의의 모든 진동 형태에서도 일어난

다. 사인꼴로 진동하는 음을 적절하게 선택해 중첩시키면 원하는 음향을 만들 수 있는 것이다. 이 기법은 프랑스의 물리학자이자 수학자인 장 밥티스트 푸리에 Jean Baptiste Fourier, 1768~1830의 이름을 따서 푸리에 합성 Fourier synthesis이라고 한다. 푸리에는 신시사이저가 발명되기 훨씬 전에 이미 이 합성 기법의 수식을 만들었다.

장 밥티스트 푸리에.

이제 우리가 역으로 신시사이저의 어떤 음향으로 A음을 연주하고 이와 동시에 컴퓨터로 여러 가지 진동수를 지닌 사인 꼴로 진동하는 음을 만들면 440Hz, 880Hz, 1320Hz에서 맥놀이를 들을 수 있다. 이와 똑같은 현상은 기타의 현에서도 나타나는데, 사인파가 자연적인 음향에도 포함되어 있음을 의미한다.

앞 장에서 살펴보았듯이 튕긴 현은 특정 진동수에서만 진동할 수 있기 때문에 이는 이상한 일이 아니다(앞에서 우리는 이러한 진동을 고유진동이라고 했다). 따라서 현의 복잡한 진동은 신시사이저의 경우와 마찬가지로 사인 진동의 중첩으로 생기는 것으로 볼 수 있다.

음향을 사인파로 분해하는 기법은 푸리에 분석

기타를 치는 여자.

Fourier analysis 또는 푸리에 변환Fourier transform이라고 한다. 각 음향을 진폭과 진동수에 따라 그래프로 표시하면 진동수 스펙트럼이 생긴다. 기본 진동수의 정수배인(2배수부터) 음은 상음obertones이라고 한다.

다음 그림은 바이올린과 플루트의 기본음과 상음의 스펙트럼을 나타내고 있다.

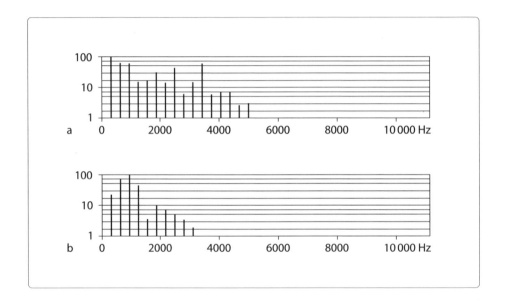

앞에서 우리는 악기가 동일한 음을 내는데도 각각의 악기를 구별할 수 있는 이유에 대해 질문했다. 이제 이에 대한 답을 할 수 있다. 바로 다양한 음은 각각의 진동수 스펙트럼, 즉 다양한 상음의 성분에 의해 구분되는 것이다.

우리의 뇌는 일종의 푸리에 분석을 실행하지만 그 결과로 스펙트럼을 제공하는 것이 아니라 음색에 대한 인상(지각)을 제공한다(보다 정확한 연구에 따르면, 악기를 인식하는 데에는 진동 방식도 중요한 역할을 한다).

모든 음향은 기본음과 상음을 중첩시켜 만들 수 있다(푸리에 합성). 역으로 모든 음향은 기본음과 상음으로 분해할 수도 있다(푸리에 분석).

음악의 디지털화

이전에는 음악을 아날로그 형태로 음반에 찍어냈다. 음반의 가느다란 홈이 원래 진동을 시간적인 흐름에 따라 재현한다. 우리는 음반 위에 올려놓은 바늘과 증폭 장치를 통해 진동을 들을 수 있게 된다.

음반: 아날로그 신호로 저장.

오늘날에는 디지털 형태로 음악이 저장된다. 이는 무슨 의미인가? 컴퓨터로 만든 진동 그림을 확대하면 대략 다음과 같다.

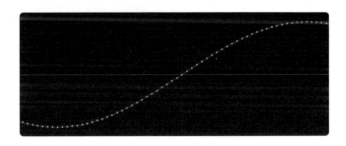

컴퓨터는 실제로는 계속 이어지는 곡선을 재현하는 것이 아니라 진동의 변위를 일정한 간격으로 추출하여 이를 저장할 뿐이다. 이 값들이 어림잡아 곡선의 형태를 띠는 것이다. 이 과정에서 A/D 변환기가 이용되는데, 이는 아날로그 신호를 디지털 값으로 변환하는 기구이다. 추출된 변위의 값은 하드 디스크나 MP3 플레이어에 쉽게 저장할 수 있다. 컴퓨터는 수를 두 종류의 숫자 0과

1로 변환시키는 이진법을 이용해 데이터를 처리한다. 음악을 틀기 위해서는 수를 다시 저장소에서 불러내 D/A 변환기를 이용해 아날로그 신호로 바꾼다. 바뀐 신호는 스피커나 이어폰으로 전달되어 우리가 음악을 듣게 되는 것이다.

소형 장치로 간편하게 듣는 디지털 음악.

소음

음악가들은 흔히 직접 소리를 크게 들을 때 연주를 더 잘하게 된다고 말한다. 소리로 인해 귀가 손상될 걱정은 할 필요가 없다. 귀는 듣는 소리가 아주 클 때, 즉 일정 수준 이상일 때만 손상을 입는다.

록 콘서트 – 귀가 위험한가?

그렇다면 귀가 손상을 입을 정도의 폰^{phon} 수는 얼마일까? 귀는 소리의 세기가 얼마일 때부터 손상을 입을 위험에 처하게 될까?

소리의 세기

소음으로 느껴지는 것과 그렇지 않은 것은 주로 소리 신호의 종류와 듣는 사람에 따라 좌우된다. 이륙하는 비행기가 내는 소리는 흔히 소음으로 분류되고, 요란한 디스코 음악은 그렇지 않다. 우리가 소리의 강도를 물리학적으로 다루고자 한다면, 우선 객관적인 사실에서 출발해야 한다.

객관적으로 다음의 사실을 확인할 수 있다. 음파는 에너지를 전달한다. 따라서 시간당 일정한 양의 에너지가 우리 귀에 전달된다. 우리는 앞에서 시간당 한 일을 일률이라고 정의했다. 그러므로 다음과 같이 말할 수도 있다. 음파는 일정한 일률을 귀에 전달한다. 이 일률을 일이 실행되는 넓이에 관련시켜 말하면 세기라고 표현할 수 있다. 이와 관련된 실험의 결과에 따르면, 사람은 음파의 세기가 10^{-12}W/m^{2}일 때 진동수가 1000Hz(1kHz)인 소리를 평균적으로 듣는다. 이 값이 최소 가청치이다. 이를 가청 문턱이라고도 한다. 다른 한편으로 소리를 듣고 고통을 느끼는 한계, 즉 귀가 통증 없이 들을 수 있는 가장 큰 소리의 세기는 대략 10W/m^{2}이 될 때다.

세기는 객관적인 크기로 이용할 수는 있지만, 실제에 적용하기엔 적합하지 않다. 왜냐하면 세기의 폭이 너무나 넓기(0.000000000001W/m^{2}에서 10W/m^{2}까지) 때문이다. 이렇게 범위가 넓으면 크기를 쉽게 가늠할 수 없다! 따라서 측정한 세기를 최소 가청치와 비교해 세기의 비율을 만들고 지수를 이용하는 방법을 택한다. 예를 들면 10000＝10^4에서 '4'만 표시하는 것이다. 이렇게 하면 세기의 비율이 0에서 13까지 나타나 크기를 쉽게 가늠할 수 있다. 또 이 값을 10으로 곱하는 방법이 쓰이기도 한다. 이 방법은 자의적이지만 역사적인 이유가 있다.

어떤 것이 소음인가? 비행기 소리?

……아니면 디스코 음악?

수학적으로 볼 때, 이 방법은 상용 로그와 연관되며 소리의 세기는 다음과
같이 정의할 수 있다.

소리의 세기 I에서 세기의 준위 β는 다음과 같이 정의된다.

$$\beta = 10 \times \log\left(\frac{I}{I_0}\right) \text{ (여기서 } I_0 = 10^{-12} \text{W/m}^2 \text{이다.)}$$

log는 10을 밑수로 하는 로그다.

소리 세기는 물리량을 나타내는 단위이지만, 소리 세기
의 준위는 단위가 아니다. 소리 세기의 준위는 전화기를
발명한 물리학자 알렉산더 그레이엄 벨Alexander Graham Bell,
1847~1922을 기념해 dB(데시벨)로 표시한다.

이 정의의 수학적 배경을 완전히 파악하지 못했다고 해서
실망할 필요는 없다. 지금부터 흔히 쓰이는 소리 세기의 준

알렉산더 그레이엄 벨.

위를 소개하겠다. 일상생활에서 흔히 들을 수 있는 소리를 dB로 표시한 소리
세기의 준위를 통해 비교하면 소리의 상대적 크기를 가늠할 수 있을 것이다.

최소 가청치	0dB
5m 거리에서 속삭이는 소리	50dB
교통이 혼잡한 거리에서의 소음	80dB
디스코텍의 소리	110dB
100m 거리에서 들리는 비행기 소리	120dB

연구 결과에 따르면, 소리 세기의 준위가 90dB일 때 귀의 손상이 생긴다. 장기간에 걸쳐 매주 디스코텍을 방문하면 청력 손실이 초래될 수 있으므로, 귀마개와 같은 보호 장치를 할 필요가 있다.

소리의 크기

소리의 세기는 객관적인 크기다. 하지만 주관적으로 느끼는 소리의 크기는 이와 완전히 다르다. 우리는 저음(진동수가 대략 200Hz인 음)을 진동수가 1000Hz인 고음보다는 훨씬 더 약한 소리로 여긴다. 그런데 정작 이 두 음은 우리 귀에 같은 일률을 전달한다. 그렇다면 특정한 진동수를 지닌 음의 소리 크기가 어떤 소리 준위에서 진동수가 1000Hz인 음의 소리 크기와 똑같이 느

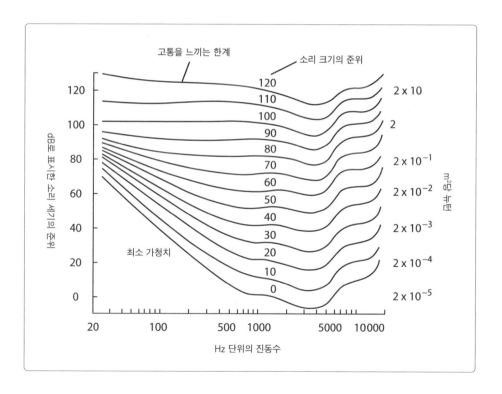

꺼지는지를 실험해보자. 이 실험 결과를 다이어그램으로 표시하면 171쪽 그림과 같다. 여기서 곡선은 똑같이 느껴진 소리 크기를 나타낸다.

이 다이어그램에서 소리 세기는 1000Hz에서 주관적으로 느끼는 소리 세기와 일치하는 것이 드러난다. 하지만 진동수가 100Hz이고 소리 세기가 40dB인 음은 최소 가청치(가청 문턱)에 있을 때에야 비로소 들을 수 있다. 주관적으로 느끼는 소리의 크기는 폰^{phon}으로 표시한다. 따라서 100Hz의 음은 소리의 크기가 0폰이다. 10폰 높이면, 느끼는 소리의 크기는 평균 두 배가 된다.

앞에서 말한 귀에 손상을 줄 만한 폰 수는 콘서트장에서 아주 쉽게 접할 수 있다. 따라서 소리의 크기를 낮추거나 귀에 보호 장치를 하는 것이 필요하다. 귀의 손상을 입지 않으려면 말이다.

IV

전기

전하

전기적인 현상은 일상에서 흔히 접할 수 있다. 우리는 일상생활 중에 전기 기구를 자주 사용한다. 전기에너지의 공급은 국가 정책 담당자들이 가장 중요하게 논의하는 주제 중 하나다. 이 소단원에서는 전기를 기초부터 자세히 다루게 된다. 전기 기구를 살펴보고 전기에너지가 무엇이며, 이 전기에너지를 어떻게 측정하는지를 배울 것이다.

전류의 모델

콘센트.

전등의 전선을 콘센트에 연결하면 전선에서는 어떤 일이 생길까? 우선 전선을 둘러싸고 있는 보호 피복은 전류와는 아무런 관계가 없다. 전류는 전선의 내부에 있는 금속 도선을 통해 전달된다. 우리는 이 일이 아주 작은 차원에서 일어나기 때문에 이 금속 도선에서 어떤 일이 일어나는지를 직접 볼 수 없다. 하지만 실험적인 관찰을 통해 구체적인 이미지로 그려볼 수는 있다. 이러한 이미지가 바로 모델이다.

전등.

이제 금속 도선에서 벌어지는 일에 관한 모델을 만들어보기로 하자.

실험 1: 전하 이동

첫 번째 실험 대상은 백열전구이다. 백열전구는 작은 유리구 속에 가스를 넣고 두 개의 전극(금속 도선)을 저항이 높은 도선으로 연결한 것으로, 빛을 방출한다(이때 가스 방전이 일어난다).

백열전구.

전기에너지원과 대전체(금속을 입힌 물체로, 그림에서는 공 모양을 하고 있다)를 절연 막대에 연결한 두 개의 백열전구로 실험해보자.

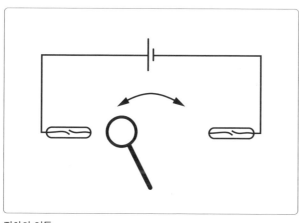

전하의 이동.

핵심을 명확하게 전달하기 위해 회로도를 이용해 설명하겠다. 그림의 선은 금속 도선을 나타내고, 수직으로 그어진 두 개의 선분은 전기에너지원을 의미한다. 손전등 배터리를 이용한 경험을 통해 여러

배터리.

분은 전기에너지원이 양(+)과 음(−), 두 개의 전극을 가지고 있다는 것을 알고 있다. 긴 선분은 양극을, 짧은 선분은 음극을 나타낸다. 하지만 이 실험에서는 손전등 배터리를 이용하지 않고 비교적 높은 전압을 내는 특수한 에너지원을 이용해야 한다. 이렇게 하지 않으면 백열전구가 작동하지 않기 때문이다. (전압에 대해서는 뒤에 가서 다시 설명할 것이다). 주의할 점은, 이 실험은 높은 전압을 이용하기 때문에 위험하니 집에서 이 실험을 해서는 안 된다!

대전체를 백열전구에 대면 이 백열전구에 빛이 잠깐 들어온다(두 전극 중 하나만 빛을 내지만, 어느 전극이 빛을 내는지는 여기서 중요하지 않다). 그다음, 다른 백열전구에 대전체를 대면 이 백열전구도 잠깐 빛을 낸다. 또다시 첫 번째 백열전구에 빛을 낼 수 있고 계속 이런 과정을 반복해나갈 수 있다.

이 실험을 해보면 다음과 같은 사실이 드러난다.

대전체가 백열전구에 닿으면 항상 무엇인가가 교환된다. 이 무엇이 대전체를 통해 이동해 백열전구에서 교환되는 것이다. 이 과정은 두 항구를 왕복하며 승객이나 화물을 싣고 내리는 카페리호가 하는 일과 유사하다. 무엇에 대해서는 대전체가 실을 수 있는 것으로만 알고 있으면 된다. 따라서 우리는 무엇을 일단 전하라 하고, 전하가 이동하면 항상 전기가 흐른다고 생각한다.

카페리호는 화물을 운반한다.

실험 2: 전하의 힘의 작용

실험 1은 자동화가 가능하다. 즉, 판 모양으로 된 두 개의 대전체 사이에 금속 막을 입힌 탁구공 추를 매단다. 이 탁구공은 어느 한 대전체로 끌어당겼다가 놓으면 자동적으로 두 대전체 사이를 왕복한다. 그림은 전하가 힘을 작용하는 모습을 나타낸다.

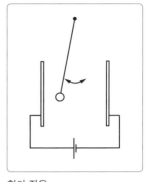

힘의 작용.

실험 3: 전하의 종류

탁구공을 어느 한 대전체에서 충전시킨 다음, 잠깐 땅에 연결하면(이 연결은 탁구공을 난방 파이프의 니스 칠이 되지 않은 부위에 대는 것으로 충분하다. 난방 시설은 땅에 닿아 있기 때문에 자동적으로 탁구공이 땅에 연결된다), 힘의 작용은 더 이상 관찰할 수 없다. 이 과정은 탁구공에 있는 전하가 땅으로 흡수된다고 말할 수 있다. 이렇게 탁구공을 전기적으로 중성화시킬 수 있는 것이다.

중성화된 탁구공을 +극과 연결된 대전체에서 충전시킨 다음, 대전체 중 하나에 접근시키면(닿게 하지는 않는다!), +극과 연결된 대전체는 탁구공을 밀어내고, -극과 연결된 대전체는 탁구공을 끌어당긴다. 우리는 이러한 반응을 통해 전하에는 +전하와 -전하, 두 종류가 있음을 알 수 있다. 전기에너지원의 양극에서는 양(+)전하가 넘치고, 음극에서는 음(-)전하가 넘친다. 같은 극의 전하(예를 들어 양극과 양극, 음극과 음극)는 밀어내는 힘이 작용하고, 다른 극의 전하는 끌어당기는 힘이 작용한다.

모델
전류는 전하가 이동하는 것이다. 전하는 양(+)전하와 음(-)전하, 두 종류가 있다. 전하는 서로에게 힘을 작용한다. 같은 극의 전하는 서로 밀어내고, 다른 극의 전하는 서로 끌어당긴다.

중립적인 도체에는 전하가 없거나 같은 양의 양전하와 음전하가 존재한다. 이는 실험을 통해선 입증할 수 없다. 왜냐하면 양전하와 음전하가 동등하게 존재할 때는 힘의 작용이 외부적으로 상쇄되어 나타나기 때문이다.

물리학적인 크기로서의 전하량

전하량은 Q로 표시한다(소문자 q로 표시할 때도 있다). 전하량의 단위는 C이다

(프랑스의 물리학자 샤를 드 쿨롱[Charles de Coulomb, 1736~1806]의 이름을 따서 쿨롱이라고 한다). 전하는 힘의 작용으로만 나타나기 때문에 쿨롱에 대해서는 대략 다음과 같이 말할 수 있다.

샤를 드 쿨롱.

"양전화와 음전하로 충전된 두 개의 대전체가 거리…… m와 힘…… 뉴턴으로 서로 끌어당기면, 두 대전체는 1C의 전하를 띤다."

하지만 실제로는 이렇게 말하지 않고 전류의 세기를 이용해 쿨롱을 정의한다. 이에 대해서는 뒤에 가서 다시 설명할 것이다.

전하의 단위는 쿨롱(C)이다.

금속 물체에서의 전하의 성질

지금까지 설명한 내용에 따르면, 양전하뿐만 아니라 음전하도 전기를 이동시킬 수 있다. 그러나 실험을 해보면 금속 물질에서는 음전하만 이동할 수 있음이 드러난다(이 실험에 대해서는 뒤에 가서 다시 다룰 것이다). 금속 물질에서 음

전하를 띤 입자, 즉 전자는 앞으로 나올 내용에서 중요한 역할을 한다.

> 금속 물체에서 전하를 이동시키는 입자는 전자이다. 전자는 음전하를 띠고 있다.

전기장

번개가 칠 때 자동차 안에 있으면 번개를 피할 수 있다고 한다. 자동차가 패러데이의 상자^{Faraday cage}와 같은 역할을 해 자동차 안에서는 전기장이 없기 때문에 번개를 피할 수 있는 것이다. 그런데 패러데이의 상자는 무엇이며, 전기장이 없다는 것은 무엇을 의미할까? 또 과연 이 주장은 옳은 것일까?

전기장과 전기장의 세기

어떤 공간에 전하를 띤 대전체가 분포되어 있고 당신이 176~177쪽 실험 2에서와 같이 전하를 띤 추를 왕복 운동시키면 추는 대전체가 가지고 있는 전하의 힘을 받아 (위치에 따라) 다양하게 움직인다. 이 힘이 멀리서 어떻게 작용하는지를 생각하는 것은 쉬운 일이 아니다. 이 힘은 실험에서 드러난 것처럼 공기와 같은 물질에 의존하지 않는다. 대전체가 공간을 특정한 상태로 만들고 이 상태가 다시 추에 영향을 미치는 것이 분명하다. 이를 달리 표현하면, 대전체는 전기장에 둘러싸여 있다고 말할 수 있다. 즉, 전기장이 추에 영향을 미쳐 추를 움직이게 하는 것이다. 따라서 대전체는 전기장을 발생시키는 전하로, 추는 시험 전하로 볼 수 있다. 이 시험 전하는 전기장의 세기와 방향을 측정하기 위해 전기장 안에 넣는 전하로, 원래의 전기장에 변화를 줄 수 없도록 아주 작아야 한다.

전기장의 세기가 커지면 시험 전하에 큰 힘을 작용한다. 두 배의 힘이 작용하면 시험 전하에도 두 배의 힘이, 세 배의 힘이 작용하면 시험 전하에도 세 배의 힘이 작용한다고 가정하는 것이 합당하다. 때문에 전기장의 세기를 설명하면서 시험 전하의 영향 자체를 배제하려면, 힘을 시험 전하로 나누어야 한다. 따라서 전기장의 세기는 힘을 (시험) 전하로 나눈 값으로 정의할 수 있다.

전하를 띤 물체를 둘러싼 공간에는 전기장이 존재한다. 전기장에서는 전하에 힘이 작용한다.

공간의 한 점에서 양의 시험 전하 q에 힘 $\vec{F}$가 작용한다면, 이 점에서 전기장의 세기 $\vec{E}$ 는 힘을 시험 전하로 나눈 값이다.

$$\vec{E} = \frac{\vec{F}}{q}$$

전기장의 세기를 측정하는 단위는 N/C (뉴턴/쿨롱)이다.

고압선 아래의 지면에서 전기장의 세기는 대략 2000N/C이고, 폭풍우가 칠 때는 100만N/C까지 커질 수 있다.

전기력선

전기장의 크기와 방향은 전기력선을 이용해 나타낼 수 있다. 전기력선은 전기장을 만드는 전하에서 시작되고 끝난다. 전기력선의 방향은 양 시험 전하에 작용하는 힘의 방향을 나타내고, 전기력선의 밀도는 전기장의 세기를 나타낸다. 즉, 전기장의 세기가 큰 영역에서는 전기력선들이 조밀해진다. 그림은 전

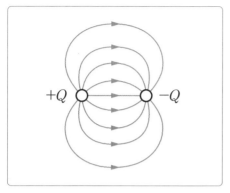

양전하를 가지고 있는 점전하의 전기장.

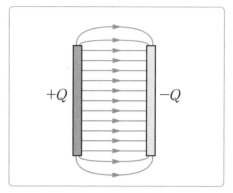

전하를 띤 평행판 축전기의 전기장.

기장을 만드는 전기력선의 모양을 나타낸다. 왼쪽 그림에서는 양전하를 가지고 있는 점전하의 전기장이, 오른쪽 그림에서는 전하를 띤 평행판 축전기의 전기장이 나타내져 있다. 평행판 축전기의 내부에서 만들어지는 전기장은 방향과 세기가 같다.

패러데이의 상자

폭풍우가 칠 때, 구름 또는 구름에 포함된 입자들이 강하게 대전되어 대기 중에 강한 전기장이 만들어진다. 이런 상태의 과잉 전하는 갑작스럽게 큰 전류가 흐르면서 강한 빛을 내는 번개를 통해 해소된다. 번개가 지면에 있는 자동차에 부딪치면 전하는 차체를 통해 땅으로 전달된다. 그렇다면 자동차 내부의 전기장의 세기는 얼마나 될까?

이 소단원의 도입부에서 설명한 실험에 따르면, 전하는 금속 도체 내에서 자유롭게 이

전기 방전.

동할 수 있음이 드러난다. 실험을 통해 검증된 이 이론에서 출발하면, 대전된 금속 물체의 전하는 이 물체의 내부에 있을 수 없다. 이 경우, 전하가 서로 밀어내기 때문이다.

전하는 물체의 표면에 모인다. 물체의 내부에서는 전기장의 세기가 0이다. 만약 전기장의 세기가 0이 아니라면, 전기장의 힘이 (자유롭게 움직이는) 전하에 작용해 이 전하를 이동시킬 것이다. 이렇게 되면 더 이상 어떤 힘도 남지 않아 전기장의 세기는 결국 0이 된다. 따라서 금속 도체의 내부는 항상 전기장이 존재하지 않게 되는 것이다!

마이클 패러데이.

이는 물체의 내부를 제거해도 마찬가지다. 이렇게 하면, 표면을 따라서 전하의 상쇄가 일어난다. 결국 표면은 두꺼운 재질로 만들 필요없이 철망 울타리로 충분하다. 이것이 바로 (마이클 패러데이Michael Faraday, 1791~1867의 이름을 딴) 패러데이의 상자인 셈이다. 이 상자는 철망으로 된 차단 장치이며, 그 안에서는 전기장이 존재하지 않기 때문에 위험하지 않다!

차체가 금속으로 만들어진 자동차는 패러데이의 상자와 같은 역할을 한다. 그러므로 앞에서 제기한 주장, 즉 번개가 칠 때 자동차 안에 있으면 번개를 피할 수 있다는 주장은 옳다.

반대로 번개가 칠 때 밖에 머물러서는 안 된다. 특히 나무 밑으로 피하면 위험을 자초하고 만다. 번개는 높은 지점을 목표로 삼기 때문에 '초원은 피하고 나무를 찾아라'는 지침은 전혀 합당하지 않으며 폭풍우가 칠 때 밖으로 돌아다니는 것은 항상 위험하다!

전압과 전류의 세기

백열전구에 3.8V와 0.3A라고 표시되어 있는 것은 무엇을 의미하는가?

전압

전기 회로에서는 기본적으로 두 개의 단위, 즉 전압과 전류의 세기가 중요한 역할을 하는 만큼 이 두 크기를 알고 구분하는 것이 중요하다. 전압부터 살펴보겠다.

백열전구.

당신이 양의 시험 전하를 평행판 축전기의 두 판 중에서 음전하를 띤 판에 놓는다고 가정해보자. 이제 양의 시험 전하를 양전하를 띤 판으로 이동시킨다. 이는 전기장에 대해 역방향의 일을 하는 것을 의미한다. 시험 전하를 이동시키는 도중에 멈추면, 시험 전하는 전기장에 의해 음전하를 띤 판으로 가속되어 운동에너지를 얻는다. 이렇게 되면 당신이 행한 일은 위치에너지로 전기장에 저장된다. 우리는 각 위치에서 이 에너지를 계산할 수 있다.

두 판이 0.1m 떨어져 있고 전기장의 세기가 40N/C이라면, 두 판의 중앙에 있는 ($s=0.05$m) 크기가 10^{-9}C인 시험전하의 위치에너지는 다음과 같다.

$$W_{\text{위치에너지}}=F\times s=E\times q\times s=40\text{N/C}\times 10^{-9}\text{C}\times 0.05\text{m}=2\times 10^{-9}\text{J}$$

여기서 시험 전하가 아닌 전하의 위치에너지를 구하려면, q로 나누면 된다. 이렇게 하면 전기장에서 기준점으로부터 멀어진 각 위치의 전하당 위치에너지의 값을 얻게 되는 것이다. 이 값은 퍼텐셜 φ 라고 한다. 축전기의 두 판 중앙에서의 퍼텐셜은 쿨롱당 2줄(J)의 값을 가진다. 퍼텐셜의 단위는 J/C로 쓰지 않고, 이탈리아의 물리학자 알레산드로 주세페 볼타[Alessandro Giuseppe Volta, 1745~1827]를 기념하기 위해 V(볼트)를 쓴다. 앞에서 퍼텐셜을 구하는 기준 위치로 음전하를 띤 판을 선택했는데, 이는 설명의 편의를 위해 어쩔 수 없는 선택으로 다분히 자의적임을 기억해두자.

알레산드로 주세페 볼타.

당신이 시험 전하라고 생각하면 퍼텐셜의 개념을 쉽게 이해할 수 있다. 머릿속으로 전기장의 힘을 중력으로 대체해보라. 이제 시험 전하의 이동은 당신이 산을 오르면서 위치에너지를 얻는 것을 의미한다. 당신은 산을 오르면서 도달한 각 지점에 표지판을 설치할 수 있다. 표지판에는 그 지점에서 얻은 질량당 에너지를 기록한다. 바로 이것이 퍼텐셜인 셈이다.

등산객들은 위치에너지를 얻는다.

아래 오른쪽 그림은 동일한 퍼텐셜의 선(등퍼텐셜선)을 나타낸다. 지도에서는 등산의 경우와 동일한 등고선을 찾을 수 있다(고도는 단 한 가지 요소를 제외하고는 퍼텐셜과 일치한다).

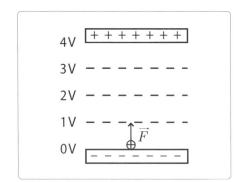
등퍼텐셜선.

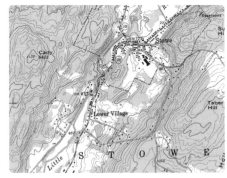
등고선이 표시된 지도.

그런데 전압이란 무엇인가? 이는 아주 간단하다. 두 퍼텐셜의 차이가 바로 전압이다. 아래의 다이어그램을 살펴보자.

점 P_1에서는 1V의 퍼텐셜이, 점 P_2에서는 3.5V의 퍼텐셜이 작용한다. 따라서 두 퍼텐셜의 차이, 즉 두 점 사이의 전압은 2.5V가 된다. 이는 등산의 예에서 등산객이 점 P_1과 점 P_2 사이에서 얻는 퍼텐셜의 증가와 같다.

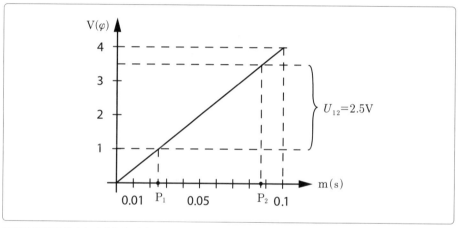

평행판 축전기에서의 퍼텐셜과 전압.

퍼텐셜(φ)은 전기장에서 기준점으로부터 멀어진 특정 지점에서의 시험 전하당 위치에너지이다.
두 점 사이의 전압(U)은 두 점의 퍼텐셜의 차이이다.
퍼텐셜과 전압을 측정하는 단위는 V(볼트)이다.

콘센트의 두 극 사이의 전압은 230V이다. 물론 이는 교류 전압을 의미하며 이에 대해서는 뒤에 가서 다시 다룰 것이다.

폭풍우가 칠 때는 전압이 1000만 V나 될 수도 있다.

전기 회로

전등을 켜기 위해서는 전기 회로를 만들어야 한다. 전원으로는 4.5V 배터리가 이용된다. 이 배터리의 전압은 전기 화학적인 방법으로 발생되는데, 이 방법에 대해서는 여기서 다루지 않는다(《누구나 화학》 참조). 배터리에서 접속하는 곳은 극이라고 한다. 이제 오른쪽 그림과 같은 회로를 만들어 보자.

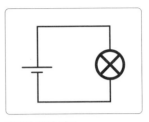

전등의 전기 회로.

십자 표시를 한 원은 백열전구를 상징한다. 이 백열전구에 전류를 흐르게 하기 위해 소켓을 이용하거나, 아니면 접속선의 한쪽 끝은 나선형 홈에 연결하고 또 다른 쪽 끝은 소켓 아래쪽 끝에 연결한다. 배터리에 저장된 전기적인 위치 에너지는 백열전구에서 빛과 열의 형태로 바뀐다.

전류의 세기

금속에서 전하를 이동시키는 것은 전자이다. 전자는 음극에서 양극으로 흐르며 아래의 그림은 금속선에서 전류가 어떻게 흐르는지를 나타낸다. 여기에서 음의 부호를 가진 작은 원은 전자를 나타낸다.

전류의 세기를 측정하는 것은 도로에서 교통량을 측정하는 것과 유사하다.

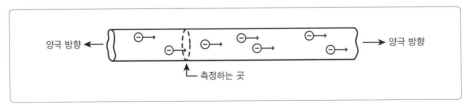

금속 도체에서의 전하의 이동.

교통량을 측정할 때는 특정 지점에서 시간당 통과하는 자동차의 수를 센다. 전류의 경우에도 이와 유사하게 측정하는 곳에서 일정한 시간 동안 얼마나 많은 전하가 지나가는지를 나타낸다(전자 하나가 가지고 있는 전하량

혼잡한 도로 – 차량 적체.

은 실험을 통해 알아낼 수 있는데, 자세한 사항은 뒤에 가서 다시 다룰 것이다).

전류의 세기의 단위는 프랑스의 물리학자이자 수학자인 앙드레 마리 앙페르[Andre Marie Ampère, 1775~1836]의 이름을 따서 암페어(A)이다.

앙드레 마리 앙페르.

전기의 세기(I)는 시간(t)당 흐르는 전하량(Q)을 말한다.

$$I = \frac{Q}{t}$$

전류의 세기의 단위는 암페어(A)이다.

전하의 단위에 대해서는 측정 방법을 말하지 않았으므로, 전류의 세기의 단위는 전하의 단위에서 유도해낼 수 없다. 따라서 방법을 거꾸로 하여 암페어의 값을 먼저 정하면 쿨롱의 값이 자동적으로 구해진다.

전류의 세기의 값을 정할 때는 전류가 흐르는 두 개의 도체가 서로에게 힘을 작용한다는 사실을 이용한다(이에 대해서는 '전류에 의한 자기장'장을 참조).

암페어는 (길이, 시간, 질량 등의 단위와 같이) 국제 단위계의 기본 단위로서 다

음과 같이 정의된다.

암페어는 기본전하 e의 수치를 s A와 동일한 C 단위로 나타낼 때,
$1.602176634 \times 10^{-19}$으로 고정함으로써 정의된다(2019년에 재정의 됨).

전자시계.

이 정의는 복잡한 내용을 담고 있다. 하지만 단위를 정확히 규정하기 위해서는 명확한 측정 기준이 필요하다. 물론 실제로는 무한히 긴 도체가 존재하지 않기 때문에 코일을 이용해 이 코일에 작용하는 힘을 측정한다.

전자시계에 흐르는 전류의 세기는 대략 0.001밀리암페어$\left(1\text{mA} = \dfrac{1}{1000}\text{A}\right)$이다. 또 번개가 칠 때는 10만 암페어나 되는 큰 전류가 흐를 수도 있다.

전류의 세기를 측정하는 기구를 전류계, 전압을 측정하는 기구를 전압계라고 하는데 이 기구들은 전류와 전압의 특성에 따라 작동 방식이 다르다(이에 대해서는 코일 측정기를 다룰 때 다시 살펴볼 것이다). 회로도에서 전류계는 A라고 표시된 원으로, 전압계는 V라고 표시된 원으로 나타낸다.

이 장을 시작하면서 우리는 "백열전구에 3.8V와 0.3A라고 표시되어 있는 것은 무엇을 의미하는가?"라고 물었다. 이는 '백열전구가 3.8V의 전압에 연결될 때, 세기가 0.3A인 전류가 흐른다'는 것을 의미한다(이때 백열전구는 불이 들어오는 최적의 상태가 된다). 만약 이보다 높은 전압에 연결하면 전류의 세기가 커져 백열전구는 불에 타서 망가지게 된다. 하지만 백열전구는 4.5V의 배터리까지는 연결

전류계.

해도 큰 문제가 없다.

저항과 옴의 법칙

소는 목장에서 풀을 뜯다가 울타리에 쳐진 전기선에 닿으면 감전된다. 하지만 전선 위의 새는 마냥 기분 좋은 상태로 재잘거린다. 이런 정반대의 현상이 생기는 이유는 왜일까? 전기가 대상을 가려가며 감전시키는 것일까? 소의 감전 상태에 따라 생명을 위협하거나 사소한 일로 끝나는 이유는 무엇일까?

전기 저항

이 질문에 답하기 위해서는 전압과 전류의 세기라는 두 개념의 연관 관계를 살펴보아야 한다. 전류의 위험성에 결정적인 역할을 하는 것은 전류의 세기이다. 우리의 몸에 70mA 이상의 전류가 흐르면 심장이 정지될 수 있다. 하지만 전류가 흐르기 위해서는 전기에너지원의 두 극이 서로 연결되어야 한다. 그런데 보통 전기 울타리 장치의 한 극은 전선에, 또 다른 극은 땅에 연결되어 있

접촉 금지!

접촉 가능?

다. 이 상태에서 소가 전선에 닿으면 한 극의 전류가 전선과 소 그리고 땅으로 흘렀다가 다시 다른 극으로 흐른다. 따라서 닫힌 전기 회로가 생기고 소에게 전류가 흘러 좋지 않은 영향을 미치는 것이다.

이는 왜 전선에 있는 새에게는 아무 일도 생기지 않는지를 이해하는 데에도 도움이 된다. 새와 땅 사이에는 공기가 존재할 뿐이다. 일상적인 조건에서는 공기를 통해 전류가 흐르지 않는다. 전기 회로가 닫혀 있지 않으면, 전류는 흐르지 않는다. 따라서 전류는 새에게 아무런 위험도 주지 않는 것이다. 그러니 만약 소가 전기 울타리 장치의 전기 충격이 가해지는 박자에 따라 계속 공중으로 뛴다면, 소에게도 아무 일이 생기지 않을 것이다.

그렇다면 생명의 위협이 되는 전류의 세기는 어떤 상태에서 생기는가? 우선 전기 울타리 장치의 전압이 일정하게 42V로 맞춰져 있다고 가정해보자. 이 장치의 양극 사이에는 여러 가지 형태의 도체가 있을 수 있다. 전류가 잘 흐르는 철사, 이보다 약하게 전기가 흐르는 소, 그리고 거의 전류가 흐르지 않는 공기 등 여러 물체는 전류에 대해 다양한 저항을 나타낸다. 저항의 성질은 다음과 같이 정의된다.

전기 저항(R)은 전류의 세기(I)에 대한 전압(U)의 비다.

$$R = \frac{U}{I}$$

R의 단위는 옴(Ω)이다.

$$1\,\Omega = 1\,V/A$$

단위 옴은 처음으로 전기 저항에 대한 체계적인 연구를 한 독일의 물리학자 게오르크 시몬 옴[Georg Simon Ohm, 1789~1854]의 이름을 따서 지었다.

이 정의는 전기 저항의 의미를 쉽게 파악하게 해준다. 전압이 일정할 때 전류의 세기가 크면, 저항은 큰 수로 나뉘기 때문에 작아진다. 반대로 전류의 세기가 작으면, 저항은 커진다.

게오르크 시몬 옴.

소는 전압이 일정할 때 600Ω의 저항을 나타낸다고 가정해보자. 이때는 전압의 값을 알기 때문에 저항식을 이항하면 전류의 세기를 구할 수 있다.

$$I = \frac{U}{R} = \frac{42V}{600\Omega} = 0.07A = 70mA$$

이 전류의 세기는 사람과 소의 심장이 대략 동일하게 반응을 보일 때 생명을 위협할 수도 있다. 비가 올 경우, 상황은 더욱 악화된다. 전류를 잘 전도하는 물에 의해 소의 저항은 점점 작아지고 전류의 세기는 점점 커지기 때문이다!

위의 저항식에서 전압을 높이면 어떤 경우든 위험이 커지는 것을 알 수 있다. 콘센트의 전압(U=230V)이 있는 극에 몸이 닿으면, 전류의 세기는 생명에 위협을 줄 정도로 커질 수 있다. 그중에서도 저항이 (예를 들어 습도가 높은 공간에서) 아주 작을 때는 특히 위험하다. 특정한 대전체에 닿을 때 위험한지의 여부에 대해서는 "그때그때 다르다!"라고 답할 수밖에 없다. 특히 두 가지 경우에 따라 달라지는데 첫째는 저항에 따라 다르다(저항은 습도와 같은 여러 조건에 크게 좌우된다). 둘째는 전압에 따라 다르다. 이 요소들은 대개 확실하게 규정할 수 없기 때문에 '가능한 한 대전체에 닿는 일은 피해야 한다!'

옴의 법칙

물체의 저항은 대개 일정하지 않다. 백열전구의 저항은 온도가 올라감에 따라 커진다. 전압을 올리면 전류의 세기가 커지고 온도도 올라가며 저항도 커진다. 그러나 저항이 온도와 무관한 물질도 있다. 특히 콘스탄탄과 같은 합금의 경우가 그렇다. 전기 회로에 사용되는 저항 단자는 전류의 세기가 지나치게 크지 않을 때는 근사적으로 일정한 저항을 가지며 직사각형으로 표시된다. 저항 단자에는 여러 가지 색의 고리가 있는데, 이 고리는 각각의 저항값을 나타낸다.

R이 일정하면 저항식은 전압과 전류의 세기 사이의 비, 즉 $U=R \times I$로도 읽을 수 있다. 이것이 옴의 법칙의 핵심 내용이다.

전압과는 무관한 저항 단자의 저항 R이 일정하면, 전압 U와 전류의 세기 I는 다음의 관계를 가진다.

$$U=R \times I \quad \text{(옴의 법칙)}$$

전기에너지와 일률

전구에 배터리를 연결하면 배터리는 점차적으로 방전된다. 하지만 원래 축적되어 있던 에너지가 사라지는 것이 아니라 전구에서 빛에너지와 열에너지로 전환된다.

이제 전압 U인 전하량 Q를 저항을 통해 흘려보내는 전기에너지원을 살펴보기로 하자. 배터리가 내는 에너지는 $W=U \times Q$이다. 이는 전압을 구하는 식(전압은 단위 전하당 에너지이다)을 이항한 것이다. 이 에너지가 시간 t동

저항 단자.

안 쓰이면 일률은 다음과 같다.

$$P = \frac{W}{t} = \frac{U \times Q}{t} = U \times \frac{Q}{t} = U \times I \ (\text{왜냐하면 } I = \frac{Q}{t} \text{ 이기 때문이다.})$$

따라서 일률은 전압과 전류의 세기의 곱과 같다.

저항에 대해서는 옴의 법칙이 적용되므로, U에 대해 $R \times I$를 대입할 수 있다. 따라서 $P = R \times I^2$이 된다.

> 전기 일률 P는 전압 U와 전류의 세기 I의 곱이다.
> 옴의 저항 R에 대해서는 $P = R \times I^2$이 성립한다.

절전 전구에 표시된 '11W'는 매 시간 11줄(J)의 에너지가 다른 에너지 형태인 빛과 열로 전환된다는 것을 의미한다. 이 절전 전구는 기존의 60W 전구와 똑같은 밝기를 내므로, 절전 전구라는 말을 쓰는 것은 정당하다!

절전 전구.

전기 배전망

전기 기사는 회로를 여러 차원으로 나눌 수 있다. 이는 회로가 작동하기 위해서는 각 부품이 어떤 값을 가져야 하는지를 계산할 수 있다는 것을 의미한다. 간단한 예로 옴의 법칙을 따르는 다음의 배전망을 살펴보자.

전원은 10V의 전압을 공급하며 최고 100mA까지 부하가 걸릴 수 있다. 이는 다시 말해 전류의 세기가 이 보다 더 커서는 안 된다는 것을 의미한다. 이것이 가능할까?

이 문제를 해결하기 위해 다음과 같은 전략을 세운다. 우리는 두 저항을 각각 동일한 작용을 하는 대체 저항으로 바꾼다. 이렇게 하면 배전망은 단 하나의 저

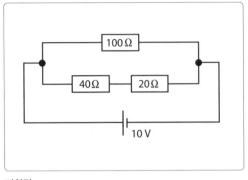

저항망.

항으로 이루어지고, 전류의 세기는 옴의 법칙으로 계산할 수 있다.

저항의 직렬 연결

다음의 회로도는 위 그림에서 표시한 배전망 아래쪽 부분(두 저항이 일렬로 연결되어 있다)만을 나타낸다. 일반화시키기 위해 두 저항을 R_1과 R_2로 표시한다. 또한 전압과 전류를 측정할 전압계와 전류계도 표시한다. 전류가 도선을 따라 흐르기 때문에 전류계는 항상 도선에 설치하고 저항에 직렬로 연결한다. 전압계는 저항에 병렬로 연결한다.

실험을 해보면 첫째, 세 전류의 세기가 모두 같다는 것을 알 수 있다. 이는 논리적이다. 왜냐하면 전류는 흐르는 도중에 '방향을 바꿀 수 없기' 때문이다. 따라서 I_1, I_2, I_3라 하지 않고 통일시켜 I로 표시한다.

둘째, U_1과 U_2를 합하면 U가 된다. 이것도 설득력이 있다. 왜냐하면 전하가 가지고 있는 총 에너지는 전하가 저항을 통과할 때 단계적으로 방출되기 때문이다. 따라서 $U=U_1+U_2$가 성한다. 이를 I로 나누면 다음과 같다.

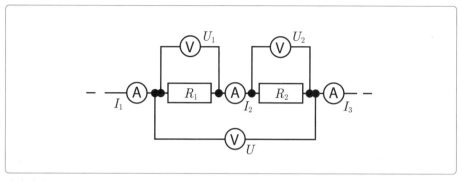

직렬 연결.

$$\frac{U}{I} = \frac{U_1}{I} + \frac{U_2}{I}$$

여기서 우변의 항들은 옴의 법칙에 따라 각각 R_1과 R_2이다. 좌변의 항은 총 저항 R을 나타낸다. 따라서 좌변은 두 개의 저항을 합친 것과 전기적으로 동일한 효과를 갖는 대체 저항의 값을 가진다. 결과적으로 직렬 연결에서 저항은 각 저항을 합하면 되는 것이다. 즉, 40Ω의 저항과 20Ω의 저항은 60Ω의 저항 하나로 대체할 수 있다.

두 개의 저항 R_1과 R_2의 직렬 연결에서 총 저항 R은 이 두 저항의 합과 같다.

$$R = R_1 + R_2$$

저항의 병렬 연결

이제 두 저항의 병렬 연결이 남았다.

이 경우, 실험을 통해 첫째, $I = I_1 + I_2$가 성립하는 것을 알 수 있다. 이것은 논리적이다. 왜냐하면 전자는 두 개의 부분으로 나뉘기 때문이다. 둘째, 전압

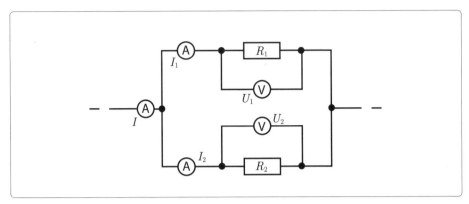

병렬 연결.

은 모두 같다. $U = U_1 + U_2$. 이는 에너지를 고려하면 충분히 이해할 수 있다. 즉, 한 도선에서의 전하는 다른 도선에서보다 더 많은 에너지를 잃는 일이 생기지 않기 때문이다. 이제 전류의 세기를 나타내는 방정식을 U로 나누면, 다음과 같다.

$$\frac{I}{U} = \frac{I_1}{U} + \frac{I_2}{U}$$

이 방정식에서 저항의 분자와 분모를 서로 바꾼 역수가 나타난다(예를 들면 $\frac{I}{U} = \frac{I}{R}$). 이 역수는 다음과 같이 합칠 수 있다.

두 저항 R_1과 R_2의 병렬 연결에서 총 저항 R에 대해서는 다음의 식이 성립한다.

$$\frac{I}{R} = \frac{1}{R_1} + \frac{1}{R_2}$$

따라서 100Ω과 60Ω의 저항을 병렬로 연결한 경우 총 저항은 분수 계산이나 계산기를 이용하면 다음과 같다.

$$\frac{I}{R} = \frac{1}{100\Omega} + \frac{1}{60\Omega} = \frac{6}{600} \times \frac{1}{\Omega} + \frac{10}{600} \times \frac{1}{\Omega} = \frac{16}{600} \times \frac{1}{\Omega}$$

$$R = \frac{600}{16}\Omega = 37.5\Omega$$

따라서 병렬 연결의 총 저항은 각 부분 저항값보다 작다. 쉬운 예를 들어 설명한다면, 전하 대신 마트의 계산대 앞에 줄을 선 고객을 생각해보자. 옆에 또 다른 계산대가 열려 있다면 계산 처리 비율이 높아진다. 이와 같은 원리로 전류와 저항은 점점 작아지는 것이다.

전류의 세기를 계산하면 다음과 같다.

$$I = \frac{U}{R} = \frac{10V}{37.5\Omega} \approx 0.274 = 270\text{mA} \, (\text{근삿값})$$

전류의 세기가 너무 큰 것이 드러난다. 따라서 이보다 부하를 견딜 수 있는 전원이 필요한 것을 알 수 있다.

축전기

카메라의 플래시는 어떻게 작동되는가?

전기 용량

플래시를 터뜨리는 핵심 장치는 축전기다. 평행판 축전기에 대해서는 앞에서 이미 배웠다. 전해 축전기나 세라믹 축전기 등 여러 가지 종류로 나뉘는 축전기지만 모두 두 개의 절연된 대전체가 들어 있고, 이 두 대전체 사이의 거리가 아주 작다는 공통점을 가지고 있다.

세라믹 축전기.

축전기는 전하를 저장할 수 있다. 실험에 따르면, 저장된 전하량은 전압에 비례한다. 비례 상수는 축전기에 1V의 전압이 걸렸을 때 얼마의 전하가 저장될 수 있는지를 나타내는 값이다. 비례 상수는 C로 표시하고 전기 용량을 의미한다. 전기 용량의 단위는 물리학자 패러데이의 이름을 따서 패럿^{farad}이라고 한다. 전압 U인 축전기에는 에너지 $W_{위치에너지} = \frac{1}{2} \times C \times U^2$가 저장된다.

축전기의 전하량 Q는 축전기의 전압에 비례한다.

$$Q = C \times U$$

C는 전기 용량이다. 전기 용량은 F$^{(패럿)}$으로 측정된다.

$$1F = 1C/V$$

축전기에 저장된 위치에너지는 다음의 식으로 구한다.

$$W_{위치에너지} = \frac{1}{2} \times C \times U^2$$

패럿은 아주 큰 단위이다. 전해 축전기의 전형적인 전기 용량은 $100 \mu F$(100마이크로패럿)이다(마이크로는 100만분의 1을 의미한다).

축전기의 충전과 방전

아래 그림은 플래시의 충전과 방전을 나타내는 회로도이다. 축전기는 병렬로 연결되어 있다. 스위치가 1의 위치에 있으면 축전기는 충전된다. 이때 전자들은 전원이 만드는 전기장에 의해 도선을 따라 이동한다. 전원의 음극에서 축전기의 판으로 흐르는 전자도 있고, 축전기의 또 다른 판에서 전원의 양극으로 흐르는 전자도 있다. 그러므로 축전기에 의해 전기 회로가 중단되어 있어도 전류는 흐른다!

저항은 전류의 세기를 제한한다. 어느 한 시점에서 축전기 판의 전압은 전원의 전압과 같아지게 된다. 이때 전류는 더 이상 흐르지 않는데, 이는 축전기가 완전히 충전되었음을 의미한다.

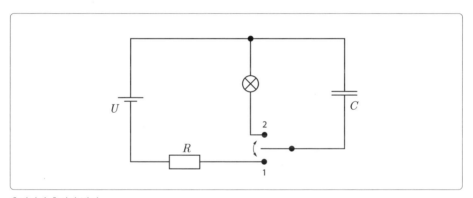

축전기의 충전과 방전.

이제 스위치를 2의 위치로 옮기면 축전기는 플래시 전등을 통해 방전된다. 이 전기 회로에서는 저항이 아주 작아서 아주 짧은 시간에 플래시를 터뜨리는 데 필요한 매우 큰 에너지가 방출된다. 잠깐 동안 주위가 밝아지면서 사진이 찍히는 것이다.

축전기가 다시 충전되어야 하기 때문에 플래시를 다시 터뜨리기 위해서는 잠깐의 시간이 필요하다. 충전 시간은 R이 클수록 더 길어진다.

플래시를 터뜨리는 순간!

축전기는 자동차의 조명등과 같이 일정 시간 동안 지속되는 불빛을 밝힐 때 사용된다. 또 자료를 저장하는 컴퓨터의 디램칩$^{DRAM-Chip}$에도 사용된다. 디램은 축전기에 전하를 충전시키거나 방전시켜 디지털 신호를 기억한다. 축전기에 전하가 충전된 상태를 1이라 하고, 방전된 상태를 0이라고 한다.

축전기로 밝혀지는 자동차 조명등.

자유전자

앞에서 우리는 금속 물질에서 전하를 띤 입자는 전자라고 하며 음전하를 띤 입자, 즉 전자만이 자유롭게 이동할 수 있다고 배웠다. 이 사실은 어떻게 알 수 있는가?

열전자 방출 현상

물을 끓이면 수면 위로 수증기가 생긴다. 이는 물 입자들이 물에서 떨어져 나올 정도의 운동에너지를 얻은 결과로 볼 수 있다. 이와 같은 현상이 금속 물질에서도 생길까? 그렇다면 금속 물질 내부의 운동하는 입자들을 가열해 에너지를 공급함으로써 이 입자들이 금속에서 떨어져 나오도록 할 수 있을 것이다! 만약 이렇게 한다면, 이 입자들의 신분을 밝혀 어떤 입자들인지를 알 수 있다.

수증기: 에너지를 지닌 입자.

바로 이와 같은 아이디어를 이용해 지금부터 열전자 방출 현상을 살펴볼 것이다.

진공 상태의 유리관에 전류가 흐를 수 있는 코일을 넣는다. 전류가 흐르면 코일이 가열된다. 유리관 다른 쪽에는 판 형태의 전극을 설치한다. 물론 코일 자체도 또 다른 전극으로 작용한다. 이제 두 전극 사이에 전압을 건다. 따라서 이 구조에서는 두 개의 전기 회로가 존재한다. 하나는 코일을 가열시키는 전기 회로이고, 또 다른 전기 회로는 두 전극 사이를 흐르는 전류의 전기 회로이다. 이러한 유리관을 다이오드라고 한다. 전류의 세기가 지나치게 커지면 다이오드가 망가지기 때문에 저항이 전류를 제한하는 역할을 한다.

유리관에는 전하를 옮겨줄 입자가 없으므로, 코일이 가열되지 않으면 전류가 흐르지 않는다. 코일에 회로를 연결했을 때, 전류가 흐르는 경우는 전극에 에너지를 공급하는 전원이 그림과 같은 형태로 두 극을 이루고 있을 때뿐이다. 만약 두 극을 바꾸면 전류는 흐르지 않게 된다. 이 실험에서 다음과 같은 사실을 알 수 있다.

1. 다이오드의 전하 전달 물질은 코일, 즉 금속 물질에서 나온다.
2. 이 전하 전달 물질은 음전하를 띤다.

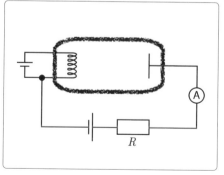

다이오드.

이는 금속 안에서 움직여 전하를 이동시키는 물질, 즉 전자가 음전하를 띤다는 것을 실험적으로 증명해준다.

브라운관

두 전극 사이에 걸린 전압은 전자를 가속시킨다. 이때 전원의 양(+) 단자에 연결된 전극을 양극이라고 한다. 브라운관(독일의 물리학자 카를 페르디난트 브라운Karl Ferdinand Braun, 1850~1918의 이름을 땄다)에는 양극이 고리 모양을 하고 있고 이 양극 뒤에는 형광막이 있다. 가속된 전자는 양극의 구멍을 통과해 형광 막에 도달한다. 형광 막에 부딪힌 전자는 빛을 내서 밝은 점을 만든다. 이 점의 위치는 진공관에

카를 페르디난트 브라운.

설치된 평행판 축전기를 통해 조종할 수 있다. 평행판 축전기는 전자의 흐름을 상하로 조종하는 역할을 한다. 전자선을 좌우로 조종하는 또 다른 축전기를 설치할 수도 있는데, 이렇게 하면 진동을 눈에 보이도록 할 수 있는 오실로그래프가 된다. 지금은 LCD 텔레비전이나 플라스마 텔레비전이 나왔지만, 얼마 전까지만 해도 모든 텔레비전과 컴퓨터 모니터는 이 브라운관을 사용했다.

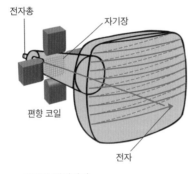

진공관 텔레비전.

구형 컴퓨터 모니터.

밀리컨의 실험

이제 금속 물질 안을 이동해 가는 전자가 음전하를 띤다는 것은 확실해졌다. 그런데 전자의 전하량이 각기 다를 수 있다고 생각해볼 수도 있다. 사람의 경우 질량이 각각 다르듯이 전자도 각기 다른 전하량을 지닐 수 있다고 말이다. 하지만 그렇지 않다는 것을 미국의 물리학자 로버트 앤드루스 밀리컨Robert Andrews Millikan, 1868~1953이 실험을 통해 입증했다.

로버트 앤드루스 밀리컨.

밀리컨은 기름방울을 수평으로 나란히 놓인 판 축전기의 전극 사이에 넣고 현미경을 통해 기름방울을 관찰했다. 기름방울은 전하를 띠어, 수평의 두 극판이 만드는 전기장에서 힘을 받게 된다. 밀리컨은 바로 이 힘을 분석해 기름방울의 전하량을 측정했다.

이 실험에서 입증된 것은 전하가 기본 전하의 정수배로만 존재한다는 사실이다. 즉 기본 전하와 이 기본 전하의 5배, 10배는 존재할 수 있어도 3.5배는 존재할 수 없다는 것이다. 요컨대 전하량은 양자화되어 있다. 또한 이 전하량의 최솟값이 바로 기본 전하이다. 핵물리학의 지식을 이용해 정리하면 다음과 같다.

기름방울의 전하는 전자의 결핍이나 과잉으로 생긴다. 전자는 모두가—어떤 이유에서건—동일한 전하, 즉 기본 전하를 지닌다.

전하량은 기본 전하 $e=1.602\times10^{-19}$C의 정수배이다.
전하는 양자화된 크기를 지닌다.

자기장

전기 모터는 우리가 일상생활에서 쓰는 각종 도구와 기계의 핵심 부품이다. 헤어드라이어, 진공청소기, 믹서, 선풍기 등에서 전기 모터는 중요한 역할을 한다. 전기 모터는 자동차의 시동을 걸고 와이퍼를 움직이게 하며, 전기 기관차에 장착되어 무거운 객차를 끌기도 한다. 전기 모터의 가장 단순한 형태는 자석(전자석이 쓰이기도 한다), 회전 가능한 코일 그리고 (직류 모터의 경우) 정류자와 같은 세 가지 부품으로 구성된다. 코일은 도선에 절연체를 입힌 것이다. 다음 그림은 직류 모터를 나타낸 것으로, 주요 부품은 고정자(자석에 해당한다)이고, 움직이는 부품(코일과 정류자)은 회전자라고 한다.

전류를 코일에 흐르게 하면 코일이 회전한다. 코일이 회전하는 이유는 무엇일까? 이제 모터의 주요 부품을 살펴보면서 이 질문에 답하고자 한다.

직류 모터.

자석

당신 앞에 놓인 물체가 자석인지 아닌지를 어떻게 알 수 있는가? 아주 간단하다! 물체가 자석이라면 쇠못이나 사무실용 클립 그리고 다른 자석에 힘

접착식 메모판의 바둑알 자석.

을 작용한다. 우선 두 자석 사이에서 일어나는 힘의 작용에 대해 살펴보기로 하자. 장난감 자석이나 접착식 메모판의 바둑알 자석의 경우, 자석 두 개를 접근시키면 서로 밀어내거나 끌어당기는 힘이 작용한다. 따라서 두 자석은 서로 다른 극을 지니고 있음이 드러난다.

전극과 혼동하지 않도록(전극은 자석의 극과는 아무 관계가 없다!), 자석의 극은 N(북)극과 S(남)극으로 표시한다. 자석에서 N극이 있는 쪽은 흔히 빨간색으로, S극은 초록색으로 칠한다. 실험을 해보면 다른 극은 서로 끌어당기고, 같은 극은 밀어낸다는 것을 알 수 있다.

자석의 양극은 서로 분리할 수 없다. 자석을 둘로 쪼개면 두 개의 자석이 생기지만, 새롭게 생긴 두 자석도 각기 N극과 S극을 지닌다. 이를 기본 자석이라는 모델을 도입해 설명해보기로 하자.

자석이 기본 자석과 같이 작용하는 아주 작은 부분으로 이루어져 있다고 가정한다. 이 기본 자석의 자기력은 내부에서 소진된다. 하지만 자석을 쪼개면 단면에서 새로운 극이 생긴다. 이렇게 생긴 두 극은 쇠못을 끌어당긴다. 이것 역시 기본 자석으로 설명할 수 있다. 즉, 못에도 기본 자석이 들어 있지만 이 기본 자석이 산만하게 흩어져 있어 못이 외부적으로 자기력을 작용하지 못한다고 가정하는 것이다. 자석의 영향으로 기본 자석은 못이 자석이 되도록 방향을 튼다. 그 결과 못이 자기력을 얻게 되는 것이다.

사무실용 클립을 보관하는 자석.

외부의 자석을 치우면, 기본 자석은 다시 산만하게 흩어져 못은 자기력을 잃는다.

자기장

  자석에서 나오는 힘의 작용은 자기장으로 인해 생긴다. 전기장에서의 시험 전하와 같이 자기장에서도 시험 자석으로 회전 가능한 작은 나침반 자침을 이용한다. 나침반 자침이 자기장에 의해 특정한 방향으로 회전할 때, 이 자침이 얻는 힘은 자기장의 세기를 측정하는 척도가 된다.

  자기장은 자기력선을 이용해 나타낼 수 있다. 나침반 자침의 N극은 해당 위치에서 자기력선의 방향을 나타낸다. 자기력선이 조밀할수록 자기장의 세기가 강해진다. 다음 그림은 막대자석과 말굽자석의 자기력선을 나타낸다. 말굽자석 내부의 자기장은 균일하다.

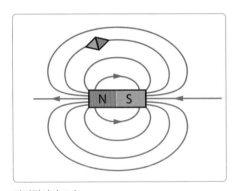 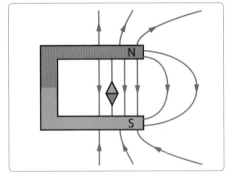

자기력선의 모습.

  지구 자체가 하나의 거대한 자석으로, 그 이유는 아직도 완전히 밝혀지지 않았다. 나침반 자침의 N극이 가리키는 방향이 자북극이고 자침의 S극이 가리키는 방향이 자남극이지만, 지리상의 북극과 남극은 자북극, 자남극과 일치하지 않는다. 나침반은 인공위성을 이용하는 내비게이션이 없던 시절에는 위치를 찾는 데 없어서는 안 될 필수품이었다.

방향을 가리키는 나침반은······ ······오늘날 거의 쓰이지 않는다.

로렌츠의 힘

전기 모터의 코일은 전류가 흐르면 회전한다. 이는 전류가 흐르는 도선이 자기장에서 힘을 받는다는 것을 의미한다. 이제부터 이 힘을 자세히 살펴보기로 하겠다.

자기장의 세기

그림과 같은 ㄷ자 모양의 철사대를 균일한 자기장 안에 건다. 전류가 이 철사대를 통해 흐르면, 도선의 각 부분은 힘을 받는다. 자기장에 수직인 도선 부분에 작용하는 힘은 서로 상쇄되기 때문에 이 힘은 고려할 필요가 없다. 도선 아래쪽 부분에 작용하는 힘은 철사대를 아래쪽으로 끌어당

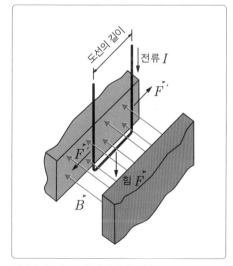

전류가 흐르는 도선에 작용하는 힘.

긴다. 실험을 해보면, 자기장에서 철사대에 작용하는 힘은 전류의 세기 I와 도선의 길이 l에 비례한다는 사실을 알 수 있다. 따라서 힘을 I와 l로 나누면 전류의 세기와 도선의 길이와는 독립적인 크기를 얻는다. 바로 이 크기가 자기장의 세기를 나타내며 B로 표시한다. B는 자속(자기 다발) 밀도라고 하기도 한다.

니콜라 테슬라.

자기장의 세기의 단위는 세르비아 출신의 물리학자 니콜라 테슬라[Nikola Tesla, 1856~1943]의 이름을 딴 테슬라(T)이다.

자기장에 수직인 도선의 길이가 l, 전류의 세기가 I인 자기장의 세기 B는 다음과 같이 정의된다.

$$B = \frac{F}{I \times l}$$

자기장의 세기의 단위는 테슬라(T)이다.

$$1T = N/Am$$

B는 홀 존대(탐침, 미국의 물리학자 에드윈 홀[Edwin Herbert Hall, 1855~1938]의 이름을 땄다)로 측정할 수도 있다.

자기장의 세기는 이 세기에 자기력선의 방향을 지정하면 벡터($\vec{B}$)로 파악할 수 있다. 자기장에서 $\vec{B}$는 항상 N극에서 S극으로 향한다.

B와 I 그리고 l을 안다면, 방정식 $B = \frac{F}{I \times l}$에서 힘 F의 절댓값을 구할 수 있다. 즉, $F = B \times I \times l$이 된다. 이 힘의 방향은 '오른손의 세 손가락 규칙'을 이용해 예측할 수 있다. 오른손의 엄지, 검지, 중지를 두 손가락이 각각 수직이 되도록 편다(권총 자세). 이렇게 하면 엄지는 전류의 방향을, 검지는 자기장의 방향을 가리키게 된다. 여기서 전류의 방향은 전류가 양극에서 음극으로 흐르

는 통상적인 경우를 말하는 것으로, 양전하를 띤 물체에 적용된다. 이러한 전류의 흐름을 결정하는 것은 정반대로 이동하는, 즉 음극에서 양극으로 이동하는 전자이지만(전류의 방향과 전자의 이동 방향은 반대이다!), 지금 이야기하고 있는 주제와는 관련이 없다. 중지는 힘의 방향을 가리킨다. 앞에서 설명한 ㄷ자 모양의 철사대를 균일한 자기장 안에 건 그림에서 세 손가락을 펼치고 실험해보라. 각각의 방향이 쉽게 이해될 수 있을 것이다.

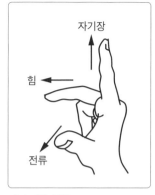

세 손가락 규칙.

힘의 방향은 수학적으로는 벡터의 곱으로 설명할 수 있지만, 여기서는 다루지 않는다.

전류가 흐르는 도선이 자기장에서 힘을 받는 이유는 아직도 제대로 밝혀지지 않았지만 우리는 이를 기정사실로 받아들이고 이야기해보자.

회전 코일 전류계

모터는 회전한다. 따라서 자기장에 회전 코일을 두면 모터를 설치하는 것과 같은 효과를 낼 수 있다. 직접 모터로 실험하기 전에, 중간 단계로 오른쪽 같은 실험 장치를 마련한다.

회전 코일을 자석의 두 극 사이에 실로 매달아 회전하면 꼬일 수 있게 한다. 코일에 전류를 흐르게 하면 오른쪽에 있는 도선은 앞쪽으로 향하는 힘을 받고, 왼

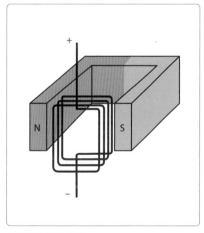

자기장의 회전 코일.

쪽에 있는 도선은 뒤쪽으로 향하는 힘을 받는다(세 손가락 규칙에 따라 직접 시험해보라!). 이렇게 해서 코일이 회전하는 것이다. 그리고 코일을 매단 실은 점점 꼬이면서 코일에 복원력을 작용한다. 일정한 회전각에 도달하면 두 힘이 팽팽하게 균형을 이루어 코일이 멈춘다. 이 회전각의 크기는 코일을 회전시키는 힘에 따라 좌우되는데, 이 힘은 다시 전류의 세기에 따라 좌우된다. 따라서 아래 그림과 같이 눈금에 따라 움직이는 지침을 코일에 설치하면 이것이 바로 전류계가 되는 것이다.

회전 코일 전류계를 옴의 저항에 연결하면 $U=R\times I$의 연관 관계 때문에 회전 코일 전류계를 전압계로도 이용할 수 있다. 이때 무시해도 될 정도로 작은 전류가 전압계에 흐르도록 저항은 아주 커야 한다. 그렇지 않을 경우, 측정 결과에 혼란이 올 수 있기 때문이다.

회전 코일 전류계.

직류 전기 모터

이제 실을 회전축으로 대체한다. 이렇게 하면 복원력은 더 이상 작용하지 않는다. 그럼에도 불구하고 코일은 최대 90°까지만 회전한다. 왜냐하면 도선에 작용하는 힘은 항상 같은 방향으로 향하기 때문이다. 운동이 계속되려면, 힘의 방향이 제때 바뀌어야 한다. 바로 이 역할을 하는 것이 앞에서 말한 정류자이다.

정류자는 두 개의 반고리 형태인 정류자편으로 이루어져 있다. 이 정류자편이 축과 함께 회전하며 브러시와 접촉함으로써 코일에 전류를 공급한다. 정류자의 전류 공급으로 제때 전류의 방향과 힘의 방향이 바뀌어 코일이 계속 회전하게 되는 것이다. 그런데 순간적으로 전류가 흐르지 않는 점[dead point]이 있다. 이런 점을 코일은 관성으로 극복한다. 여러 기술적인 조치를 통해 이 점을 없애고 회전자의 등속 운동을 이끌 수 있다.

움직이는 전하를 띤 입자에 작용하는 힘

물론 자기장에서 전류가 흐르는 도선이 받는 힘은 도선이 아니라 도선 내를 이동하는 전자에 작용한다. 오실로스코프나 진공관 텔레비전이 있다면 직접 실험해볼 수 있다. 자석을 화면 앞에 대면 전자의 궤도가 바뀌기 때문에 화면이 찌그러지는 것을 보게 될 것이다.

이제 전류가 흐르는 도선에 작용하는 힘을 각 전하에 관련시켜 생각해보자. 움직이는 각 전자는 전하를 이동시킨다. 따라서 전자의 이동은 (아주 작은 양의) 전류를 나타낸다. 전류의 세기에 대해서는 다음의 식이 성립한다. $I = \frac{e}{t}$. 여기서 e는 기본 전하를 의미하고 시간 t에 하나의 전자가 측정 지점을 통과하는 상태를 나타낸다. 이때 전자가 시간 t에 세기가 B인 자기장에서 거리 l만큼 이동한다면, 받는 힘은 다음과 같다.

$$F = B \times I \times l = B \times \frac{e}{t} \times l = B \times e \times \frac{l}{t}$$

그런데 $\frac{l}{t}$은 바로 전자의 속도이다. 따라서 다음의 식이 성립한다.

$$F = B \times e \times v$$

헨드리크 로렌츠.

여기서 중요한 것은 전자가 아니라 일반적으로 말해 전하량 q를 지닌 입자(대전체)이므로, e 대신 q를 대입할 수 있다. 자기장에서 움직이는 입자에 작용하는 힘은 네덜란드의 물리학자 헨드리크 로렌츠[Hendrick Lorentz, 1853~1928]의 이름을 따서 로렌츠의 힘이라고 한다.

전하량 q를 가지고 움직이는 입자는 로렌츠의 힘을 받으며 그 절댓값은 다음과 같다. 이 입자는 자기장의 세기가 B인 자기장에서 속도 v로 자기력선에 수직으로 움직인다.

$$F_{전하를\ 띤\ 입자} = B \times q \times v$$

로렌츠의 힘이 작용하는 방향은 세 손가락 규칙을 적용하면 쉽게 알 수 있다. 하지만 전자의 경우는 주의가 필요하다. 이때는 엄지를 전자의 운동 방향과 반대로 놓거나 왼쪽을 쓰면 간편하다. 이렇게 하면 엄지가 전자의 운동 방향을 직접 나타낸다.

질량 분석과 입자 가속기

전기장과 자기장을 함께 이용하면 전자에 대한 정보를 얻을 수 있다. 이 소단원에서는 이런 방법의 예를 살펴볼 것이다. 우선 전자 선속 발생 장치(전자총이 달린 측정용 관)를 이용해 전자의 질량을 측정하는 일부터 시작해보자.

전자의 질량

전기장에서 전자를 가속시켜 균일한 자기장을 지나게 하면 전자는 원 궤도를 그리며 운동한다. 이는 로렌츠의 힘이 항상 속도에 수직으로 작용하기 때문에 생기는 현상이다.

수소 기체를 채운 압력이 낮은 관에서 이 실험을 실시하면, 전자는 원 궤도를 그리며 운동하다가 수소 분자와 충돌해 수소 분자를 발광시킨다. 이렇게 하면 전자가 운동하며 그리는 원 궤도는 아주 가는 선속으로 눈에 보이게 된다.

오른쪽의 실험 장치는 양극을 향해 가속되던 전자가 자기장에서 원 궤도 운동을 하는 것을 나타내고 있다.

원운동을 하기 위해서는 구심력이 필요한데 이 경우, 구심력은 로렌츠의 힘이다. 따라서 로렌츠의 힘을 구하는 공식을 적용해 방정식을 세우면 다음과 같다.

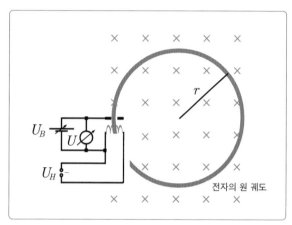

전자 선속 발생 장치의 실험 회로.

$$m \times \frac{v^2}{r} = B \times e \times v \Rightarrow m \times \frac{v}{r} = B \times e \ (v\text{로 나눈 값이다.})$$

우리는 자기장의 세기 B와 원 궤도의 반지름 r을 측정할 수 있다. 또한 기본 전하 e의 값도 알고 있다. 이제 전자의 속도 v만 알면 방정식에서 전자의 질량 m을 구할 수 있는 것이다! 그런데 v는 전기장에서의 가속도에서 구할 수 있다. 즉, 전압은 전하당 에너지이다. 따라서 다음의 식이 성립한다.

$$U = \frac{W_{\text{위치에너지}}}{e} \Rightarrow W_{\text{위치에너지}} = U \times e$$

그런데 전자의 총 위치에너지를 운동에너지로 바꾸면 다음과 같다.

$$U \times e = \frac{1}{2} \times m \times v^2$$

이 방정식에서 v를 구하면 다음과 같다.

$$v^2 = \frac{2 \times U \times e}{m} \quad \text{또는} \quad v = \sqrt{\frac{2 \times U \times e}{m}}$$

이 식을 로렌츠의 힘을 구하는 공식에 대입하면 다음과 같다.

$$m = \sqrt{\frac{B^2 \times r^2 \times e}{2 \times U}}$$

여기서 알 수 있는 사실은 전자는 모두 질량이 같다는 것이다. 왜냐하면 그림에서 볼 수 있듯이 반지름이 r로 고정되어 있기 때문이다(우변에 있는 다른 값들은 모두 상수이다).

이와 같은 방식으로 실험을 하면 다음의 결과가 나온다.

> 전자의 질량 m은 다음의 값을 가진다.
>
> $$m = 9.11 \times 10^{-31} \text{kg}$$

질량 분석

화학적인 결합을 분석할 때는 전기장과 자기장을 함께 이용한다. 이렇게 하면 특정 지역의 공기가 어떤 성분으로 이루어져 있는지를 알 수 있다. 이때 사용하는 기구가 바로 질량 분석기이다. 질량 분석기의 복잡한 구조 안에는 필수적으로 이온화 장치와 질량 분석 장치, 검출기가 장착되어 있다.

분석할 물질(시료)은 전하를 띤 입자여야 한다. 이는 전기장과 자기장은 전하에만 작용하기 때문이다. 뒤에 가서 다루게 될 핵물리학적 지식을 미리 소개하자면, 모든 원자는 전자를 포함한다. 전자를 제거하거나 첨가하면 원자는 이온이 된다. 이 과정은 이온화 장치에서 진행된다. 흔히 원자를 가속된 전자로 충돌시켜 이온화시킨다. 즉, 전자가 원자와 충돌하면 원자는 이온화된다.

질량 분석 장치는 여러 형태가 있지만, 공통점은 대전 입자가 전기장에서 가속되어 자기장의 원 궤도에서 이탈한다는 원리이다. 이 궤도 이탈은 (전자 선속 발생 장치의 경우와 마찬가지로) 대전 입자의 질량에 따라 좌우된다. 검출기는 도처에서 충돌하는 대전 입자를 적절한 방식으로 기록한다. 이렇게 해서 질량 스펙트럼, 즉 다이어그램이 생긴다. 이 다이어그램은 분석할 물질의 원자 질량이 얼마인지를 나타내는데, 이를 통해 우리는 물질의 성분을 분석할 수 있게 된다.

입자 가속기

원자의 구조를 알기 위해서는 높은 에너지로 기본 입자를 충돌시켜 상호 작용을 관찰한다. 이러한 역할을 하는 것이 입자 가속기이다. 오른쪽 그림은 싱크로트론의 구조를 나타낸다. (빨간색으로 표시된) 전자석은 입자를 원형 궤도로 운동시키고, (초록색으로

싱크로트론.

표시된) 전기장 가속 구간은 에너지를 높인다. 입자가 점점 빨라지므로, 입자를 궤도에서 이탈하지 못하도록 하는 작용을 하는 자기장도 입자 운동과 동시적으로(싱크론) 작용해야 한다. 따라서 이 입자 가속기는 싱크로트론이라 불린다(여기서 자기장은 영구 자석이 아니라 전자석에 의해 만들어진다. 이에 대해서는 뒤에 가서 다시 설명할 것이다). 독일전자싱크로트론^{DESY}은 함부르크에 있는 입자 가속기로 둘레가 6.3km이다. 제네바의 유럽입자물리연구소^{CERN}에 있는 입자 가속기는 둘레가 27km에 달한다. 하지만 입자의 속도가 빨라지면서 궤도의 굴곡으로 인해 생기는 싱크트론 광선(빔) 손실도 커진다. 따라서 근래에는 원형 가속기 대신 선형 가속기를 이용하고 있다.

물론 여러분은 종이 한 장의 두께를 km 단위로 측정하려는 생각은 하지 않을 것이다(그렇다고 이 측정이 불가능하다는 말은 아니다). 만약 이렇게 측정하려면 원자 입자의 에너지를 줄(J)로 표시하면 되지만, 이보다는 입자에 적합한 에너지 단위를 도입하는 것이 합리적이다. 바로 전자볼트(eV) 단위를 쓰면 된다. 이는 전자가 1V의 전압으로 가속될 때 얻는 에너지를 의미한다. $W_{운동에너지}=e \times U$이므로, 에너지는 1.602×10^{-19}J이다.

전자볼트(eV)는 원자에 적합한 에너지 단위이고, $1eV = 1.602 \times 10^{-19}$J이다.

독일전자싱크로트론^{DESY}에서는 전자가 30GeV(GeV는 기가전자볼트를 의미하고 1GeV는 10^9eV이다). 고전적인 계산 방식에 따르면, 전자가 이런 에너지를 갖기 위해서는 전자가 빛보다 대략 350배 정도 빨라야 한다. 하지만 이는 특수상대성이론에 따르면 불가능하다. 고전적인 계산 방식은 전자의 질량이 일정하다고 전제한다. 그러나 전자의 질량은 속도에 따라 달라지기 때문에 전자의

속도가 빛의 속도보다 빨라지는 일은 일어나지 않는다. 이에 관해서는 상대성 이론을 다루는 장에서 자세히 살펴볼 것이다!

전류의 자기장

지금까지 우리는 (영구) 자석은 자기장을 만들 수 있다고 전제했다. 하지만 덴마크의 물리학자 한스 크리스티안 외르스테드$^{Hans\ Christian\ Örsted,\ 1777~1851}$는 전류가 흐르는 도체는 모두 나침반 자침에 영향을 미치며 자기장에 둘러싸여 있다는 사실을 발견했다.

한스 크리스티안 외르스테드.

직선 도선과 코일의 자기장

직선 도선의 자기력선은 도선을 중심으로 동심원을 그린다. 자기장의 방향은 다음과 같은 규칙을 따른다.

"오른손의 엄지손가락을 전류의 방향으로 향하게 하고 나머지 네 손가락으로 도선을 감아쥘 때 네 손가락이 가리키는 방향이 자기장의 방향이다."

자기장의 세기는 도선과의 거리에 반비례한다. 따라서 도선으로부터 일정한 거리에 있는 자기장

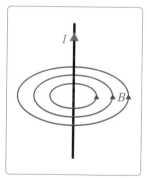

전류가 흐르는 직선 도선의 자기장.

의 세기를 측정할 때, 이 거리를 두 배로 만들면 자기장의 세기는 반으로 줄어드는 것이다.

코일의 자기장은 코일 내부에서는 균일하지만, 코일 외부에서는 막대자석이

만드는 자기장과 똑같은 모양을 나타낸다. 따라서 코일을 전자석으로 볼 수 있다.

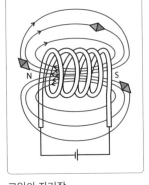

코일의 자기장.

이 자석의 극은 코일 양쪽 끝에 있다. 이런 자석은 전류의 세기를 통해 힘의 작용을 조절하고 전류를 완전히 차단할 수도 있다. 코일 내부에 철심을 넣으면 힘의 작용이 강화된다. 이렇게 되면 코일은 기본 자석의 역할을 하며 강한 자기장을 얻는다.

코일의 자기장 방향은 다음의 규칙을 따른다.

"오른손의 엄지손가락을 제외한 나머지 네 손가락을 전류의 방향으로 코일을 감아줄 때 엄지손가락이 가리키는 방향이 코일 내부에서의 자기장의 방향이다."

전자석이 된 코일을 이용하여 전기 모터의 작동 방식을 새롭게 해석할 수 있다. 이때 회전하는 전자석은 회전자가 되며, 전자석의 극은 고정자의 극과 상호작용을 하다가 늘 적절한 순간에 교환된다. 때문에 모터가 계속 움직일 수 있게 되는 것이다. 또 전기 모터의 영구 자석을 전자석으로 대체할 수도 있다. 이렇게 하면 자석 없이 전류만 있어도 된다. 실제로 많은 모터들이 전원이 고정자와 회전자에 전류를 공급해 필요한 자기장을 만드는 방식으로 작동한다.

우리는 이미 앞 장의 실험(전자 선속 발생 장치로 전자의 질량을 측정하는 실험)에서 영구 자석이 아닌 전자석을 이용한 바 있다.

이제 아마도 여러분은 두 종류의 자기장, 즉 영구 자석에 의해 만들어지는 자기장과 전류가 만드는 자기장이 있다고 생각할 것이다. 그러나 사실 단 한 가지의 자기장이 있을 뿐이다. 왜냐하면 자기장의 효과는 항상 동일하기 때문이다. 나침반 자침에는 하나의 힘이 작용한다. 게다가 기본 자석의 경우, 원자 차원에서는 사실상 전류에 의해 만들어진다. 따라서 전류가 항상 자기장의 원인이다.

두 도선 사이에서 작용하는 힘

우리는 이제 전류가 흐르는 두 도선이 서로에게 힘을 작용하는 이유를 설명할 수 있다(두 도선이 힘을 작용한다는 것은 암페어의 정의에서 말한 바 있다).

각 도선은 다른 도선의 자기장의 범위 안에 있다. 따라서 두 도선의 전자는 로렌츠의 힘을 받는다. 여러분이 두 개의 도선을 그려 자기장의 방향 규칙을 올바르게 적용한다면, 두 도선에서 전류가 동일한 방향으로 흐를 때는 두 도선이 서로 끌어당기고 전류가 역방향으로 흐를 때는 밀어낸다는 사실을 명확하게 알 수 있을 것이다.

전기 역학을 이용하는 스피커

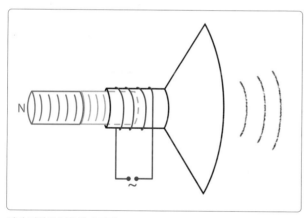

전기 역학을 이용한 스피커.

전류가 흐르는 코일이 전자석이라는 것을 알면 전기 역학을 이용하는 스피커도 쉽게 이해할 수 있다. 스피커의 진동판과 연결된 코일은 막대자석에 의해 회전운동을 한다. 전류가 흐르면, 코일은 자석과 동일한 리듬으로 끌어당겨지거나 밀려난다. 코일이 진동하는 것이다. 진동판은 이 진동을 공기에 전달하고, 결국 진동이 소리나 음악으로 우리의 귀에 도달한다.

전자기 유도

우리는 이제 스피커를 마이크로 개조한다. 무엇을 바꾸어야 할까? 바꿀 게 전혀 없다! 스피커 자체가 마이크인 것이다. 전원을 오실로그래프로 대체하고 스피커에 대고 말하거나 노래를 부르면 화면에 진동이 나타난다. 이때 에너지 전환은 두 가지 방향으로 이루어진다. 즉, 스피커는 전기에너지를 역학 에너지로 바꿀 뿐만 아니라 역으로 역학 에너지를 전기에너지로 바꾼다. 전기 모터도 이와 유사한 일을 한다. 자기장에 있는 코일을 손으로 회전시키면, 코일의 연결선 사이에서 전압이 생긴다. 자동차의 헤드라이트나 자전거의 발전기, 발전소의 발전기는 바로 이 효과를 이용한다. 이 경우 전압이 유도되는데 이러한 현상을 전자기 유도라고 한다.

마이크.

자전거의 발전기.

도선의 운동에 의한 유도

마이크로 이용한 스피커의 코일은 자기장에서 회전운동을 한다. 이는 실험실에서 실행해볼 수 있다. 말굽자석의 두 극 사이에 도선을 넣고 도선 양 끝 사이의 전압을 측정한다. 도선이 멈춰 있으면 아무 일도 생기지 않지만 도선을 자기력선 쪽으로 비스듬히 옮기면 전압이 유도된다. 이렇게 되는 이유는 다음과 같다.

도선을 움직이면, 도선에 있는 전자도 함께 운동할 수밖에 없다. 이는 가방에 책을 넣고 이동하면 책도 함께 이동하는 것과 같다. 하지만 자기장에서 운동하는 전자는 로렌츠의 힘을 받는다.

위의 그림에서 전자는 도선이 위로 운동할 때 앞쪽으로 밀린다. 다

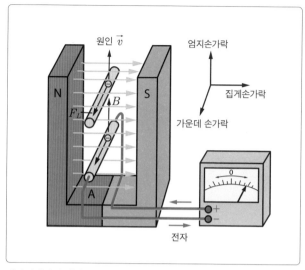

자기장에서 움직이는 도선.

시 말해 도선의 앞쪽 끝은 전자의 과잉이 생겨 음극이 되고 뒤쪽 끝은 양극이 되는 것이다. 도선이 아래로 운동하면 반대 현상이 생긴다. 도선을 가지고 위아래로 주기적인 운동을 하면 교류 전압이 유도된다. 이는 전원의 극이 지속적으로 바뀐다는 것을 의미한다. 유도된 전압의 절댓값은 도선이 운동하는 속도에 따라 좌우된다. 속도가 커질수록 전압도 높아지는 것이다.

그런데 도선은 운동시키지 않고 자석만 운동시켜 전압을 유도할 수도 있다.

책도 함께 이동한다.

이 경우에는 도선과 자석 사이에 상대 운동이 문제가 되며 설명이 복잡해진다. 이에 대해서는 상대성이론을 다룰 때 다양하게 설명할 것이다.

도선의 운동이 없는 유도

이제 스피커의 자석을 코일로 대체한다. 이렇게 하면 두 개의 코일, 즉 자기장 코일 또는 1차 코일과 유도 코일 또는 2차 코일이 생긴다.

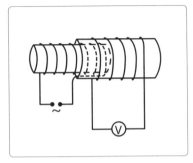

자기장 코일과 유도 코일.

직류 전류를 자기장 코일에 흐르게 하면 아무 일도 생기지 않는다. 하지만 자기장 코일의 전류의 세기와 자기장의 세기를 바꾸면 유도 코일에 전압이 유도된다. 여기서 전압의 유도는 전류의 세기와 자기장의 세기를 바꿀 때로 한정된다. 유도 전압의 크기는 전류의 세기가 얼마나 빠르게 바뀌는지에 따라 좌우된다. 빠르게 바뀔수록 전압은 커진다. 또한 유도 전압은 유도 코일의 감은 수가 많을수록 커진다.

유도 코일을 놓고 보면, 전압이 유도되는 것은 명확하지만 자기장의 변화가 운동하는 자석에 의한 것인지 또는 코일은 정지해 있지만 전류의 세기가 변화되어 생기는 것인지의 여부는 알 수 없다. 그런데 두 번째 경우(정지 코일에서 전류의 세기가 변화되어 자기장의 변화가 생기는 경우)는 유도 전압의 존재를 쉽게 설명하기가 어렵다. 하지만 여기서는 일단 두 경우에 유도 전압이 생긴다는 사실만 알고 넘어가기로 한다. 이것이 유도 법칙의 핵심이다.

> **유도 법칙**
> 코일에서 자기장이 변화하면 전압이 유도된다.

앞에서 살펴본 도선은 자기장이 변화하는 코일로 볼 수도 있다. 왜냐하면 연결선을 지닌 도선은 코일의 감은 선과 같은 역할을 하기 때문이다.

예: 자동차의 점화 장치

자동차의 점화 플러그는 내연 기관의 실린더 헤드에 장착되어 실린더에 들어 있는 벤젠과 공기의 혼합물에 스파크(불꽃)을 튀겨서 점화한다. 이렇게 하면 압력이 생겨 피스톤을 아래로 밀어낸다. 불꽃을 일으키기 위해서는 순간적으로 약 1만 5000V에 달하는 높은 전압이 필요한데, 배터리로는 이러한 전압을 낼 수 없다. 이 전압은 점화 코일에서 만들어진다.

점화 플러그.

점화 코일은 (앞에서 설명한 스피커의 경우와 마찬가지로) 두 개의 코일, 즉 1차 코일과 2차 코일로 이루어져 있는데, 2차 코일이 1차 코일보다 코일의 감은 수가 훨씬 많아 더 강한 전압을 발생시킨다. 전류 단속기는 1차 코일에 흐르는 직류 전류를 단번에 중지시킨다. 이러한 갑작스러운 변화로 인해 2차 코일에서는 일시적으로 큰 전압이 유도되는데, 바로 이 전압이 점화 플러그에 불꽃을 일으키는 것이다.

전류 단속기는 이전까지 기계 스위치로 작동되었지만, 현재는 전기 스위치로 대체되었다.

자동차의 점화 코일.

자체 유도

코일을 전원에 연결하면, 전류가 점점 많이 흘러 자기장도 세진다. 이렇게 변화하는 자기장은 자체적으로 코일 내의 전자들을 움직이게 한다. 따라서 자기장은 유도 법칙에 따라 유도 전압을 발생시키며 유도 전압은 이미 걸어둔 기존 전압을 방해하는 작용을 한다. 이처럼 자체적으로 전압을 발생시키는 효과를 자체 유도라고 한다.

실험을 해보면, 유도 전압은 전류의 세기가 변화하는 비율, 즉 단위 시간당 전류 변화에 비례한다는 사실을 알 수 있다. 이 비율이 일정하지 않으면 전류 변화의 차이, 즉 시간에 따른 전류의 세기의 변화율을 계산해야 한다. 이를 식으로 표시하면 $\frac{dI}{dt}$가 된다. 비례 상수는 L로 표시하고 인덕턴스라고 한다. 인덕턴스의 단위는 미국의 물리학자 조지프 헨리[Joseph Henry, 1797~1878]를 기념하기 위해 H(헨리)라고 한다.

조지프 헨리.

코일에서 유도 전압(U_i)과 전류의 세기(I)의 관계에 대해서는 다음의 식이 성립한다.

$$U_i = L \times \frac{dI}{dt}$$

L은 코일의 인덕턴스이다.
인덕턴스의 단위는 H(헨리)이고, $1H = 1Vs/A$이다.

코일의 자기장에서 에너지는 저장되며 이에 대해 다음의 식이 성립한다.

코일에서 흐르는 전류가 인덕턴스 L, 세기가 I일 때, 자기장의 에너지는 다음의 값을 갖는다.

$$W_{자기장} = \frac{1}{2} \times L \times I^2$$

반도체

우리 주변에 있는 전자 제품들은 반도체 회로를 지니고 있는 경우가 많다. 반도체는 텔레비전과 라디오의 수신 신호를 증폭시키고, 자동차와 기차 그리고 비행기를 조종하며, 컴퓨터의 핵심 부품이 된다.

자동차에 부착된 라디오: 반도체 없이는 작동되지 않는다.

여기서는 지면 관계상 반도체에 대해 체계적으로 설명하지 않는다. 그 대신 대표적인 예를 통해 반도체의 기능을 압축적으로 보여주겠다.

반도체라는 이름으로 불리는 이유는 전기 전도도^{電氣傳導度}가 도체와 절연체의 중간이기 때문이다. 반도체의 구조와 성질에 대해서는 핵물리학 장에서 자세히 살펴볼 예정이며 여기서는 반도체의 주요 종류에 대해 소개한다.

스위치의 역할을 하는 트랜지스터

어둠이 몰려오면 거리의 가로등에 불이 밝혀진다. 이는 매일 밤 관리 직원이

가로등의 스위치를 켰다가 아침이 되면 다시 끄는 것이 아니라 전자 스위치가 대신한다. 이렇게 어두울 때 가로등의 불을 켜는 것을 조명 회로라고 한다. 바로 트랜지스터가 빛에 민감한 저항을 통해 이러한 역할을 하는 것이다.

거리의 가로등은 사람의 손으로 조작하지 않는다.

자주 사용되는 npn형 쌍극 트랜지스터를 소개하겠다. 이 트랜지스터는 이미터(E), 베이스(B), 콜렉터(C)와 같은 세 개의 전극을 지닌다.

이런 트랜지스터의 작동 방식을 이해하기 위해 아래의 그림과 같은 회로를 만든다.

베이스와 이미터 사이의 전압 U_{BE}를 단계적으로 높이고 각각의 경우에 전류계로 콜렉터 전류(I_C)를 측정해 표시하면 $U_{BE}-I_C$ 특성 곡선이 생긴다.

트랜지스터(케이스의 길이는 약 0.5cm이다)

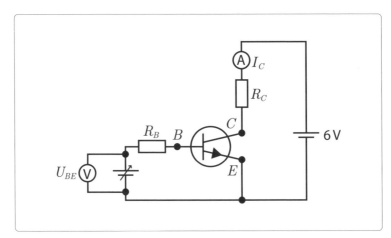

$U_{BE}-I_C$(U베이스-이미터$-I$콜렉터)를 받는 회로.

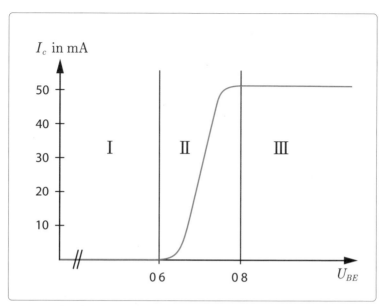

$U_{BE}-I_C$ 특성 곡선.

우선 낮은 전압에서는 전류가 사실상 거의 흐르지 않는다. 대략 0.6V에서부터 전류의 세기가 갑자기 커져 대략 0.8V부터는 일정하다. 왜냐하면 전류의 세기가 콜렉터 저항 R_C에 의해 제한되기 때문이다. 이상화시켜 말하면, 트랜지스터는 콜렉터와 이미터 사이에서 회로를 열고 닫는 스위치와 같은 역할을 한다. 트랜지스터는 베이스 전압이 0.6V보다 낮으면 열리고, 높으면 닫힌다. 따라서 베이스 전압으로 이 스위치를 조종할 수 있다. 베이스 저항 R_B는 베이스에 너무 센 전류가 흐르는 것을 막아준다.

그런데 가로등의 조명을 켜고 끄는 회로는 어떻게 만드는 걸까?

이 회로를 만들기 위해서는 이미 말한, 빛에 민감한 저항[LDR, light dependent resistor](빛 의존성 저항)이 필요하다. 이 저항도 반도체 부품이며 어두울 때는 저항값이 커지고 밝을 때에는 작아지는 독특한 성질을 지니고 있다. 이 저항과 고정 저항 R을 이용해 228쪽 그림과 같이 회로를 만든다.

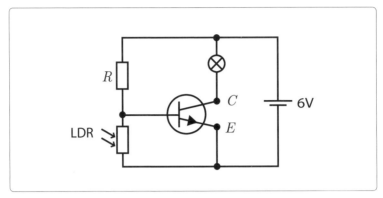

조명 회로.

일렬로 연결된 두 저항은 전압을 나누는 분압기의 역할을 한다. 이미 알고 있듯이, 개개의 저항을 합하면 총 저항이 되고 개개의 전압을 합하면 총 전압이 된다. 이 경우의 총 전압은 6V이다.

조명이 밝으면 LDR의 저항은 작다. 때문에 고정 저항을 적절히 선택해 고정 저항에서 전압이 5.4V 이상이 되고 LDR에서 전압이 0.6V 이하로 떨어지지 않도록 조절할 수 있다. 이 상태에서는 가로등의 조명이 꺼진다.

해가 지면 LDR의 저항은 점차 커진다. 결국 주위가 어두워져 LDR의 전압이 0.8V를 넘어서게 되는 시점이 오면 트랜지스터가 작동해 거리의 가로등이 밝혀지는 것이다. 아침이 되면 이 과정이 사람의 손길이 없어도 자동적으로 역순으로 진행된다.

이제 밝을 때 조명을 켜는 회로를 만들어보자. 물론 이 회로는 중요한 기능을 하는 것은 아니지만, 이러한 회로도 필요한 경우가 있을 수 있다. 서미스터 thermistor(온도가 낮을 때는 저항이 높다가 온도가 올라가면 저항이 낮아지는 가변 저항기)를 설치해 열판이 뜨거울 때 전구에 불이 들어오는 회로를 만들어 보자!

증폭기 역할을 하는 트랜지스터

특성 곡선의 범위가 0.6V와 0.8V 사이에서 트랜지스터를 스위치로 사용하면, 제 기능을 발휘하지 못하지만 증폭기로 사용하면 중요한 역할을 한다. 특성 곡선은 이 범위에서 아주 급한 경사를 그리는데, 중간에서는 거의 선형 구간을 이룬다. 증폭기는 바로 이러한 특성을 이용하는 것이다.

U_{BE}가 평균값을 나타내며 진동할 때(예를 들어 마이크가 내는 전압의 리듬으로), 콜렉터의 전류는 동일한 리듬으로 진동한다. 그러나 (베이스와 이미터를 지나는) 초기 단계에서는 트랜지스터의 구조상 전류가 거의 흐르지 않지만, I_C는 훨씬 더 커진다(증폭도는 대략 100배 정도가 된다). 따라서 일률이 증폭되어 트랜지스터는 아날로그 증폭기로 작동하게 되는 것이다. 콜렉터 단자 주위에 스피커를 설치하면 음이 증폭된다. 여러 트랜지스터 단자를 사용하면 증폭 작용은 더욱더 커진다.

이런 특성 때문에 오늘날 거의 모든 전자오락 제품이나 커뮤니케이션 제품들은 트랜지스터로 작동되지만, 전자 기타의 경우는 (보다 나은 음향 효과를 내기 위해) 진공관을 이용한다.

집적 회로

컴퓨터의 핵심인 마이크로프로세서는 실리콘 칩에 집적시킨 회로를 이용해 컴퓨터의 제어 신호를 처리하는 장치이다. 마이크로프로세서는 얇고 작은 기판에 수백만 개의 트랜지스터가 있다. 이 트
랜지스터들이 프로그램을 수행하고 데이터
처리를 하는 데 핵심적인 역할을 한다.

현재 전류를 이용하여 제어하는 트랜지스
터 이외에도, 대개 일반 트랜지스터보다 속도
는 느리지만 외부에서 받는 전기장을 이용하
집적 회로(칩).

기 때문에 전류 없이 제어할 수 있어 전력 소비가 없는 전기장 효과 트랜지스
터$^{\text{FET, field effect transistor}}$가 널리 쓰이고 있다.

태양광 발전

태양에너지를 직접 이용하는 데에
는 두 가지 방법이 있다.

첫째, 태양열 발전 장치로, 물을 데
운 후 증기 터빈을 돌려 발전하는 것
이다. 이는 주로 난방 시설에 이용된
다. 다른 방법으로는 태양의 빛 에너
지를 태양 전지라는 광전 변환기를
써서 전기에너지로 변환시켜 이용하
태양열 발전과 태양광 발전.

는 것이다. 사진 속의 집은, 지붕에 태양광 발전을 위한 태양 전지판이 설치되
어 이 두 가지 방법을 모두 이용한다.

그렇다면 이러한 장치를 이용하는 것은 과연 효율적일까?

태양 전지

태양 전지판은 태양 전지를 모아 패널(판) 형태로 만든 것이다. 이때 태양 전지는 실리콘 반도체 다이오드로 만든다. 흔히 사용되는 것은 다결정 태양 전지로, 전력 변환 효율이 뛰어나다. 태양 전지 내부에서 진행되는 에너지 변환 과정은 고체 물리학에서 다룬다. 여기서는 태양 전지가 일정한 조건에서 빛을 이용해 전류를 만드는 전기에너지원이라는 점에서 출발한다.

태양 전지의 공전 전압(이 전압은 전류가 흐르지 않을 때, 두 극 사이에 생기는 전압을 의미한다)은 대략 0.5V이고 외부의 영향을 전혀 받지 않는다. 그러다 전류가 흘러 태양 전지에서 일률이 발생할 때 외부의 영향이 감지될 수 있다. 태양 전지의 일률은 일조량의 세기와 빛의 입사각도 그리고 태양 전지의 온도에 따라 달라진다. 최적의 상태는 지나치게 뜨겁지 않은 태양 전지에 강한 빛이 비스듬하게 비칠 때다. 이는 온도가 올라가면 일률이 떨어지기 때문이다.

오늘날 널리 쓰이는 태양 전지의 효율은 대략 14%다. 이것은 빛에너지의 14%가 전기에너지로 변환된다는 것을 의미한다.

태양광 발전 시설의 구조

태양에너지의 일률은 일조량과 계절의 날씨에 따라 좌우된다. 따라서 최적의 조건이 충족되는 경우는 거의 없다고 봐도 좋을 것이다. 한때 자동적으로 최적의 조건을 맞추어나갈 수 있는 시설을 갖추려고 한 적이 있다. 하지만 이러한 장치가 많은 에너지를

공해 없는 순수 에너지.

소비해 효율적이지 않다는 것이 밝혀졌다. 따라서 오늘날에는 고정 발전 시스템만을 이용하고 있다.

태양광 발전기로 1년 내내 가능한 한 많은 에너지를 생산하려면 다음의 조건을 충족시켜야 한다.

- 발전기는 남쪽을 향해야 한다.
- 지붕의 경사도는 대략 30°가 되어야 한다.
- 발전기에 나무나 다른 건물의 그림자가 비춰서는 안 된다.
- 지붕과 태양 전지판 사이에는 태양 전지판의 온도가 너무 높아지지 않도록 공기가 통하는 틈새가 있어야 한다. 태양 전지판은 여름의 경우, 온도가 70℃까지 올라간다.

이러한 조건을 충족하고 넓이가 $9{\sim}10m^2$에 달하는 태양광 발전 시설은 1년에 대략 800~1000kWh의 전기에너지를 생산할 수 있다. 킬로와트시(kWh)는 에너지의 단위로, 다음 장에서 자세히 살펴볼 것이다. 독일의 가정은 평균 1년에 대략 3500kWh의 에너지를 소비한다.

생산된 에너지는 어떻게 사용하는가? 가장 흔한 방법이 계통 연계형 발전이다. 이것은 전기에너지를 생산하여 전력을 관리하는 공공 기관에 납품하고 그 대가를 받는 방법이다. 따라서 전기에너지를 생산하는 사람이 발전소의 전력 생산자가 되는 것이다. 이를 위해서는 가정에 발전기에서 생산된 직류 전류를 교류 전류로 바꿀 수 있는 정류기가 설치되어야 한다.

교류 전류가 무엇을 의미하는지와 전력을 관리하는 공공 기관이 교류 전류를 각 가정에 공급하는 이유에 대해서는 다음 장에서 살펴볼 것이다.

태양광 발전은 효율적인가?

이 질문에 답하기 위해서는 효율적이라는 말의 의미부터 파악해야 한다. 질문이 친환경성을 염두에 둔 것이라면 태양광 발전은 효율적이라고 답할 수 있다. 왜냐하면 태양광 발전은 (자연적으로 존재하는) 태양의 빛을 이용하고 재생 불가능한 자원을 소비하지 않기 때문이다. 물론 태양광 발전도 에너지를 소비하지만 3~4년이 지나면 소비된 에너지의 비용을 다시 벌어들일 수 있다. 태양광 발전기의 수명은 20~30년에 달하기 때문에 에너지 소비는 문제 되지 않는다.

이와 함께 고려해야 하는 것이 경제성이다. 태양광 발전으로 돈을 절약하거나 심지어 돈을 벌 수 있는가?

물론 처음에는 투자해야 한다. 가정집에 태양광 발전기를 설치하는 데에는 대략 2만~3만 유로(3000만 원~4500만 원)가 든다. 하지만 가정집에서 태양광 발전기로 전력을 생산해 공공기관에 납품하고 받는 돈은 전기에너지 사용 비용보다 많다. 게다가 태양광 발전 설비를 갖추는 사람은 저금리 대출을 받을 수도 있다. 현재 적용되는 재정 모델을 이용해 비용을 계산해보면 대략 다음과 같다.

자기 자본금 5500유로(825만 원)에 은행 대출금을 합쳐 태양광 발전기를 2만 유로(3000만 원)에 산다면, 20년이 지났을 때 수익이 훨씬 크다. 자기 자본금을 은행에 맡겼을 때 이자와 원금을 합친 금액과는 비교가 되지 않는다. 물론 이는 현재 적용되는

태양광을 이용하는 집은 저금통장과 같을까?

재정 모델을 염두에 둔 것이긴 하다.

　이 모델이 달라질지는 아무도 알 수 없다. 투자에 위험이 따르지 않는 경우 또한 없다! 그래도 태양광 발전기를 설치할 생각이 있다면 인터넷 검색란에 태양광과 경제성이라는 단어를 입력하면 상세한 정보가 뜬다. 환경 보호의 중요성에 대해서 고민하고 있다면 고려해보길 바란다.

V

전기
진동과
파동

교류 전류

전기학에서 전기 진동과 파동은 역학적인 진동과 파동이 지니는 것과 같은 중요성을 지닌다. 따라서 전기 진동과 파동을 따로 떼어 살펴보려고 한다. 전기 진동과 파동 덕택에 우리는 전선을 통하거나 전선 없이 에너지와 정보를 전국 각지로 전송할 수 있다. 이 소단원에서는 바로 이러한 내용을 다룰 것이다.

가정의 콘센트는 두 극이 주기적으로 바뀌는 교류 전류를 공급한다. 왜 이보다 더 간편한 직류 전류를 공급하지 않는 것일까? 이 문제는 이 장의 끝에서 자세히 살펴볼 것이다.

교류 전류의 공급자.

교류 전류의 생산

콘센트를 통해 전달되는 전류는 대부분 발전소의 발전기에 의해 생산된다. 발전기에서는 자기장 안에서 회전운동하고 있는 코일 양 끝 사이에 전자기 유도에 의해 전압이 발생한다. 따라서 코일 양 끝을 연결하는 폐회로를 만들면 전류가 흐른다.

화력발전소와 핵발전소의 발전기는 증기 터빈으로 가동되고, 수력 발전소의 발전기는 흐르는 물에 의해 가동된다.

발전기.

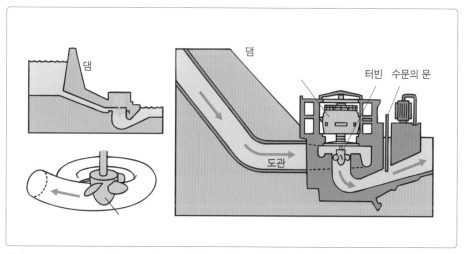

터빈.

오른쪽 그림은 발전기의 가장 중요한 부품을 보여주는 모형이다. 여기서 자기장은 영구 자석에 의해 만들어지고, 코일은 감은 수가 단 하나뿐이다. 집전 고리는 전류를 받아들이며 직류 전류 모터에서 볼 수 있는 정류자는 존재하지 않는다.

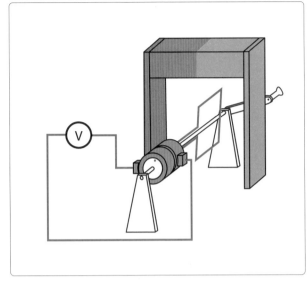

교류 전류 발전기.

코일을 회전 운동 시키고 왼손 법칙을 이용해 도선에 흐르는 전자에 미치는 로렌츠의 힘의 방향을 정하면, 전자는 코일이 반 바퀴 돌 때는 한 방향으로, 그다음 반 바퀴 돌 때는 또 다른 방향으로 움직인다는 사실을 알 수 있다.

교류 전압이 생기는 이유는 전자에 미치는 힘의 방향이 주기적으로 바뀌기 때문이다. 전압을 보다 더 정확히 관찰하면, 전압은 사인 함수 형태로 변화하는 것을 확인할 수 있다.

발전소의 발전기는 초당 50회 회전한다. 따라서 콘센트의 교류 전압은 진동수 $f=50\mathrm{Hz}$로 진동한다. (전기 시스템은 나라마다 다양하며, 대부분 50Hz나 60Hz의 교류가 이용된다. 우리나라와 미국은 60Hz의 교류를 공급하며, 독일은 50Hz의 교류를 공급한다. 여기서 50Hz는 독일의 경우에 해당한다−옮긴이) 전압의 진폭은 325V다. 다음 그림은 배전 전압의 흐름을 나타낸다.

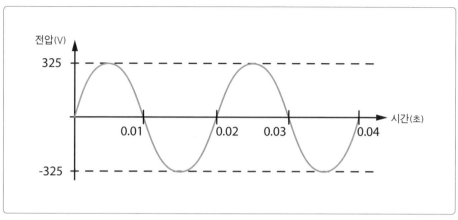

콘센트의 교류 전압.

전류와 전압의 유횻값

공공 배전의 작동 방식을 살펴보기 위해 콘센트의 전류와 전압으로 실험을 해보겠다. 주의할 점은 콘센트에서 곧바로 이러한 실험을 해서는 안 된다는 것이다. 위험을 피하기 위해서는 전압을 낮추어야 하며 이 점에 대해서는 변압기를 이야기할 때 다시 다룰 것이다.

안전상의 이유로 낮춘 전압에 저항(R)을 연결하고 전압과 전류를 측정하면, 전압과 전류의 위상이 같다는 것을 알 수 있다. 다시 말해, 전압과 전류의 세기는 동시에 최댓값과 0점에 도달한다. 어느 시점에 R에서 행한 일률을 구하려면, 전압과 전류의 세기를 곱해야 한다. 곱한 값은 전류와 전압의 위상이 같기 때문에 항상 양수이거나 0이다. 왜냐하면 전류와 전압은 값의 부호가 같거나 0값을 가지기 때문이다. 따라서 에너지가 흐르면, 에너지는 전원에서 저항 쪽으로 흐른다.

저항 대신에 전구를 설치한다고 생각하면, 전구의 밝기는 주기적으로 0과 최댓값을 왔다 갔다 한다(우리의 눈으로는 이러한 변화를 감지할 수 없다). 그 중간

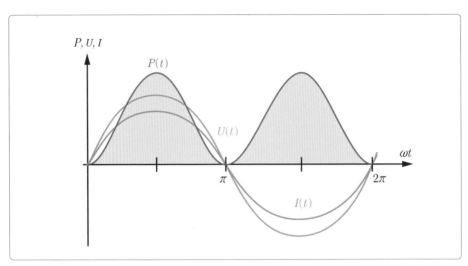

전압과 전류의 위상이 같을 경우의 일률.

에서의 전구 밝기는 직류 전압에 연결해 직류 전압의 전원을 교류 전압의 최 댓값에 연결했을 때보다 약하다. 동일한 밝기에 도달하려면, 직류 전압의 전원 을 조금 더 낮추어야 한다. 하지만 얼마나 낮추어야 하는 것일까?

이론상으로는 전압과 전류의 세기의 최댓값을 $\sqrt{2} \approx 1.4142$로 나누어야 한 다. 배전 전압에서 이 값은 230V가 된다. 따라서 다음과 같이 추론할 수 있다.

동일한 제품의 전구 두 개를 가지고 하나는 콘센트의 교류 전압에 연결하 고, 또 다른 하나는 230V의 직류 전압에 연결하면, 두 전구는 밝기가 같다. 이 230V를 유효 전압이라 하고, 상응하는 전류의 세기는 유효 전류의 세기라고 한다. 따라서 콘센트의 전압이 230라면, 이 전압은 최댓값이 아니라 유효값을 의미한다.

교류 전압의 유횻값 $U_{유효값}$과 교류 전류의 유횻값 $I_{유효값}$은 동일한 시간에 옴의 저항에서 동일한 에너지를 내는 직류 전류의 전압과 전류의 세기에 일치한다. $\hat{U}$와 $\hat{I}$가 각각 교류 전압과 교류 전류의 최댓값이라면, 다음의 식이 성립한다.

$$U_{유효값} = \frac{\hat{U}}{\sqrt{2}}, \quad I_{유효값} = \frac{\hat{I}}{\sqrt{2}}$$

교류 전류의 저항

축전기를 직류 전압에 연결하면 축전기는 충전된다. 충전한 후에는 축전기에 더 이상 전류가 흐르지 않는다. 그러나 걸어둔 전압이 주기적으로 바뀌면(즉 교류 전압을 가하면), 전하는 충전과 방전을 지속적으로 반복하는데 외부적으로는 축전기가 전류를 통과시키는 것처럼 보인다. 따라서 축전기는 일종의 교류 전류의 저항(교류 회로에서 전류가 흐르기 어려운 정도를 나타내는 임피던스 impedance와 같은 의미다) 역할을 한다.

직류 전류의 경우와 마찬가지로, 교류 전류의 저항을 전압을 전류의 세기로 나눈 값으로 정의할 수 있다. 하지만 교류는 시간에 따라 그 값이 변화하므로 여기서는 전류와 전압의 유횻값을 사용한다.

축전기의 교류 전류의 저항은 진동수가 커짐에 따라 작아지고 축전기는 전류를 점점 더 쉽게 통과시킨다.

방정식 $Q = C \times U$를 미분하면 전류의 세기가 어떻게 변하는지를 알 수 있다. 전류는 전압에 비해 위상이 $\frac{\pi}{2}$만큼 빠르다. 따라서 일률도 (옴의 저항처럼) 항상 양수를 나타내는 것이 아니라 전체 시간에서 반$\left(\frac{1}{2}\right)$은 음수를 나타낸다. 따라서 축전기는 한 주기 동안 같은 양의 에너지를 충전했다가 방출한다. 이 에너지는 외부로 나가지 않고 축전기와 전원 사이를 왔다 갔다 한다. 이렇게 이용할 수 없는 전류를 무효 전류라고 한다.

코일에서는 진동수가 많아지면 교류 전류의 저항도 커지고, 전류는 전압보다 $\frac{\pi}{2}$ 만큼 위상이 느리다. 물론 여기서도 무효 에너지가 유출되고 유입된다.

실제 전기 회로에는 흔히 축전기와 코일 그리고 옴의 저항이 결합되어 있다. 이 경우, 전류와 전압 사이에는 $\frac{\pi}{2}$의 위상 차이가 존재한다. 따라서 무효 일률뿐 아니라 유효 일률도 발생하는데, 유효 일률은 다시 전원으로 유입되지 않는다. 옴의 저항만 있는 전기 회로에서는 유효 일률만 존재한다. 에너지 손실 없이 큰 에너지가 왔다 갔다 할 수 있으니 무효 일률만 있다면 얼마나 좋겠는가! 그러나 이 에너지는 이용할 수가 없다.

축전기와 코일의 교류 전류의 저항과 관련된 식을 정리하면 다음과 같다.

교류 전류의 저항(또는 임피던스) Z는 다음과 같이 정의된다.

$$Z = \frac{U_{유효값}}{I_{유효값}}$$

용량이 C인 축전기에 대해서는 다음의 식이 성립한다.

$$Z = \frac{1}{w \times C}$$

인덕턴스 L인 코일에 대해서는 다음의 식이 성립한다.

$$Z = w \times L$$

여기서 w는 사인 진동의 각 진동수이다. f가 교류 전압의 진동수라면,

$$w = 2 \times \pi \times f \text{이 성립한다.}$$

변압기

변압기의 종류는 아주 다양하다. 휴대전화의 충전기에도 변압기가 들어 있고 발전소에도 변압기가 있다. 변압기는 교류 전압의 크기를 바꾸는데, 이 과정에서 사인 파형은 그대로 유지되고 진동수도 달라지지 않지만 최댓값은 변화한다. 배전 전압을 낮추어야 한다는 것은 분명한 사실이다.

모형 철도가 230V로 가동된다면, 궤도에 접촉했을 때 아주 위험함에도 전압을 높이는 이유에 대해서는 다음 소단원에서 설명할 것이다.

여기에서는 변압기의 내부 구조는 어떤지, 그리고 전압은 어떻게 바꿀까를 살펴볼 것이다.

변압기의 전압

모든 변압기에는 원칙적으로 철심이 들어 있고, 이 철심 양쪽에 각각 코일을 감는다. 이렇게 하면 1차 코일과 2차 코일이 생긴다. 철심은 자기장을 강화시키는 역할을 한다.

1차 코일에 교류 전압을 걸면, 같은 교류 자기장이 생겨 철심과 2차 코일에

발전소의 변압기.

변압기 덕택에 위험하지 않다.

서도 작용한다. 이 교류 자기장은 2차 코일에서 교류 전압을 유도한다. 유도되는 전압의 크기는 부하가 걸리지 않은 이상적인 변압기의 경우, 코일의 감은 수에 비례한다. n_1이 1차 코일의 감은 수이고 n_2가 2차 코일의 감은 수이며 U_1과 U_2가(유횻값으로 측정된) 각각의 전압이라면, 다음의 식이 성립한다.

$$\frac{U_1}{U_2} = \frac{n_1}{n_2}$$

이상적인 변압기에서는 1차 코일에서 나오는 모든 자기력선이 2차 코일에서도 그대로 작용하기 때문에 에너지 손실이 없다. 앞에서 '부하가 걸리지 않은'이라는 말은 2차 코일에서 전류가 흐르지 않는다는 것을 의미한다. 이런 이상적인 변압기는 현실에서 존재하지 않지만, 지금까지 말한 내용은 실제로 쓰이는 변압기에 대해서도 근사적으로 적용된다. 이는 실험을 통해서도 입증되었다.

위의 식에서 U_2를 남기고 이항하면 다음과 같다.

$$U_2 = \frac{n_1}{n_2} \times U_1$$

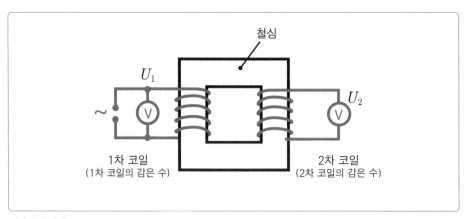

변압기의 원리.

U_1=230V, n_1=600일 때, n_2의 값을 알면, 2차 전압의 값을 구할 수 있다. 예를 들어 2차 코일의 감은 수가 6이라면, 전압은 대략 2.3V로 낮아진다. 그러나 2차 코일의 감은 수가 6만이라면, 2차 전압은 2만 3000V가 된다. 이 경우 (50밀리초 이내로) 전류를 즉각 차단하지 않으면 아주 위험한 상황이 벌어질 수 있다.

변압기의 전류

이제 2차 코일 쪽으로 전류를 흐르게 한다. 또한 변압기를 이상적인 상태라고 가정한다. 변압기에서 일률의 손실이 없다면, 2차 코일의 일률은 1차 코일과 동일하다.

$$U_1 \times I_1 = U_2 \times I_2$$

충전기.

I_1를 우변으로, U_2를 좌변으로 보내고, 전압을 구하는 공식을 이용하면 위의 식은 다음과 같이 바꿀 수 있다.

$$\frac{I_2}{I_1} = \frac{U_1}{U_2} = \frac{n_1}{n_2}$$

전류는 코일의 감은 수와 역비례한다. 이는 실제의 변압기에 대해서도 근삿값으로 적용된다.

좀 더 센 2차 전류가 필요할 경우에는 2차 코일은 1차 코일보다 감은 수가 훨씬 더 작아야 한다. 전기 용접을 하기 위해서는 전류의 세기가 커야 하는데, 용접 전원 공급 장치는 이와 같은 원리를 이

용접 전원 공급 장치.

용한다.

실제로 이용되는 변압기에서는 전압이 코일의 감은 수와 근사적으로 비례한다.
이와 반대로 전류는 코일의 감은 수와 근사적으로 역비례한다.

공공 배전망

발전소에서 가정의 콘센트로 송전되는 전
기에너지는 대략 다음과 같은 경로를 거친다.
발전소의 발전기는 6kV(6000V)와 27kV(2만
7000V) 사이의 전압을 생산한다. 이 전압은 발
전소의 변압기에 의해 최고 전압인 220kV나
380kV로 높여 전기망으로 보낸다. 그리고 이
전압을 단계적으로 낮추어 여러 소비자의 수요
에 맞춘다.

예를 들어 철도는 110kV를 필요로 한다. 수
력 발전소와 같은 비교적 작은 발전소는 전기

철도.

에너지를 중전압망(10~40kV의 전압이 흐르는 망)에 보낸다. 그리고 가정, 공장,
농장 등은 저전압망(230~400V의 전압이 흐르는 망)으로 에너지를 공급받는다.
400V가 공급되는 경우는 전류가 각각 120도의 차이가 나는 세 개의 위상으
로 공급될 때다(이런 전류는 120도의 위상 차이가 나는 3상three-phase 전류라고 한다).
보통의 콘센트에서는 이 3상 중의 한 가지 전류만 흐르고 두 극 사이의 유효

전압은 230V다. 하지만 각 상 사이에 흐르는 선간 전압은 400V다.

아마 여러분 중에는 가정으로 (지하가 아닌 지상으로 전기에너지를 공급할 경우) 전류를 공급하는 도선이 두 개가 아니라 네 개인 이유에 대해 의문을 품은 사람이 있었을지도 모르겠다. 도선이 네 개인 이유는 3상 전류와 이 3상에 공통으로 연결한 접지선이 있기 때문이다.

이제 또 다른 질문이 남았다. 왜 이처럼 복잡하게 선을 연결하는 걸까? 이렇게 여러 선을 연결하지 않고 같은 전압이 흐르는 단선으로 연결하면 되지 않는가?

전기에너지의 송전

최대 10kW의 일률을 낼 수 있는 작은 발전소를 생각해보자. 이 발전소가 생산하는 전기에너지는 보통의 전선으로 5km 떨어진 주거지로 전송된다. 변압기를 쓰지 않기 위해 발전소의 발전기는 곧바로 230V를 공급하도록 만들어져 있다. 하지만 에너지의 일부는 주거지까지 송전되는 동안 손실된다. 왜냐하면 전선의 전기 저항에 의해 전기에너지가 열에너지로 전환되기 때문이다. 이때 전선에서 손실되는 일률의 크기는 얼마인가?

고압 전선.

보통의 전선의 경우, 단면적은 500mm^{2}이고 10km의 길이(가고 오는 길이!)는 3Ω의 저항을 지닌다. 이는 그렇게 큰 수치가 아닌 것처럼 느껴진다. 하지만 정확히 손실을 계산해보기로 하자.

주거지는 발전기가 최대 일률을 가동해야 할 정도의 전력인 10kW를 이용한다고 가정한다. 전선에 흐르는 전류의 세기는 발전기의 일률과 전압을 이용해 계산할 수 있다.

$$P = U \times I \Rightarrow I = \frac{P}{U} = \frac{10\text{kW}}{230\text{V}} = 43.48\text{A}$$

저항 R의 일률은 앞 장에서 $P = R \times I^2$으로 정의했다. 이제 이 공식을 이용해 일률의 손실 P_V를 계산하면 다음과 같다.

$$P_V = R \times I^2 = 3\Omega \times (43.48\text{A})^2 = 5672\text{W} \,(\text{근삿값})$$

이를 계산해보면 에너지의 약 57%가 손실된다. 그야말로 큰 손실이 아닐 수 없다. 이러한 큰 손실은 에너지가 전류의 제곱에 비례하기 때문이다. 그러므로 전류의 세기를 낮추어야 한다. 그렇다면 전류의 세기는 어떻게 낮출 수 있을까? 한 가지 방법은 전압을 높이는 것이다.

이를 위해 두 개의 변압기를 설치한다. 예를 들어 한 변압기는 전압을 20kV로 높이고, 또 다른 변압기는 주거지에서 이 전압을 다시 230V로 낮춘다. 위와 같은 공식으로 계산하면 전류의 세기는 0.5Ω가 되고 손실되는 에너지는 0.75W가 된다! (직접 계산해보기 바란다!) 이제 에너지의 손실이 0.0075%로 낮아져 주거지에서는 경제성 있게 전기에너지를 공급받을 수 있는 것이다.

이제 우리는 변압기가 없다면 먼 거리의 에너지 공급은 불가능하다는 것을 알았다. 이를 통해 우리는 이 장 서두에서 가정의 콘센트는 교류 전류를 공급하는데, 왜 이보다 더 간편한 직류 전류를 공급하지 않는가 하는 질문에 답할 수 있다.

우선 교류 전류를 만드는 것은 기술적으로 아주 간단하다. 즉, 자기장에서 회전하는 코일은 자동적으로 교류 전류를 만든다. 교류 전류를 직류 전류로 바꾸는 것은 복잡하다. 게다가 직류 전압은 변압할 수 없다(이것이 교류 전류를 공급하는 가장 본질적인 이유다). 왜냐하면 변압기는 교류 전압만을 다룰 수 있다. 얼핏 보기에 번거롭게 생각되었던 것이 실제로는 전국 각지로 전기에너지를 공급하는 매우 실용적인 방법인 셈이다.

> 고전압망은 전기에너지를 먼 거리로 보내는 데 필요하다.

전기 요금 청구서

독일의 일반 전기 소비자는 1년에 3500kWh의 전기를 소비한다. 일반 가정에서는 전기 계량기가 전기 소비량을 측정하고 이 소비 전력은 전기 요금 청구서에 표시된다. 이때 계량되어 지불되는 것은 실제로는 전기가 아니다. 전기는 계속 왔다 갔다 하며 흐를 뿐이기 때문이다. 따라서 전기 요금 청구서라는 개념은 잘못된 것이다. 소비자들이 받아서 쓰고 그 대가를 지불하는 것은 공급된 에너지이다. 킬로와트시는(kWh)는 에너지의 단위로, 1kWh는 소비 일률이 1kW인 전기 기구가 한 시간 동안 사용한 에너지의 크기를 의미한다. 일률은 시간당 에너지이고, 에너지는 일률 곱하기 시간이므로, 이 에너지를 줄(J)로 계산할 수 있다.

전기 계량기.

일률: 1KW

$$W = P \times t = 1000\text{W} \times 3600\text{s} = 3600000\text{J} = 3.6\text{MJ}$$

한 시간은 3600초이고, 1메가줄(MJ)은 100만 줄(J)이다.

전기다리미의 일률은 대략 1kW이다. 따라서 전기다리미를 한 시간 동안 사용하면, 1kWh를 사용하는 것이다. 10W짜리 절전형 전구를 100시간(4일 남짓) 동안 쓴다면, 소비 전력은 마찬가지로 1kWh가 된다.

킬로와트시(kWh)는 에너지 단위다.

$$1kWh = 3600000J$$

전류의 진동

그런데 전류는 자기장에서 회전하는 코일과 같이 역학적인 도움 없이도 진동한다. 전류는 오직 전기적으로 진동하는 것이다!

진동회로

그네는 진동회로의 아이디어를 제공한다.

우선 그네를 생각해보자. 그네는 앞으로 차고 나가면, (중력장에서의) 위치에너지를 얻는다. 전류의 경우도 위치에너지를 얻기는 쉽다. 즉 축전기를 충전시키면 되는 것이다. 이렇게 하면 (전기장에서의) 위치에너지가 생긴다.

다시 그네가 원위치로 돌아오면, 그네는 위치에너지를 잃고 같은 크기의 운동에너지를 얻는다. 궤도의 아래 점에서 그네는 운동에너지만을 가진다. 그네는 관성에 의해 움직이다가 운동에너지를 잃고 다시 위치에너지를 얻는 과정을 반복하며 진동하는 것이다.

전류에 대해서도 이와 유사한 진동을 만들 수 있는가?

축전기에 저항을 걸어 방전시키면, 진동이 발생하지 않는다. 전류는 그네의 관성과 같은 성질이 없다.

회로에 관성을 주기 위해 우리가 이용할 수 있는 것은 하나뿐이다. 아마 답을 알고 있는 사람도 있을 것이다. 바로 코일이다. 기억을 되살려보자. 코일에 전류를 점점 세게 흐르게 하면, 자체 유도에 의해 외부 전압을 방해하는 역방향의 전압이 생긴다. 전류의 세기를 줄이면, 유도 전압이 다시 역으로 흐른다 (이는 방정식 $U_L = -L \times \dfrac{dI}{dt}$ 에서 알 수 있다). 달리 말해, 전류가 세지면 코일이 전류가 세지는 것을 방해하고, 전류가 약해지면 코일이 전류가 약해지는 것을 가로막는다. 이를 통해 코일이 전류에 관성의 성질을 부여하는 것이다.

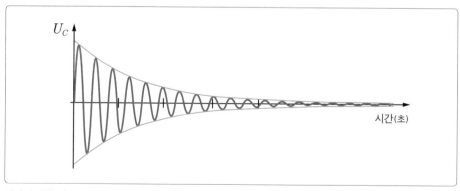

감쇠된 진동 전류.

위 그림은 진동회로를 나타내는데, 시간의 흐름에 따라 축전기의 전압이 변하는 모습을 나타낸다. 에너지는 처음에 축전기에만 저장되어 있었다. 그러다 축전기가 방전되자마자 코일에는 자기장이 생긴다. 축전기가 완전히 방전되는 순간에 전류는 최대치가 되고 에너지가 코일의 자기장에 꽉 차게 된다. 이제 축전기는 다시 충전되고 자기장은 사라진

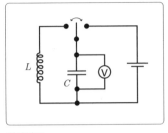

진동회로.

다. 이 과정이 계속 이어지면서 진동이 생기는 것이다.

피드백(되먹임)

에너지의 손실은 피할 수 없다. 이러한 에너지 손실은 진동의 감쇠를 유발한다(그네의 경우도 결국은 이런 현상으로 볼 수 있다). 그네의 진동은 그네를 타는 사람이 진동주기마다 힘을 주어 차고 나감으로써 진동이 줄어드는 것을 막을 수 있다. 이와 마찬가지로 전류의 진동회로에서도 손실을 상쇄할 수 있다. 진동회로에서도 그네처럼 힘을 주어 차고 나가는 적당한 시점이 언제인지를 아는 것이 중요하다. 즉, 진동회로는 적절히 자신에게 되먹임 작용을 해야 한다. 이처럼 '자기 자신에게 되먹임 작용을 하는' 것을 피드백, 즉 되먹임이라고 한다.

오스트리아의 빈 공대 본관에 있는 알렉산더 마이스너의 기념상.

역사적으로 볼 때, 독일의 물리학자 알렉산더 마이스너^{Alexander Meißner, 1883~1958}의 이름을 딴 마이스너의 되먹임 회로는 진동회로의 에너지 손실을 상쇄시킨 최초의 회로이다(오늘날에는 이런 기능을 하는 회로가 여러 가지 있다).

마이스너 회로의 기본 원리는 다음과 같다. 코일이 자기장을 통해 바로 옆에 있는 또 다른 코일로 유도 전류를 흐르게 한다. 이 두 번째 코일은 트랜지스터를 가동

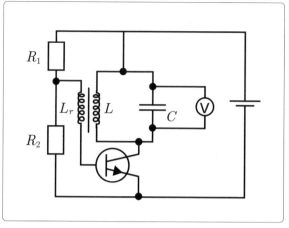

마이스너의 회로.

시키고, 트랜지스터는 진동주기마다 적절한 순간에 충전되어 에너지 손실을 상쇄한다. 마이스너가 활동하던 시절에는 아직 트랜지스터가 발명되지 않아 트랜지스터 대신 진공관이 이용되었다. 하지만 기본 원리는 같다.

그네와 똑같이 전류의 진동회로도 고유 진동수를 지닌다. 고유 진동수는 식 $f = \dfrac{1}{2 \times \pi \times \sqrt{L \times C}}$ 로 구한다. 회전 축전기를 사용할 때는 고유 진동수가 달라질 수 있다. 이 경우, C 가 변수가 된다.

> 축전기와 코일로 이루어지는 회로는 전류의 진동이 발생하므로 전류의 진동회로라고 한다. 용량이 C이고 인덕턴스가 L인 진동회로의 고유 진동수 f에 대해서는 다음의 식이 성립한다.
>
> $$f = \frac{1}{2 \times \pi \times \sqrt{L \times C}}$$

이제 전기적으로 진동을 만들 수 있다. 이로써 원칙상 신시사이저도 만들 수 있게 된 셈이다!

전자기파

이제 라디오 송신기와 수신기를 만들어보자. 너무 복잡하다고? 물론 는 수많은 요소들이 있지만 이는 일단 접어두고 기본 원리에 집중한다면, 이 일은 지나치게 어려운 것이 아니다. 문제는 기본 원리다.

돌파구를 연 사람은 이미 말한 바 있는 독일의 물리학자 하인리히 헤르츠이다. 헤르츠는 스코틀랜드의 물리학자 제임스 클러크 맥스웰[James Clerk Maxwell, 1831~1879]의 학설을 바탕으로 공간을 통해 에너지를 전달하는 실험에 최초로 성공했다. 실험 중에 그의 수신 안테나에서 불꽃[Funke] 방전이 일어났던 일화 때문에 오늘날까지도 독일어로 방송국을 'Rundfunk', 무선 공학을 'Funktechnik'이라고 한다.

제임스 클러크 맥스웰.

헤르츠 쌍극자

송신 안테나는 다음과 같은 방식으로 생겨났다. 전류의 진동회로를 만들고 축전기의 용량과 코일의 인덕턴스를 단계적으로 낮춘다. 이렇게 하기 위해서

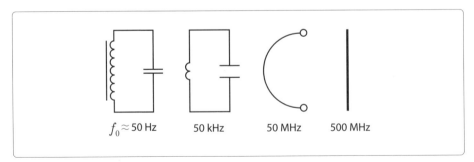

$f_0 \approx$ 50 Hz   50 kHz   50 MHz   500 MHz

헤르츠 쌍극자의 생성.

는 우선 축전기의 판을 작게 만들고 코일의 감은 수를 줄인 다음, 진동회로를 구부린다. 결과적으로 금속 막대만 남게 되는데, 그 자체가 코일의 역할을 하고, 금속 막대의 양 끝은 축전기 역할을 한다. 이렇게 막대가 된 진동회로를 헤르츠 쌍극자 또는 간단히 안테나라고 한다.

쌍극자가 진동하며 나타내는 고유 진동수는 매우 크다(중파의 경우 1000kHz, 즉 1MHz에 달한다). 이는 앞에서 배운 진동수 공식인 $f = \dfrac{1}{2 \times \pi \times \sqrt{L \times C}}$ 에서도 알 수 있다. 즉, L과 C가 모두 분모에 있어 그 값이 매우 작으면 진동수는 매우 커지는 것이다.

쌍극자는 지금까지 살펴본 진동회로가 지니고 있지 않은 성질을 가지고 있다. 즉, 쌍극자는 에너지를 주변으로 퍼뜨린다. 이는 다음과 같이 생각하면 된다.

축전기(금속 막대의 양 끝)에 의해 형성된 전기장은 방전될 때 완전히 소멸되는 것이 아니라 전기장의 영역이 쌍극자에 의해 묶여 주변으로 퍼지는 것이다. 이때 전기력선은 닫힌 고리 모양을 한다. 동시에 쌍극자 주위로 자기장이 형성된다. 맥스웰의 이론에 따르면, 변화하는 모든 자기장은 전기장을 만든다. 따라서 전기장과 자기장은 서로 연쇄 고리를 이루며 공간에서 퍼져나간다. 쌍극자가 송신자 역할을 하는 것이다.

수신 안테나는 송신 안테나와 다르지 않고, 그 역시 헤르츠 쌍극자이기도 하다. 형성된 전기장과 자기장은 공명이 있으면, 다시 말해 수신 회로의 고유 진동수가 맞으면, 금속 막대로 하여금 진동을 유도한다. 이 진동이 바로 에너지가 전달되었다는 증거인 셈이다.

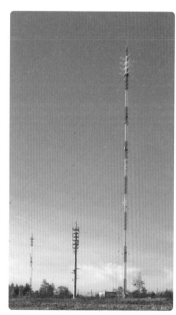
방송국의 송신기.

파동 현상의 증명

고주파 방송의 송신 안테나에 흐르는 전류는 진동수 $f=434$MHz로 진동한다. 이는 수신 안테나의 백열전구에서(아래 그림 참조) 에너지가 수신되는지의 여부를 인식할 수 있다. 그 뒤에 또 다른 안테나를 대고 그 안테나와 다른 쌍극자의 거리를 점점 멀리하면, 백열전구가 점점 밝아졌다가 점점 어두워지는 과정을 반복하며 심지어 어떤 지점에서는 불이 완전히 꺼지는 것을 관찰할 수 있다. 지금까지 우리가 배운 지식으로는 송신 안테나와 갖다 댄 금속 막대 사이에서 '마디와 배가 있는 정상파'가 생기는 것이라고 판단할 수 있다. 마디는

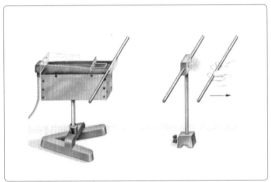

백열전구의 불이 꺼질 때에 해당한다. 따라서 헤르츠 쌍극자를 통해 에너지를 보낼 때에는 파동 현상이 생기는 것으로 파악할 수 있다. 이 파동을 전자기파라고 한다.

정상파 만들기.

앞에서 이미 배웠듯이, 마디는 항상 서로 반$\left(\frac{1}{2}\right)$ 파장만큼 떨어져 있다. 따라서 두 마디 사이의 거리를 측정하고 그 측정값을 두 배로 만들면 파장을 쉽게 계산할 수 있다. 여기서 서술된 실험에서 파장의 값은 $\lambda=0.69$m가 나온다.

이제 파동의 (위상) 속도 c를 앞의 역학적 진동과 파동 장에서 배운 공식으로 계산할 수 있다.

$$c=\lambda \times f=0.69\text{m} \times 434\text{MHz} \approx 3 \times 10^8 \text{m/s}=300000\text{km/s}$$

이 값은 빛의 속도와 일치한다. 이 결과는 우연일까? 아니면 어떤 의미가 있는 것일까? 조금 뒤에 알게 될 것이다.

> 헤르츠 쌍극자는 속도가 $c = 3 \times 10^8$m/s인 전자기파를 발산한다.

변조

이제 우리는 멀리 있는 백열전구의 불을 밝힐 수 있다. 하지만 이것이 우리의 목표는 아니다. 우리는 말과 음악을 전송하고자 한다! 그런데 지금까지 배운 방법으로는 불가능하다. 왜냐하면 저주파의 진동은 매우 긴 안테나를 필요로 하기 때문이다. 1kHz의 진동수를 지닌 음파를 전송하기 위해서 안테나의 길이는 150km가 되어야 한다! 이를 피하기 위해 원하는 정보를 담을 수 있도록 고주파의 파동(신호를 운반한다는 뜻으로 반송파라 불린다)을 변조한다.

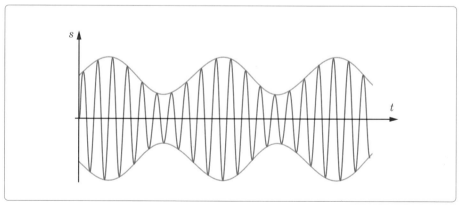

진폭 변조.

변조 중에서 진폭 변조[AM, amplitude modulation]가 가장 간단하다. 진폭 변조는 진동의 진폭을 저주파 신호에 맞게 변화시키고, 수신할 때는 변조된 진동을 전기적인 방법을 통해 음향 진동으로 다시 전환시킨다.

주파수를 변조하는 주파수 변조[FM, frequency modulation]도 가능하다. 초단파 라디오는 주파수 변조를 이용해 송신한다. 주파수 변조는 변조한 파의 진폭을 미리 일정하게 하여 송신하므로 도중에 방해나 잡음이 섞이는 경우가 드물다. 따라서 주파수 변조는 진폭 변조보다 양질의 통신을 가능하게 한다.

전자 스모그

전자기파가 인체에 해롭다는 것은 실험을 통해 입증되었다. 전자기파는 신진대사나 신경계의 장애를 초래할 수 있다. 그러나 이러한 전자 스모그가 우리의 건강에 해를 끼치는 정도에 대해서는 논란의 여지가 있다.

휴대전화에서 방출되는 전자기파가 위험한지의 여부도 아직 명확하게

건강에 해로운지의 여부를 떠나 휴대전화는 거의 모든 사람들의 필수품이 되었다.

규명되지 않았다. 왜냐하면 통계적으로 명확한 결론을 내릴 수 있을 만큼 장기간에 걸친 연구가 진행되지 않았기 때문이다. 그럼에도 휴대전화 사용은 조심해야 하고, 가능한 한 전자기파를 적게 방출하는 휴대전화를 사용해야 한다.

VI

열

온도 측정

　우리는 따뜻한 것을 좋아한다. 겨울에는 난방이 된 집을 좋아하고 따뜻한 계절이 오면 반긴다. 때로는 남쪽 들판에서 일광욕을 한다. 하지만 지구 온난화와 기후 변화가 본격적으로 인구에 회자되면서 열이라는 낱말은 이제 더 이상 긍정적인 의미로 받아들여지지 않는다. 평균 1도만 올라도 우리의 생태계가

열⋯⋯　　⋯⋯얼마나 멋진가!

위험에 처해 있다는 의식이 팽배해지는 것이다.

이번에는 가열과 냉각의 과정 그리고 이 과정이 우리 생활에 어떤 의미를 띠고 있는지를 알아보겠다.

섭씨온도의 눈금

섭씨온도를 측정하는 온도계.

안데르스 셀시우스.

우리는 난방이 되지 않으면, 곧바로 추위를 느낀다. 15도의 온도가 지속되면 서늘해져 불편함을 느끼게 된다. 하지만 영하의 온도인 한겨울에 바깥에 있다가 난방이 된 집으로 들어오면 따뜻하게 느낀다. 따라서 우리의 체감 온도는 주변 여건에 따라 좌우된다. 체감 온도는 주관적이다. 그러나 물리학은 객관적인 측정 방법을 필요로 한다.

온도 측정을 객관화시키려는 제안을 최초로 한 사람은 스웨덴의 물리학자 안데르스 셀시우스Anders Celsius, 1701~1744이다. 그는 액체 금속인 수은이 가열하면 팽창한다는 사실을 이용했다.

수은 온도계는 수은을 채운 작은 통에 가는 유리관을 연결해서 만든다. 수은이 팽창하면, 유리관에 들어 있는 수은이 올라가는 정도로 온도를 측정한다. 그러나 수은의 높이에 어떻게 온도를 매기는가? 기준이 되는 눈금이 없는 것이다. 이 눈금은 (셀시우스의 제안에 따라) 두 개의 기준점을 기준으로 한다. 우선 온도계를 얼음물에 넣었을 때의 높이를 0도로 삼는다. 그다음에는 온도계를 끓는 물에 넣었을 때의 높이를 100도로 정한다(끓는 온도는 기압에 따라 달라진다. 따라서 눈금을 정할 때는 엄밀히 말해 보통의 기압(1013.25hPa)을 기준으로 한다. 물리학자들은 이 점을 염두에 두고 연구한다). 두 기준점 사이의 거리를 100등분해서 각 구간을 1도로 표시하는 것이다. 이렇게 표시한 온도계로 온도를 측정하는데, 우리의 체온도 측정할 수 있다. 건강한 사람의 체온은 37도이다.

온도의 눈금은 발명자의 이름을 따서 셀시우스 눈금이라고 한다. 따라서 우리의 체온을 정확히 표현하면 섭씨 37도(37℃)가 된다('섭씨'라는 말은 셀시우스의 중국어 음역인 '섭이사'에서 유래했다-옮긴이).

셀시우스 방식의 온도 측정

0℃는 얼음이 녹을 때의 온도이고, 100℃는 기압이 1013.25hPa일 때의 끓는 물의 온도다. 이 두 온도는 수은 온도계의 눈금의 기준점이다. 두 기준점 사이의 간격을 100등분한 것이 1℃다.

셀시우스 방식은 온도 측정이 특정 물질(수은)과 이 물질의 팽창 계수에 따라 달라진다는 중대한 결점을 가지고 있다. 또한 이 방식을 사용하면 수은이 고체가 되는 점 아래와 수은의 끓는점 위에서는 온도를 측정할 수 없다. 때문에 측정 범위를 넓히기 위해서 알코올과 같은 다른 물질을 온도계에 넣는다. 그리고 매우 높은 온도와 매우 낮은 온도를 측정하기 위해서는 다른 방식을 이용해야 한다. 이 점에 대해서는 이후에 다시 설명할 것이다.

몇 가지 전형적인 온도 유형을 소개하면 다음과 같다.

야외에서 측정한 최저 온도	−89.2℃
수은의 녹는점	−39.83℃
철의 녹는점	1535℃
태양의 표면온도	약 6000℃
태양의 중심온도	약 20000000℃

섭씨 이외의 다른 온도 눈금

역사적으로 살펴보면 섭씨와는 다른 온도 눈금도 있다. 미국에서는 (독일의 물리학자 가브리엘 파렌하이트[Gabriel Fahrenheit, 1686~1736]의 이름을 딴) 화씨 눈금이 사용되는데, 기준점도 다르다. 화씨는 °F로 표시되고 32°F=0 이고 212°F=100 이다.

윌리엄 켈빈 경.

그 외에도 온도계에 넣은 물질과는 상관없이 온도를 측정할 수 있도록 하기 위해 열역학적인 온도 눈금을 도입했다(단위는 K인데, 영국의 물리학자 켈빈 경[Kelvin, 1824~1907]의 이름을 땄다). 켈빈 눈금을 이론적으로 설명하는 것은 이 장의 범위를 넘어서기 때문에 다음 장에서 구체적으로 살펴볼 것이다.

물질의 원자 구조

두 손을 맞대고 비비면 손이 따뜻해진다. 같은 방식으로 콘크리트 바닥에 돌을 문지르면 돌 역시 따뜻해진다. 하지만 돌의 온도는 다른 방식으로도 높일 수 있다. 예를 들어 따뜻한 물속에 넣으면 돌의 온도는 올라간다. 그 다음에 돌의 물기를 수건으로 문질러 닦아내면 돌의 온도가 올라간 것이 물에 의한 것인지 아니면 수건으로 문지른 결과인지를 확인할 수 없다. 그러나 어떤 경우든 따뜻해진 돌

기구의 비행-이론적으로는 뜨거운 돌에 의해 비행한다.

은 일을 할 준비가 되어 있다. 이는 다음과 같은 방식으로 알 수 있다.

돌은 주위의 공기를 따뜻하게 한다. 따뜻해진 공기를 기구에 넣으면 기구는 하늘로 날아오를 수 있다. 따라서 일을 하게 되는 셈이다. 물론 이 일은 실제로는 실현되기가 어렵다. 하지만 원칙적으로는 가능하다. 돌은 일을 할 수 있는 것이다. 따라서 돌은 에너지를 지닌다. 그러나 이 에너지를 돌에서 식별할 수는 없다. 에너지는 돌의 내부에 존재한다. 그런데 이를 어떻게 알 수 있는가? 돌이 에너지를 얻으면, 돌의 내부에서는 어떤 일이 생기는가? 이 에너지는 마찰에 의해서뿐만 아니라 가열에 의해서도 커질 수 있는가? 돌의 내부는 어떤 상태인가?

브라운 운동

이미 말했듯이, 원자나 분자와 같은 입자는 너무 작아 직접 눈으로는 볼 수 없다. 따라서 우리는 간접적인 방법에 의존할 수밖에 없다.

로버트 브라운.

영국의 식물학자 로버트 브라운Robert Brown, 1773~1858은 식물의 꽃가루가 물속에서 불규칙적으로 이리저리 떨며 움직이는 것을 현미경으로 관찰했다. 그런데 꽃가루는 온도가 올라갈수록 점점 더 활발하게 움직이는 것이었다. 공기 중의 연기(예를 들어 담배 연기) 입자도 지그재그로 움직인다. 이러한 운동을 발견자의 이름을 따서 브라운 운동이라고 한다. 이렇게 운동하는 데에

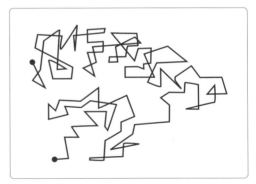

꽃가루 입자의 운동.

는 이유가 있다. 어떤 이유일까?

  팝 콘서트 공연장에서 커다란 공을 관객들에게 던지는 경우가 있다. 공은 관객들의 손에 의해 이리저리 옮겨간다. 헬리콥터에서는 이 팝 콘서트 공연장에 있는 개개의 관중은 볼 수 없다. 공이 알 수 없는 이유로 이리저리 움직이는 것만 볼 뿐이다. 브라운 운동도 이와 같은 것이 아닐까? 꽃가루 또는 연기 입자가 팝 콘서트 공연장의 공과 같고, 관중은 (우리에게는 보이지 않는) 입자, 즉 원자나 분자와 같다고 생각해도 되는 것일까? 만약 그렇다면 액체나 기체의 입자는 가만히 있는 것이 아니라, 우리가 보지 못할 뿐이지 지속적으로 운동하고 있는 셈이다. 온도가 올라갈수록 꽃가루가 점점 더 활발하게 움직이는 것은 원자에 대해서도 적용된다고 추론할 수 있다.

  물리학자들은 브라운 운동을 바로 이렇게 해석한다. 이제 우리는 마찰이나 가열에 의해 돌의 내부에 도달하는 에너지가 어떤 일을 하는지를 알 수 있다. 바로 입자를 더 빨리 움직이게 하는 것이다!

고체, 액체, 기체

  브라운 운동의 연구와 다른 실험들을 통해 물체의 구조는 다음과 같은 모델로 생각하게 되었다.

  고체 입자는 옆의 입자와 강한 힘으로 결합되어 있다. 고체 입자는 있는 자리에 머물지만, 그 자리에서 진동할 수 있다.

  액체 입자는 서로 붙어 있지만, 서로 가볍게 밀어낼 수 있다.

  기체 입자는 공간에서 자유롭게 움직인다. 기체 입자는 서로 충돌할 수 있고 충돌할 경우, 운동 방향이 달라진다.

  고체에 에너지를 가하면, 입자들은 처음에는 아주 빠르게 진동한다. 에너지를 충분히 채우면 입자들은 있던 자리를 떠날 수 있다. 고체가 용해되는 것이다. 이제 입자들은 액체를 이루고 계속해서 에너지가 공급되면 또다시 빠르게 움직인다. 결국 에너지가 충분해지면 결합된 입자들은 해체된다. 액체는 증발해 기체가 된다. 따라서 고체와 액체 입자들은 위치에너지와 운동에너지를 지니고, 기체 입자들은 운동에너지만 지닌다. 집합 상태라고도 하는 이 세 가지 상태에서는 에너지가 유입될 때 입자의 운동에너지가 커지고 또 이로 인해 온도도 올라간다. 따라서 모든 입자들의 에너지의 총합은 물체의 내부 에너지라고 한다. 내부 에너지는 흔히 U로 표시되고, 일이나 열이 주어지면 커질 수 있다. 일은 예를 들어 우리가 돌을 비빌 때 이루어진다. 일이 이루어지는 과정을 구체적으로 생각해보면 다음과 같다.

우리는 돌의 표면에 있는 입자들을 보다 강하게 진동시키고, 이로 인해 내부 에너지를 높이는 것이다. 우리가 돌을 따뜻한 물에 넣을 때도 열(열은 Q로 표시한다)이 주어진다. 이때는 활발하게 진동하는 물의 입자들이 돌의 입자들과 상호작용해서 자체 에너지를 소비하며 돌의 입자들을 가속시킨다. 이로 인해 돌은 점점 더 따뜻해지고 물은 식어 결국 이 둘은 온도가 같아지게 된다. 이는 열이 분자 차원에서 하는 일과 같은 역할을 한다는 것을 의미한다.

> 물체의 내부 에너지 U는 물체를 구성하고 있는 입자들이 지닌 에너지의 총합이다. 집합 상태에서 내부 에너지를 높이면 물체의 온도가 올라간다.
> 물리학에서 열(Q)을 전달한다는 것은 에너지가 온도 차이로 인해 한 물체에서 다른 물체로 옮겨가는 것을 의미한다. 열은 분자 차원에서 하는 일이라고 할 수 있다.

이상 기체

앞에서 이미 말했듯이, 물리학자들은 장기간에 걸쳐 관찰된 모든 현상을 역학적인 측면에서 분석하려고 시도했다. 열역학도 이와 같은 일환으로 추구되었고 놀라운 성공을 거두었다. 브라운 운동을 해석하면서 이러한 시도의 몇 가지 사례를 배운 바 있다. 이러한 시도들은 현상을 매우 구체적으로 설명할 수 있는 장점을 지닌다.

역학적인 사고방식은 기체를 연구하면서 최상의 성과를 거두었다. 그중 하나가 기체 분자 운동론이다.

이상 기체를 입자의 모양으로 생각하면 다음과 같다. 입자들은 서로 간의 거리보다 훨씬 더 작으며 충돌하는 동안에만 서로에게 힘을 작용한다. 입자들은 서로 (그리고 용기 벽면과도) 탄성 충돌을 하며 무작위로 운동한다. 아래 그림의 방은 공으로 채워져 있고 바닥판은 전기 모터로 진동을 가하는데, 이상 기체를 구체적으로 보여준다.

물론 실험을 할 때는 이상 기체가 아닌 실제 기체를 가지고 한다. 실제 기체의 성질은 이상 기체와는 다르지만 이상 기체에 적용되는 법칙은 (400바^{Bar} 이하의) 높지 않은 압력과 (끓는점과 비교해) 낮지 않은 온도에서는 실제 기체에 대해서도 적용된다.

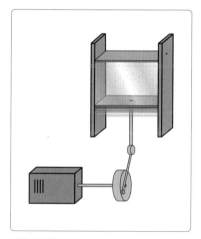

이상 기체의 모델.

절대온도

이상 기체의 입자들은 (정의에 따라) 운동에너지만을 지닌다. 위에서 말한 내부 에너지와 온도 사이의 관계는 이상 기체에 대해서도 적용된다. 즉, 내부 에너지가 클수록 온도 역시 커지고 그 역도 성립한다.

이상 기체의 내부 에너지를 점점 작게 하면 어떤 일이 생기는가? 입자들이 점점 느려지고 온도는 점점 낮아진다. 결국 입자들은 멈추게 되고 내부 에너지는 0값을 가진다. 이제 온도도 더 이상 낮아질 수 없다. 왜냐하면 멈출 때보다 더 낮은 온도는 있을 수 없기 때문이다. 따라서 더 이상 낮아질 수 없는 최저 온도가 존재하는 것이다. 이 온도는 측정으로 드러났듯이 −273.15℃이다. 앞에서 말한 켈빈 경은 이 값을 새로운 온도 눈금의 0점으로 삼자고 제안했다. 이 눈금은 오늘날 물리학에서만 사용되는데 '절대온도 눈금'으로 불린다.

> 절대온도의 0점은 −273.15℃이다. 이 0점으로부터 시작하는 온도 눈금은 절대온도 눈금이라고 한다.
> 절대온도는 K(켈빈)으로 측정된다.

물의 끓는 온도인 100℃를 켈빈으로 환산할 수 있겠는가? 절대온도 0점에서 물의 어는점까지는 273.15℃이다. 따라서 끓는점은 373.15℃이다. 즉, 100℃ =373.15℃인 것이다.

끓는 물에 넣은 국수.

절대온도를 과학적으로 정확히 설명하는 것은 이 책의 수준으로는 불가능하다. 하지만 지금까지의 구체적인 설명으로 최저 온도가 존재한다는 것은 이해했을 것이다.

이상 기체 방정식

공기 펌프.

공기 펌프와 같은 일정한 공간에서 기체를 밀폐한 뒤 기체의 상태를 압력, 부피, 온도, 양의 상관관계로 나타낼 수 있다. 기체의 양은 기체를 이루고 있는 입자의 수로 표시한다. 단위는 몰^{Mol}이며 1몰은 6.0221367×10^{23}개의 입자를 말한다(이에 대해서는 핵물리학 장에서 다시 설명할 것이다).

이제 앞에서 말한 이상 기체의 성질을 이용해 기체의 상태를 나타내는 크기들 간의 상관관계식을 세울 수 있다. 식은 다음과 같다.

이상 기체에 대해서는 다음의 방정식이 성립한다.

$$p \times V = n \times R \times T$$

여기서 p는 압력, V는 부피, n은 물체의 양, T는 절대온도, R은 기체상수를 나타낸다. 기체상수 R은 다음의 값을 가진다.

$$R = 8.3145 \text{Pa} \times \text{m}^3/\text{mol} \cdot \text{K}$$

우리는 앞에서 이상 기체를 구체적으로 보여주는 그림을 제시한 바 있다. 이 그림에서 이상 기체는 방 안에 들어 있고, 방의 바닥판은 전기 모터로 진동을 가한다. 방바닥 판을 강하게 진동시켜 온도를 올리고, 천장에 있는 판을 고정시켜 부피를 일정하게 유지하면, 이

자동차 타이어의 기압 측정.

상 기체 방정식에 의해 입자들이 천장에 더 큰 압력을 미치게 된다. 고정시킨 천장 판을 자유롭게 움직일 수 있도록 하면 입자들이 이 천장 판을 위로 밀어 올려 부피가 커진다.

이와 유사한 현상은 일상생활에서도 관찰할 수 있다. 자동차 타이어는 온도가 올라가면 압력도 올라가 타이어에 구멍이 생기면, 공기 입자들은 압력의 균형을 맞추기 위해 밖으로 빠져나간다.

열역학 제1법칙

제1장에서 배운 에너지 보존의 법칙은 마찰이 없을 경우에만 성립한다. 그런데 마찰이 있으면 에너지는 어떻게 되는 것일까? 사실, 일상생활에서는 항상 마찰이 있다! 예를 들어 평지에서 자전거를 탄다고 가정해보자. 당신은 일정한 속도가 될 때까지

마찰이 있으면 멈춘다.

자전거를 가속시키다가 페달을 더 이상 밟지 않고 멈춘다. 그런데도 자전거는 계속 달린다. 이때 당신의 위치에너지는 변하지 않지만, 운동에너지는 점점 작아진다. 때문에 점점 느리게 가다가 결국 멈추게 된다. 운동에너지가 어떻게 된 것일까?

이 질문에는 원칙적으로 두 가지의 답을 할 수 있다. 에너지가 사라지거나 아니면 완전히 또는 부분적으로 다른 형태로 바뀌는 것이다. 로버트 마이어 Julius Robert von Mayer, 1814~1878, 헤르만 폰 헬름홀츠 Hermann von Helmholtz, 1821~1894 그리고 이미 언급한 제임스 줄은 논문과 실험을 통해 두 번째 답이 맞다고 밝

혔다. 에너지는 사라 지지 않는다! 이로써 에너지 보존의 법칙 은 역학 이외의 분야 에서도 중대한 의미 를 갖게 되었다.

로버트 마이어.

제임스 줄.

헤르만 폰 헬름홀츠.

내부 에너지, 일, 열의 연관 관계

우리는 에너지 보존의 법칙을 마찰이 있는 경우에도 적용할 수 있는 에너지 형태를 이미 알고 있다. 바로 앞에서 배운 내부 에너지 이다. 자전거의 부품들과 자전거 주변의 공기 그리고 자전거의 도로는 내부 에너지를 지닌 다. 따라서 자전거의 부품 (예를 들어 베어링)이나 공기 그리고 도로에서 마찰에 의해 일이 실행되며, 이 일 은 자전거와 공기 그리고 도로의 내부 에너지를 높 인다. 이렇게 되면 운동에 너지는 내부 에너지로 바 뀌게 되어 결국 에너지 보 존의 법칙에 따르는 것이 다. 내부 에너지의 증가는

브레이크를 걸면 브레이크 라이닝의 온 도가 올라간다.

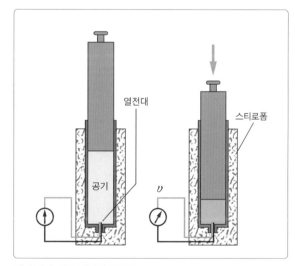
일에 의한 내부 에너지의 변화.

운동에 참여한 물체의 온도 상승으
로 나타날 수밖에 없다. 이러한 온도
상승은 실제로 자전거의 예에서 나
타나지만, 상승의 폭은 아주 작다. 그
러나 손으로 브레이크를 걸 때는 온
도 상승 효과를 분명히 감지할 수 있
다. 브레이크 라이닝이 따뜻해진 것
이다. 이러한 온도 상승은 온도계가
없어도 확인할 수 있다.

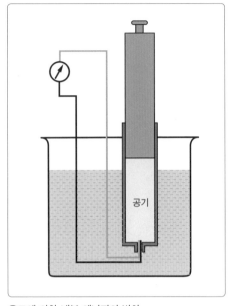

온도에 의한 내부 에너지의 변화.

일을 실행할 때 한 계에서 나타나
는 내부 에너지의 변화는 공기를 넣
은 시린지 펌프로 조사할 수 있는데,
이 시린지 펌프 안에는 전기 온도계
를 넣어둔다(방열 효과가 있는 스티로폼으로 감쌌기 때문에 열의 전달이 차단된다). 시
린지 펌프의 피스톤을 실린더 안으로 밀어 넣으면(다시 말해, 일을 실행하면), 온
도가 올라가고 다시 원위치로 복귀시키면(다시 말해, 압축된 공기가 일을 실행하
면), 온도는 처음의 값으로 돌아간다. 따라서 에너지의 손실은 없다. 에너지는
잠깐 동안만 내부 에너지로 변했던 것이다.

이번에는 시린지 펌프를 적당한 온도의 물컵에 넣고 가하거나 열을 낮추는
실험을 한다. 이렇게 하면 한편으로는 일을 실행하고, 또 다른 한편으로는 열
을 가하거나 낮춤으로써 일과 열, 두 가지에 의해 동시적으로 내부 에너지를
변화시킬 수 있다.

전체적으로 다음과 같은 종합 방정식을 세울 수 있다. 이 종합 방정식은 에
너지 보존의 법칙을 열 계로 확대한 것이고 앞에서 말한 내용을 실험적으로
뒷받침해준다.

한 계의 내부 에너지의 변화 ΔU는 이 변화 과정에 참여한 열 Q와 일 W의 합과 같다.

$$\Delta U = Q + W$$

일과 열의 크기는 상태를 나타내는 내부 에너지의 크기와는 반대로, 에너지의 전달을 나타낸다. 일과 열의 크기는 진행되는 과정의 크기인 것이다.

예: 장대높이뛰기 선수의 에너지

이제 제1장의 '일, 일률, 에너지'에서 말한 장대높이뛰기 선수의 수수께끼를 풀 수 있다. 우리는 앞에서 러시아의 옐레나 이신바예바의 예를 들면서 장대높이뛰기 선수가 바를 뛰어넘은 후 바닥의 매트로 떨어질 때, 전체 에너지에 어떤 변화가 생겼는지를 물었고 이제는 답을 알 수 있다. 겉으로 에너지가 사라진 것처럼 보이지만, 실제로는 그렇지 않다! 매트와 주변의 공기 그리고 장대높이뛰기 선수 자신이 아주 약간 따뜻해진 것으로, 에너지는 사라진 것이 아니라 감춰졌을 뿐이다. 즉, 내부 에너지로 위장한 셈이다!

열역학 제2법칙과 엔트로피

장대높이뛰기 선수의 에너지는 사라지지 않고 내부 에너지가 되었다. 이러한 지식은 장대높이뛰기 선수 자신에게는 큰 의미가 없다. 왜냐하면 선수의 입장에서는 에너지가 자취를 감춰 더 이상 이용할 수 없기 때문이다. 매트와 공기 그리고 장대높이뛰기 선수가 저절로 다시 냉각되어 선수가 다시 공중으로 뛰어오르는 일은 지금까지 일어나지 않았다! 이러한 일은 에너지 보존의 법칙에 위배되지 않을 것이다. 따라서 열역학에 대한 우리의 설명은 아직도 완전하지 않다. 지금부터는 바로 이 문제를 다룰 것이다.

가역 과정과 비가역 과정

두 개의 당구공이 충돌하는 장면을 비디오 카메라로 촬영한 다음에 충돌 화면을 살펴보면, 화면이 앞으로 진행하는지, 아니면 거꾸로 돌리고 있는지를 식별하기 어렵다. 두 방향 모두 가능하다. 실제로 우리는 이 두 가지 가능성 중에서 어떤 것도 이상하게 여기지 않는다.

앞으로, 아니면 뒤로?

하지만 장대높이뛰기 선수가 뛰어오르는 장면을 촬영한 뒤 화면을 보면 앞으로 진행하는 것과 거꾸로 돌리고 있는 것을 단번에 식별할 수 있다. 따라서 장대높이뛰기 선수의 도약은 비록 에너지적인 측면에서는 다른 방향도 가능하지만, 실제로는 단 한 가지 방향으로 진행되는 과정이다.

이러한 과정의 예는 또 있다. 공이 평지를 따라 굴러가다가 멈추는 것은 우리의 경험과 일치한다. 하지만 우리는 공이 내부 에너지를 이용해 저절로 경사면을 올라가는 일은 본 적이 없다. 또 커피 잔의 커피가 시간이 흐르면 식는(그리고 이때 주변은 따뜻해지는) 것은 정

커피 잔의 커피는 저절로 따뜻해질 수 없다.

상이다. 그런데 반대로 커피가 저절로 뜨거워
지고 그 대신 주변 공간이 약간 차가워진다면
이상하게 여길 것이다. 마치 커피 메이커를
이용하지 않고 커피를 차가운 물에 넣은 다
음, 난방 온도를 약간 올리면 커피가 뜨거워
진다고 생각하는 것처럼 말이다. 당구공의 충

이곳에서는 아래로 굴러가기만 한다.

돌은 마찰이 없는 모든 과정과 같이 가역적이다(물론 이 충돌은 실제로는 마찰이
완전히 없지는 않고 근사적으로만 마찰이 없다. 이상화한 모델로 생각하면 된다). 장대높
이뛰기 선수의 도약과 경사면에서 공의 운동 그리고 커피의 열역학적 상태 변
화는 비가역적인 과정이다.

카르노 순환 과정

비가역 과정은 특히 기계의 경우 난감한 일을 초래한다.
주변으로 분산된 내부 에너지가 다시 기계로 돌아오지 않
고 (기계의 입장에서 볼 때) 사라져버리기 때문이다. 그러나
완전한 가역 과정이라 할지라도 어떤 의미에서는 에너지
의 손실이 전혀 없는 것은 아니다. 프랑스의 물리학자 니
콜라 레오나르 사디 카르노^{Nicolas Leonard Sadi Carnot, 1796~1832}

니콜라 레오나르 사디
카르노.

는 주기적으로 일을 하는 열기관은 가해진 열을 일로 완전
히 전환할 수 없다는 사실을 밝혔다. 즉, 가해진 열의 일부분은 항상 상실된다
는 것이다. 카르노가 활동하던 때에는 증기 기관이 막 발명되어, 어떻게 하면
증기 기관의 열효율도를 높일 수 있는지가, 다시 말해 가해진 열량에서 최대한
의 일을 끌어낼 수 있는지가 경제적으로 큰 관심사였다.
카르노는 주기적이면서도 가역적인 일을 하는 기관을 고안했다. 이 기관은

이상 기체로 채워진 피스톤이 열이 가해질 때 일을 하는 구조를 취하고 있다. 카르노는 이 열기관의 열효율을 계산했다. 여기서 카르노의 순환 과정을 일일이 설명할 수는 없다. 하지만 주기적으로 일을 하는 열기관이 열을 일로 완전히 전환할 수 없는 이유에 대해서는 설득력 있게 설명할 수 있다. 우선 공기로 작동되는 열기관의 원리를 나타내는 실험을 살펴보자.

증기 기관.

속이 빈 유리관을 시린지 펌프에 붙이고 뜨거운 욕조와 차가운 욕조에 교대로 넣는다. 뜨거운 욕조에 넣을 때는 유리관에 든 공기가 팽창해 피스톤이 위로 올라간다. 차가운 욕조에서는 공기가 다시 수축해 피스톤은 아래로 내려간다. 따라서 뜨거운 물과 차가운 물을 교대로 바꾸어주면 피스

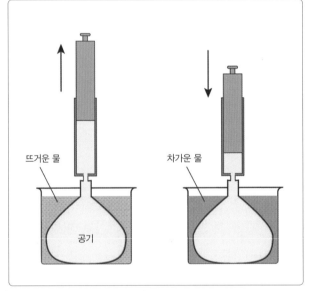

뜨거운 물

차가운 물

공기

증기 기관의 원리.

톤이 상하 운동을 반복하게 된다. 스코틀랜드의 엔지니어 로버트 스털링^{Robert} Stirling, 1790~1878은 가열과 냉각이 자동적으로 바뀌는 열기관을 발명했다.

이제 이 실험에서 열이 일로 전환되는 방식에 대해 알아보자. 공기가 욕조의 온도를 아주 빠르게 흡수한다고 가정하면, 뜨거운 물속에서는 에너지를 흡수

하여 피스톤의 상승 운동이 일어난다 — 이때 물과 공기가 일정한 온도로 유지 되므로 등온 과정이라고 한다. 그러나 온도가 일정할 때는 공기의 내부 에너지 도 변화하지 않는다. 열역학 제1법칙에 따르면, 이 단계에서 흡수한 열은 전부 일로 전환된다는 것을 의미한다(이는 온도가 일정하기 때문에 기체나 물질의 내부 에 너지는 변하지 않기 때문이다. 물론 현실적으로는 마찰이나 열전도로 인한 열 손실이 있지 만 여기서는 이상적인 상태를 전제한다).

피스톤의 하강 운동 때도 등온 과정이 발생하지만, 이 과정은 상승 운동 때 보다는 낮은 온도에서 이루어진다. 이 단계에서도 공기의 내부 에너지는 변화 하지 않는다. 이는 하강 운동을 하는 동안 기체에 가한 일이 완전히 열로 전환 된다는 것을 의미한다. 이 차가운 단계에 나온 열량은 온도가 낮기 때문에 뜨 거운 단계에서 흡수한 열량보다 작다. 그러나 열이 다시 방출되는 것은 원칙적 으로 피할 수 없다! 이를 어떻게 만회할 수 있을까?

피스톤이 상하 운동을 계속해야 한다. 그런데 피스톤의 하강 운동은 열의 방 출을 피할 수 없다. 따라서 주기적으로 일하며 가해진 열을 완전히 일로 전환 하는 기관을 만드는 것은 원칙적으로 불가능하다. 이것이 열역학 제2법칙의 핵심이다.

> **열역학 제2법칙**
> 흡수한 열의 일부를 외부로 방출하지 않으면서 주기적으로 작동하는 열기관은 존재하지 않는다.

카르노는 자신이 고안한 이상적인 기관, 즉 가역 기관의 효율을 구하는 식을 만들었고 모든 비가역 기관은 훨씬 낮은 효율을 갖는다는 것을 밝혔다. 따라서 카르노의 순환 과정은 주기적으로 일하는 기관이 가해진 열에서 얼마나 많은 일을 할 수 있는지에 대한 최댓값을 정했다.

카르노 순환 과정의 효율은 열의 교환이 일어나는 두 온도에 좌우된다. 효율을 구하는 식은 다음과 같다.

> 기관의 효율 η(에타)는 흡수한 열과 역학적 에너지로 바뀐 열의 비이다. T_1과 T_2가 열량이 들어왔다 나가는 (절대) 온도라면, 최대 효율은 다음과 같다.
>
> $$\eta = 1 - \frac{T_2}{T_1}$$

T_1와 T_2의 온도 차이가 클수록, 효율은 커진다. 따라서 증기 터빈에서는 섭씨 600도인 증기가 사용된다. 예를 들어 열의 방출이 섭씨 15도(차가운 물의 온도)에서 이루어진다면, 최대 효율은 다음과 같다.

$$\eta = 1 - \frac{(273.15 + 15)\mathrm{K}}{(273.15 + 600)\mathrm{K}} = 1 - \frac{288.15\mathrm{K}}{873.15\mathrm{K}} \approx 0.67 = 67\%$$

이 값은 (주어진 온도에서) 원칙적으로 넘을 수 없다! 하지만 실제로는 약 40%의 효율을 넘지 않으니 전기에너지를 일로 전환하는 것이 훨씬 더 효율적이다. 이 경우는 열효율이 90%를 넘는다.

엔트로피

과정의 비가역성은 측정 가능하고 계산 가능한 크기로 표현되어야 한다.

이상 기체에 가역적인 열을 가하면, 이상 기체 방정식을 이용해 가해진 열량 Q는 기체의 온도 T에 비례한다는 사실을 알 수 있다. 따라서 비례 상수가 ΔS인 $Q = \Delta S \times T$라는 식이 성립한다. 여기서 Q는 과정의 크기이고 T는 상태의 크기이다.

이와 유사한 방정식은 전기학에서도 나온 바 있다. 전하 Δq가 전기 퍼텐셜의 0점에서 퍼텐셜이 V인 지점까지 흐른다면, 실행된 (전기적인) 일 W에 대해서는 $V = \dfrac{W}{\Delta q}$, 다시 말해 $W = \Delta q \times V$가 성립한다. 여기서 W는 과정의 크기이고, V는 상태의 크기이다. 이제 우리는 이러한 전하와 유사하게 계를 특징짓는 상태의 크기 S가 존재한다고 생각해볼 수 있다. 이 상태의 크기는 열이 교환될 때 변화하는데, 그 변화는 $\Delta S = \dfrac{Q}{T}$로 계산할 수 있다. S는 독일의 물리학자 루돌프 클라우지우스[Rudolf Julius Emanuel Clausius, 1822~1885]의 제안에 따라 엔트로피라고 한다. 따라서 열의 유입과 유출은 엔트로피가 흐른다는 것을 의미한다.

> 온도 T가 일정한 계에 열 Q를 가하면, 이 계의 엔트로피는 $\Delta S = \dfrac{Q}{T}$ 만큼 증가한다.

그런데 엔트로피의 크기는 어떻게 다루는가? 예를 들어 한 잔의 커피에서 커피의 온도 T_1이 340K(약 섭씨 67도)라고 가정해보자. 이제 열 $Q = 1\text{J}$이 주변(온도 : $T_2 = 300\text{K}$)으로 방출된다. 이 열량은 매우 작아서 온도에 영향을 미치지 못한다. 커피의 엔트로피는 열의 방출로 인해 $\Delta S_1 = \dfrac{-1\text{J}}{340\text{K}} = -0.00294\text{J/K}$ 만큼 변화하고 (여기서 열의 방출은 음수로 계산한다), 주변의 엔트로피는 $\Delta S_2 = \dfrac{1\text{J}}{300\text{K}} = 0.00333\text{J/K}$ 만큼

커피와 엔트로피.

증가한다. 따라서 전체적으로는 커피 잔-주변의 계의 엔트로피는 0.00039J/K만큼 증가했다.

이 예의 결과를 놓고 보면 다음과 같이 말할 수 있다. 비가역 과정에서 계의 엔트로피는 항상 증가한다! 가역 과정에서 계의 엔트로피는 변화하지 않고 일정하게 유지된다. 따라서 열역학 제2법칙의 핵심을 다음과 같이 정리할 수 있다.

> 가역 과정에서 엔트로피는 변화하지 않는다.
> 비가역 과정에서 엔트로피는 증가한다.

공이 저절로 자신과 주변을 냉각시키고 경사면을 다시 올라가지 않는 일은 이제 다음과 같이 말할 수 있다. 공-경사면-주변의 계에서 엔트로피가 생성된다. 따라서 이 과정은 비가역적이다.

루트비히 볼츠만.

오스트리아의 물리학자 루트비히 볼츠만$^{\text{Ludwig Eduard Boltzmann, 1844~1906}}$은 엔트로피의 개념을 분자 차원에서 해석했다.

한 용기에 두 개의 서로 다른 기체가 들어 있다면, 이론적으로는 한 기체의 모든 분자가 어느 시점에서는 저절로 이 용기의 반쪽에, 다른 기체의 모든 분자는 또 다른 반쪽에 모이는 것이 가능하다. 하지만 실제로 이렇게 될 가능성은 아주 작다. 그보다 가능성이 높은 것은 기체가 균일하게 서로 섞이는 경우다. 볼츠만은 여러 상태의 확률을 조사해, 확률이 더 높은 상태가 되는 경우는 항상 엔트로피의 증가가 있을 때라는 결론을 얻었다. 따라서 엔트로피는 분자의 과정이 어떤 방향으로 진행되는지를 결정한다.

주기적으로 일하는 기관

이제 주기적으로 일하는 열기관의 예로 냉장고와 열펌프를 살펴보자.

냉장고

냉장고는 가정의 필수품을 꼽을 때, 우선순위가 될 확률이 아주 높다. 하지만 여러분은 음식물을 냉각시키는 과정을 알고 있는가? 여러분이 알고 있듯이, 냉장고는 냉각 작용을 하는 것만은 아니다. 왜냐하면 냉장고 뒤쪽은 따뜻해지기 때문이다. 따라서 냉장고는 오히려 에너지 전달자이다. 냉장고는 안쪽 공간에서 내부 에너지를 배출해 뒤쪽으로 보낸다. 이로 인해 방이 더워지지만, 대개의 경우 이러한 가열은 우리를 방해하는 수준은 아니다.

냉장고는 부엌에서 없어서는 안 될 필수품이다.

냉장고의 유형 중 가장 흔한 것이 컴프레서(압축기) 냉장고이다. 이 유형의 냉장고는 두 가지의 간단하면서도 독창적인 아이디어가 바탕이 되고 있다.

첫 번째 아이디어는 다음과 같다.

정상적인 기압에서 끓는점이 방 온도보다 훨씬 낮은(약 섭씨 −30도인) 액체(냉매)를 이용한다. 이 냉매를 뚜껑이 없는 용기에 담아 밀폐된 공간에 넣는다. 이렇게 하면 냉매는 얼마 지나지 않아 기화한다. 이때 기화에 필요한 에너지는 주변에서 흡수된다. 이것은 밀폐된 공간의 내부 온도가 내려간다는 것을 의미한다. 이렇게 했다고 해서 아직 냉장고를 만든 것은 아니다. 왜냐하면 냉매가 기화해버리면 주변을 냉각시킬 수 없기 때문이다. 따라서 기화된 냉매를 모아 응축시켜 이를 다시 기화시키는 것이다.

컴프레서 냉장고의 작동 방식.

냉장고가 차갑게 유지되기 위해서는 냉매가 기체가 되고 다시 액체가 되는 과정을 끊임없이 반복해야 한다. 여기서 두 번째 아이디어가 필요하다.

냉매의 끓는점은 압력에 따라 크게 좌우된다. 압력이 높으면 냉매는 온도가 높아야 끓는다. 냉매가 8000hPa의 압력에서는 섭씨 40도에서 끓는다고 가정해보자. 따라서 기체로 된 냉매를 모세관을 통해 흘려보내 8000hPa의 압력이 미치고 있는 압축기를 지나게 한다. 이렇게 높은 압력에서는 실내 온도에서 냉매가 액체 상태로 존재할 수 있다. 따라서 압축기는 냉매를 응축시킨다. 이때 기화할 때 흡수되었던 내부 에너지는 다시 열로 방출된다. 이제 우리는 압력을 다시 낮추어야 한다. 이렇게 하면 과정이 처음부터 다시 시작되는 것이다.

그림은 냉매가 냉장고 안에 있는 기화기에서부터 압축기와 축전기를 통해 순환하는 과정을 나타낸다. 냉매가 흘러가는 모세관은 압력이 높은 냉매를 압력이 낮고 차가운 냉매로 바꾸어주는 역할을 한다. 순환 과정은 압축기가 실행한 일에 의해 추진된다. 압축기를 끄면, 냉장고는 더 이상 냉각 작용을 하지 않는다.

몇 년 전까지만 해도 냉장고의 냉매로 사용된 것은 염화불화탄소(프레온 가스)였다. 염화불화탄소는 냉장고를 폐기할 때 대기로 흘러들어 오존층을 파괴한다. 따라서 오늘날에는 염화불화탄소 대신 이보다 덜 해로운 프로판과 부탄의 혼합물을 이용한다.

열펌프

열펌프는 땅에 저장된 내부 에너지를 이용해 난방을 하는 데 사용된다. 물로 채워진 관이 열펌프 입구에서 땅속 2~3m 깊숙이 들어갔다가 다시 밖으로 이어진다. 열펌프의 출구는 바닥 난방(온돌) 시설과 연결된다. 열펌프의 내부 구조와 작동 방식은 어떨까? 답을 알면 놀랄 것이다.

온돌은 세련된 장치다!

열펌프는 물리학적으로 보면 냉장고와 정반대로 작동한다! 땅속으로 이어진 관은 원리상 냉장고의 안쪽 공간에 연결된 모세관과 같고 바닥 난방 시설은 냉장고 뒤쪽에 있는 관과 같다. 열펌프는 땅에서 열을 빼앗아 실내에 열을 공급하는 것이다. 물론 열 교환 과정은 기술적으로 훨씬 더 효율적으로 작동하지만, 원리는 동일하다!

열펌프를 이용하면 이상적으로는, 다시 말해 카르노의 순환 과정을 기초로 한다면, 일을 실행할 때 대략 6~7배의 열을 얻을 수 있다. 그러나 실제적으로는 세 배의 열을 얻을 수 있을 뿐이다. 이는 실행된 일마다 3줄(J)을 되돌려 받는 것을 의미한다. 따라서 결과적으로는 2J줄을 얻게 되는 것이다.

열전달

독일에서는 2009년 1월 1일부터 집을 짓거나 확장할 때 그리고 집을 팔거나 임대할 때는 집에 대한 에너지 증명서를 발급받아야 한다. 이 증명서는 집의 건물에 의한 에너지 손실, 난방 시설 그리고 이산화탄소(CO_2) 배출량에 대한 정보를 담고 있다. 게다가 창문과 벽의 열전달률 개선과 같은 시설 개량에 대한 제안도 기록된다. 맨 끝에는

에너지 증명서.

건물의 에너지 효율을 평가할 때 기준이 되는 최종 에너지 필요값이 제시된다.

열이 집에서 방출되는 경로는 무엇인가? 열전달률과 최종 에너지 필요값의 의미는 무엇인가? 집에 에너지 효율이 있을 때는 언제인가?

열전달의 종류

열은 원칙적으로 세 가지 방식으로 전달될 수 있다. 중앙난방에서 열의 경로를 추적함으로써 이 세 가지 방식을 살펴보기로 한다.

지하실에 기름이나 가스로 가동되는 보일러가 있다고 가정해보자. 연료를 태워서 난방용 보일러의 물을 데운다. 따뜻한 물은 차가운 물보다

난방 시설이 설치된 지하실.

밀도가 낮으므로, 데워진 물은 난방 시설의 배출구를 통해 상승한다(상승해서 순환하다가 다시 난방 시설로 돌아오는). 다른 쪽에서는 식은 물이 들어온다. 따라서 난방시키는 물의 순환이 이루어지는 것이다. 물론 물의 순환은 상당히 느리기 때문에 펌프의 지원이 있어야 한다. 이렇게 해서 열이 매질(여기서는 물)에 업혀 전달되는 것이다. 이러한 종류의 열전달을 대류라고 한다.

물은 방에 설치된 라디에이터(방열기)를 내부에서 데운다. 라디에이터는 외부도 따뜻해져야 하므로, 열은 매질의 운동 없이 금속을 통해 전달될 수 있어야 한다. 이러한 종류의 열전달을 열전도라고 한다. 금속의 진동하는 입자들도 에너지를 방출하고 이로 인해 점차 금속의 다른 부분도 따뜻해지면서 열이 전달되는 것이 열전도이다.

라디에이터에 의해 데워진 공기의 대류 순환에 의해 방 안이 따뜻해진다. 그러나 우리는 라디에이터의 열을 직접 느낀다. 라디에이터가 열을 방출하는 것이다. 이 효과는 우리가 캠프파이어나 적외선 전구 앞에 있을 때 보다 뚜렷하게 느낀다. 이 효과는 공기의 열전도율과는 관계가 없다. 왜냐하면 공기의 열전도율은 매우 작기 때문이다. 진공에서는 복사에 의해 열이 전달된다는 사실이 확인되었다. 복사는 전자기파에 의해 에너지가 전달되는 것으로, 열복사라고 한다.

캠프파이어.

자, 이제 잠깐 간단한 테스트를 해보겠다. 다음의 예는 위에서 말한 세 가지 방식의 열전달 중 어느 것에 속하는가?

① 전자레인지의 열판은 냄비를 데운다.
② 멕시코 만 난류는 북유럽을 따뜻하게 한다.
③ 태양은 지구를 따뜻하게 한다.
④ 헤어드라이어는 머리카락을 따뜻하게 한다(말려준다).
⑤ 화로의 불꽃은 보일러의 금속을 데운다.

열전달률과 최종 에너지 필요값

열이 창문으로 방출될 때는 열전달의 세 가지 방식 모두가 관여한다. 우선 창문의 유리와 들어온 공기 그리고 창문의 틀이 열을 전도한다. 창문은 열복사의 일부분도 방출시킨다. 또 안과 밖의 공기가 창문으로 흘러 열을 방출하면 대류가 일어나게 된다. 열전달률 또는 열전달 계수는 이러한 효과 모두를 종합해, 안과 밖의 온도 차이가 1켈빈일 때 m^2 넓이당 얼마나 많은 열이 창문을 통해 전달되는지를 나타낸다. 차단 유리가 설치된 창문의 열전달 계수는 약

집의 열을 나타내는 그림.

$2.9 W/m^2 K$이고, 현대식 단열 창문은 $1.1 W/m^2 K$ 또는 이보다 더 작다.

> 열전달률 또는 열전달 계수는 온도 차이가 1K일 때 m^2 넓이당 얼마나 많은 열이 전달되는지를 나타낸다.

이제 집 전체에 대한 결산을 해보자. 이 결산은 들어오고 나가는 모든 에너지 양의 연평균을 고려해 $W/m^2 K$로 나타낸다. 이렇게 해서 나온 결과가 최종 에너지 필요값이고 이 필요값이 에너지 증명서에 기록되는 것이다. 다음 그림

의 눈금으로 결과를 평가해볼 수 있다. 예를 들어 어느 집의 최종 에너지 필요 값이 $400W/m^2K$이라면, 현대식으로 개량하는 것이 시급하다!

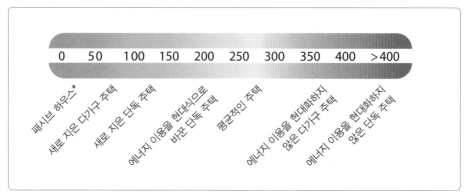

최종 에너지 필요값.

복사 법칙

인간의 개입에 의한 온실 효과가 기후 변화를 유발해 지구 온난화 현상을 불러일으키고 있다는 말을 많이 듣는다. 하지만 온실 효과는 무엇이고, 인간은 이 온실 효과에 어느 정도로 영향을 미치고 있는가?

이 질문에 답하기 위해서는 열복사에 적용되는 법칙을 살펴보아야 한다. 왜냐하면 온실 효과는 이 복사와 밀접한 관련이 있기 때문이다.

---

* 패시브 하우스(Passivhaus): 자연 상태의 태양에너지 외에는 따로 난방이 필요 없도록 지은 건축물을 말한다. 수동적(passive)인 집이라는 뜻으로, 능동적으로 에너지를 끌어 쓰는 액티브 하우스(active house)에 대응하는 개념이다 -옮긴이.

흑체

라디에이터는 물이 뜨거울수록 더 많은 복사열을 낸다. 하지만 복사 에너지의 양은 물의 온도에만 좌우되는 것이 아니다. 이는 실험을 통해 입증할 수 있다. 여러 재질의 속이 빈 주사위를 만들어 이 주사위 속에 온도가 같은 물을 채운 다음, 주사위에서 나오는 복사선을 측정하면, 흡수와 방출 사이에는 다음의 관계가 있음이 드러난다. 외부에서 오는 복사선을 잘 흡수하는 주사위는 방출도 잘한다.

외부에서 오는 복사선을 모두 흡수하는 주사위는 최대한의 강도로 복사한다. 이러한 물체의 복사는 온도에만 좌우되며 흡수 능력이 떨어지는 다른 물체들의 복사보다 더 쉽게 설명할 수 있다.

외부에서 오는 복사선을 완전히 흡수하는 물체를 흑체라고 한다. 검게 칠한 표면이나 검게 그을린 표면은 흡수율이 높긴 하지만 100%에 도달하지는 못한다. 거의 완벽한 이상적인 흑체는 실험실에서 다음과 같은 방식으로 만든다. 속이 빈 검은 상자를 만들어 한쪽에 작은 구멍을 뚫는다. 이 구멍으로 들어간 복사선은 상자의 내부 벽 사이에서 이리저리 반사되며 단계적으로 흡수됨에 따라 거의 완전하게 흡수되는 것이다.

흑체의 복사 스펙트럼

흑체의 복사선은 일정한 범위의 다양한 파장을 지닌다. 복사의 강도를 파장으로 나타내면 오른쪽과 같은 복사 스펙트럼을 얻는다.

파장은 nm(나노미터)로 나타낸다. 나노미터는 극도로 작은 단위로 $1nm = 10^{-9}m$이다(이는 1mm의 100만분의 1이다). 이렇게 작은 파장을 측정하는 방법에 대해서는 다음 장에서 다룰 것이다.

복사의 세기는 시간과 넓이당 방출된 에너지, 즉 넓이당 일률이다. 복사가 1W의 일률을 지니고 방출하는 넓이가 $1m^2$라면, 강도는 $1W/m^2$이다.

독일의 물리학자 막스 플랑크$^{Max\ Planck,\ 1858\sim1947}$는 1900년에 그림에서 나타난 곡선을 이론적으로 설명했다. 그는 완전히 새로운 사고방식을 도입해 양자 물리학의 개척자가 되었다.

막스 플랑크.

곡선에서는 각 온도마다 세기가 최고인 하나의 파장이 있음이 드러난다. 이 최댓값은 온도가 올라갈수록 파장이 짧은 쪽으로 이동한다.

독일의 물리학자 빌헬름 빈$^{Wilhelm\ Wien,\ 1864\sim1928}$은 온도와 파장의 곱은 항상 일정한 사실을 발견했고 이 곱의 값을 구했다.

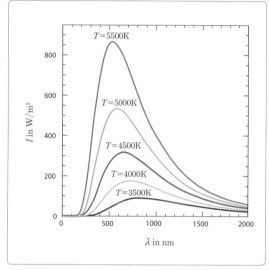

흑체의 복사 스펙트럼.

빈^{Wien}의 변위 법칙
흑체의 파장 가운데 세기가 최대인 파장$_{(\lambda최댓값)}$과 흑체의 온도에 대해서는 다음의 식이 성립한다.

$$\lambda_{최댓값} \times T = 2898 \times 10^{-3}m \times K$$

태양의 표면온도

태양은 파장이 $\lambda_{최댓값}=500nm$인 복사선을 가장 강하게 복사한다. 측정 결과, 태양의 복사와 흑체의 복사는 근삿값으로 일치한다는 사실이 드러났다. 따라서 빈의 변위 법칙을 이용해 태양의 표면온도를 구할 수 있다.

$$T = \frac{2989 \times 10^{-3}m \times K}{\lambda_{최댓값}} = \frac{2898 \times 10^{-3}m \times K}{500 \times 10^{-9}m} \approx 5800K$$

한번 생각해보라. 파장을 측정하면 간단한 계산을 통해 어떤 곳이든 온도를 알 수 있는 것이다. 심지어 가까이 다가갈 수도 없고 온도계를 갖다 댄다는 생각은 추호도 할 수 없는 곳인 경우에도 말이다.

온실 효과

이제 우리는 왜 온실이 따뜻해지는지를 설명할 수 있다. 해결의 실마리는 온실 유리가 지닌 흡수 능력이다. 유리는 태양의 복사선과 파장이 비슷한 복사선은 거의 통과시키지만, 이보다 긴 파장(약 5000nm 이상의 파장)은 잘 통과시키지 않는다. 유리를 통해 들어온 복사선은 온실 바닥과 벽 그리고 온실 안에 있는 여러 물체들에 의해 흡수된다. 바닥과 벽 그리고 물체들은 데워지면서 이제 자신이 직접 복사선을 방출한다. 하지만 이 물체들은 온도가 낮기 때문에 복사선의 최댓값은 훨씬 더 긴 파장에서 나타나는데, 이 파장은 유리를 통과할 수 없다. 따라서 복사선은 온실에 갇히고 온도는 올라간다. 이로 인해 유리가 데워져 바깥으로 에너지를 방출한다. 어느 시점이 되면 복사 평형이 이루어져 – 온실의 식물에게는 다행히도 – 온도는 더 이상 올라가지 않는다.

낮은 대기권의 이산화탄소와 수증기도 유리와 비슷한 작용을 한다. 이들은 태양의 복사선과 같은 긴 파장은 통과시키지만 이보다 더 긴 파장의 복사선(약 800nm 이상인 적외선)은 90%까지 흡수한다. 이로 인해 지구가 방출하는 복사선은 대기권을 벗어날 수 없어 대기의 온도가 올라가는 것이다.

전 지구적인 온실 효과는 지구에 항상 있었다. 온실 효과가 없었다면 지구는 훨씬 더 차가워졌을 것이고 생활 조건은 전혀 달라졌을 것이다. 이전에도 대기 중에 이산화탄소의 농도가 높았던 때도 있었다. 하지만 현재는 인간의 활동에 의해 이산화탄소의 양이 증가하고 있다는 것이 문제다. 이러한 증가로 인해 미래의 생활 조건에 어떤 결과가 초래될지는 아직 명확하게 말할 수 없다. 그럼에도 인간으로 인해 야기된 이산화탄소 배출량의 증가는 축소되어야 한다. 이를 위해서는 전 사회적이고 전 지구적인 해결책이 모색되어야 할 것이다.

VII

광학

빛의 속도

우리가 그리고 있는 세계상은 주로 시각적이다. 상이라는 말 자체가 이미 시각적임을 드러내고 있다. 시각, 청각, 촉각, 미각, 후각의 오감 중에서 시각이 초당 가장 많은 정보를 뇌에 전달한다. 이런 시각적인 지각을 유발하는 것은 빛이며 물리학에서 빛

소년이 망원경으로 보고 있다.

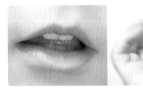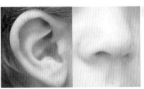

오감.

의 성질에 대해 연구하는 분야가 광학이다. 그러니 광학은 빛에 관한 이론이라고 말할 수 있다.

올레 뢰머.

빛은 바로 전파되므로, 오랫동안 빛의 속도가 무한히 빠른 것일지도 모른다는 의견이 있었다. 그런데 덴마크의 물리학자 올레 뢰머^{Ole Rømer, 1644~1710}가 최초로 빛의 전파는 매우 빠르긴 하지만 무한히 빠른 것은 아니라는 사실을 증명했다. 그는 이 증명에서 독창적인 방식으로 천문학적인 관찰을 이용했다.

목성의 월식

뢰머가 활동하던 때에는 사람들이 이미 범선을 이용해 대양을 항해하고 있었다. 따라서 항해술의 개발이 절실히 필요했다. 배의 위치는 배의 위도와 경도에 의해 결정된다. 경도는 시간을 알 때만 계산할 수 있는데, 17세기에는 아직 정확한 시계가 발명되지 않았다. 때문에 당시 사람들은 우주에서 자연적인 시계를 찾으려고 시도하다가 목성의 위성에까지 생각이 미치게 되었다.

목성.

목성에는 그 주위를 도는 위성들이 많은데, 그중 네 개가 간단한 망원경으로도 관측이 가능하다. 이 위성들은 지구에서 볼 때 목성에 가려 사라졌다가 다시 나타나는 일을 반복한다. 주기적인 월식이 일어나는 것이다. 이 월식에서 공전 주기를 쉽게 구할 수 있다. 목성의 위성인 이오의 공전 주기는 42시간보다 조금 더 길다. 이제 위성인 이오에 대한 일종의 공전 시간표를 만들 수 있다. 즉, 앞으로 언제 이오의 월식이 일어날지를 알 수 있는 시간표를 만드는 것이다. 이 시간표를 가지고 항해하면, 정확한 시간을 알 수 있을뿐더러 이 시간에 따라 경도도 계산할 수 있다(물론 날씨가 좋아 하늘을 관측할 수 있다는 전제가 있어야 한다).

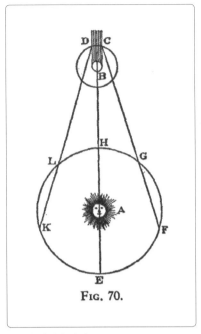

FIG. 70.

목성의 위성의 월식.

그런데 유감스럽게도 위성 이오는 이 시간표를 지키지 않았다. 올레 뢰머는 지구가 공전 궤도상에서 목성에 멀어지면 월식이 항상 계산한 것보다 조금 늦게 일어나고, 지구가 목성에 가까워지면 조금 일찍 일어난다는 사실을 확인했다. 뢰머의 책에서 따온 오른쪽 그림이 이러한 상황을 보여주고 있다.

지구가 태양 주위를 돌 때의 다양한 위치(E부터 K까지)가 표시되어 있고 목성이 위성과 함께 나타나 있다. 목성이 매우 천천히 움직이므로 목성의 위치(B)는 사실상 변하지 않는다. 지구가 H에서 E로 이동하는 동안, 다시 말해 반년 동안 지체되는 시간은 꽤 정확히 1000초가 되었다. 이 1000초는 다음 반년에는, 다시 말해 원래 위치로 돌아올 때 다시 만회되었다.

이렇게 시간의 차이가 나는 이유는 무엇일까? 다음과 같이 생각해보자.

부자가 성(위치를 B라고 한다)에 살면서 집사를 고용하고 있다. 어느 날 부자는 농장 H에서 며칠 동안 L과 K를 거쳐 E로 여행한다. 집사는 부자에게 규칙적으로 우편물을 전달해준다. 이때 집사는 매일 같은 시간에 B에서 출발한다. 부자는 우편물을 항상 같은 시간에 받지 못하고 매일 조금씩 늦게 받을 것은 분명하다. 왜냐하면 부자가 계속해서 여행하고 이동거리만큼 집사는 더 가야 하기 때문이다.

이제 뢰머가 시간의 차이를 어떻게 해석했는지를 알 수 있을 것이다. 우리는 월식이 일어나는 것을 빛을 통해 알게 되었다. 그리고 목성으로부터 멀어지면 월식이 일어날 때마다 월식이 일어났다는 것을 알게 되는 데에는 시간이 더 걸린다. 이는 빛이 유한한 속도로 전파될 경우에 그렇다! 바로 이것이 뢰머의 추론이었다.

뢰머의 추론이 있고 나서 빛이 빠르기는 하지만 무한히 빠른 것은 아니라는 사실이 분명해졌다. 심지어 빛의 속도를 계산하는 것도 가능하다. 빛이 태양 주위를 도는 지구 공전 궤도의 지름과 같은 거리를 이동하는 데 1000초가 걸린다면, 이 지름을 1000초로 나누면 빛의 속도를 구할 수 있다. 오늘날의 측정 값은 다음과 같다.

$$c \approx \frac{300000000 \text{km}}{1000 \text{s}} = 300000 \text{km/s}$$

그러나 뢰머가 활동하던 시기에는 지구 공전 궤도의 지름이 제대로 알려지지 않았기 때문에 정확한 계산이 가능하지 않았다.

빛의 속도를 측정하는 또 다른 방법

뢰머가 세상을 떠난 뒤 수 세기가 지나자 빛의 속도를 측정하는 또 다른 방법이 등장했다. 이제는 실험실에서 할 수 있는 방법들이 등장한 것이다. 이 방법들은 한편으로는 거리를 시간으로 나누는 원리를 이용했고, 또 한편으로는 이와는 완전히 다른 아이디어에 착안했다. 하지만 이에 대해서는 뒤에 가서 설명할 것이다. 여기서 모두 공개하면 흥미를 유발하지도 못하고 빛의 신비도 너무 빨리 노출되기 때문이다.

진공에서 빛의 속도는 일정한 자연상수이다. 이는 물리학에서 가장 정확한 자연상수이며 제1장에서 살펴본 미터의 정의에 이용되기도 한다. 1983년부터 길이의 표준은 빛의 속도를 통해 정의되고 있다.

진공에서 빛의 속도는 다음의 값을 가진다.

$$c = 2.99792458 \times 10^8 \text{m/s}$$

근삿값은 다음과 같다.

$$c \approx 300000 \text{km/s}$$

기하 광학

빛이 직선으로 뻗어나가는 광선이라고 가정한다면, 일상생활의 여러 현상과 많은 광학 기구들을 상대적으로 쉽게 설명할 수 있다. 이런 가정에서 출발하는 분야를 기하 광학이라고 한다.

광선

숲을 지붕처럼 뒤덮고 있는 나뭇잎들이라고 해서 빛을 완벽하게 차단하는 것은 아니다. 열린 틈새로 햇빛이 들어오고 양지와 음지가 생긴다. 안개가 끼고 습기 찬 날에는 대기 중을 떠도는 물의 입자들이 빛을 산란시킨

숲에 비치는 태양 광선.

다. 이때 산란하는 빛의 경로가 생기고 이 경로들이 모여 공간을 이룬다. 이 공간을 광선속^{光線束}(빛의 다발)이라고 한다. 이 광선속의 경계선은 직선을 이룬다.

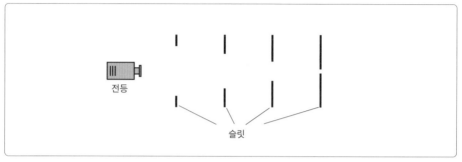

광선속과 광선.

실험실에서 전등 앞에 슬릿을 설치하고 숲을 덮고 있는 나뭇잎 사이의 틈새와 같은 구멍을 내면 광선속을 만들 수 있다. 슬릿의 구멍을 좁히면 광선속은 좁아진다. 이 구멍이 매우 작으면 사실상 밝은 일직선만 나타날 뿐이다.

이처럼 슬릿의 구멍을 조절해나가면 하나의 광선을 얻을 수 있다. 물론 이는 이상적인 상태를 말하는 것이고, 실제로는 항상 좁은 광선속이 나타나게 된다. 하지만 레이저 빛은 광선과 매우 유사하다.

반사

사진의 수면에 도시의 거울상이 나타나 있다. 이 현상은 어떻게 생기는 걸까?

광선이 수면이나 유리 표면에 닿으면 빛의 일부는 물이나 유리 속으로 들어가고, 또 다른 일부는 반사된다. 이런 반사가 단순한 법

거울상.

칙을 따른다는 사실을 실험을
통해 입증해보겠다.

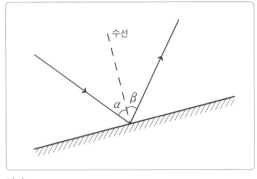

반사.

　입사하는 광선과 반사하는 광
선을 동일한 평면에 놓는다. 빛
이 반사되는 각과 입사하는 각
은 같다. 입사각과 반사각은 수
선을 기준으로 측정된다. 즉 입
사각은 수선과 입사하는 빛이
만드는 각이고, 반사각은 수선과 반사된 빛이 만드는 각이다. 수선은 입사하는
광선이 표면과 만나는 점에서의 수직선이다. 수선, 입사 광선, 반사 광선은 같
은 평면에 놓는다.

반사 법칙
1. 입사 광선과 반사 광선은 동일한 평면에 놓는다.
2. 입사각 α와 반사각 β는 크기가 같다.

$$\alpha = \beta$$

　물에서 도시의 거울상이 생기는 것은 반사 법칙으로 설명할 수 있다. 가령
교회 종탑 꼭대기 중 하나를 살펴보자. 이 꼭대기에서 모든 방향으로 광선이
반사한다고 가정하자. 물론 교회 종탑 꼭대기 자체가 빛을 내는 것이 아니라
태양의 빛이 반사한다. 하지만 이는 중요하지 않다. 광선 중 일부가 물에 반사
되어 우리의 눈에 도달한다는 사실만 확인하면 된다. 다음 그림은 세 개의 광
선이 반사되는 과정을 보여주고 있다.

우리는 무엇을 보게 될까? 교회 종탑에서 나온 빛이 곧바로 우리 눈에 들어와 우리의 망막에 상을 만들고 우리의 뇌는 이 상을 교회 종탑 꼭대기로 해석한다. 그런데 물에 반사된

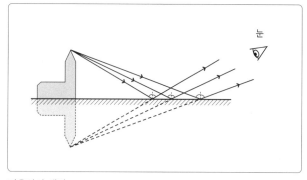

거울상의 생성.

광선들도 우리의 망막에 상을 만든다. 우리의 눈은 이 광선들이 반사되어 온 것을 모르기 때문에 물에서 눈을 떼어 광선들이 모이는 지점에 교회 종탑 꼭대기를 둠으로써 동일한 상을 만들 수도 있다. 따라서 우리의 눈에는 마치 물에 도시가 있는 것처럼 인식되는 것이다. 이는 광선들의 움직임에 의한 결과다. 물론 우리는 거울이 만드는 상에 익숙해 있기 때문에 실제로 물에 도시가 있다고는 생각하지 않는다. 하지만 아이들은 실제 상과 허상을 구분하는 연습을 해야 한다.

굴절

이제 다음과 같은 마술을 살펴보자. 동전을 찻잔에 넣고 동전이 찻잔 테두리에 가려 보이지 않을 정도로 이 찻잔을 비스듬히 쳐다본다. 이제 시선은 그대로 둔 채, 물을 이 찻잔에 부어보자. 자, 어떤가? 동전이 눈에 보이지 않는가!

이 현상은 빛의 굴절로 설명할 수 있다. 광선이 물에 들어가면 방향이 바뀐다. 광선이 꺾이는 것이다. 광선이 왜 이렇게 되는지와 이때 광선이 어떤 법칙에 따르는지는 지금 우리의 수준으로는 알 수 없다. 일단 다음의 사실만 기억해두자.

입사각과 굴절각의 사인 값을 계산하면, 이 값의 비는 일정하다. 이 일정한 상수를 굴절률이라고 한다. 굴절률은 빛이 들어가는 매질에 따라 달라지는데, 예를 들어 공기로부터 물로 들어갈 때의 굴절률은 1.3이다.

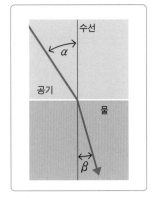

굴절.

굴절 법칙

광선이 매질 1에서 매질 2로 들어갈 때 굴절하면, 입사각 α와 굴절각 β에 대해서는 다음의 식이 성립한다.

$$\frac{\sin \alpha}{\sin \beta} = n_{21}$$

여기서 n_{21}은 매질 1에 대한 매질 2의 굴절률을 의미한다.

빛이 45도의 각도로 수면에 떨어지면, 굴절각의 사인값은 다음과 같다.

$$\sin \beta = \frac{\sin \alpha}{n_{21}} = \frac{\sin 45°}{1.3} = 0.543928$$

따라서 각 β의 값은 $\beta = 33.0°$이다.

이는 전자계산기로 사인 함수값을 구하면 된다. 전자계산기에서는 대개 $\sin^{-1}$로 표시되어 있는 단추를 누르면 사인 함수값이 나온다.

따라서 굴절각은 입사각보다 작다. 빛이 공기에서 물속으로 들어갈 때는 수선 쪽으로 굴절한다. 역으로 빛이 물에서 공기로 들어갈 때는 수선에서 멀어지는 쪽으로 굴절한다.

이제 마술의 비밀이 풀렸다. 동전에서 나오는 광선은 물에서 공기로 들어갈 때는 수선에서 멀어지는 쪽으로 굴절한다. 이로 인해 광선들 중 일부가 우리의 눈에 도달하는 것이다.

광학 기구

현대식 카메라와 프로젝터는 기술적으로 복잡하고 정교하다. 하지만 이 기구들의 작동 방식은 단순한 원리에 따른다. 이러한 원리의 예로 볼록렌즈가 어떻게 상을 만드는지를 살펴보기로 하자. 이 과정에서 여러 광학 기구를 접하게 될 것이다.

사진 찍는 소녀.

볼록렌즈로 보는 상

어두운 공간에서 확대경 앞에 촛불을 세우면, 확대경 뒤에 있는 흰 벽에 불타오르는 촛불의 상이 나타난다. 이 상은 거꾸로 된 도립상이고 색깔도 다채롭다. 확대경은 어떻게 이러한 상을 만드는 걸까?

우선 이렇게 상이 만들어지는 것은 확대경이 볼록렌즈이기 때문에 가능하다. 볼록렌즈는 중간이 가장자리보다 두껍다(오목렌즈의 경우는 이와 반대다. 또한 볼록렌즈는 빛을 모으는 성질이 있는 반면, 오목렌즈는 빛을 퍼지게 하는 성질이 있다). 다음의 그림은 볼록렌즈 한가운데를 자른 단면을 나타낸다. 중심부를 수직으로 가르며 광중심을 지나는 선은 광축이라고 한다.

볼록렌즈가 어떻게 상을 만드는지를 설명하기 위해서는 원칙적으로 촛불에서 나오는 모든 광선에 굴절 법칙을 적용해 렌즈가 이 광선들을 어떻게 굴절시키는지를 알아야 한다. 이는 매우 복잡하다. 하지만 다행히도 이 복잡한 과정을 알 필요가 없다! 렌즈가 충분할 정도로 얇으면(두

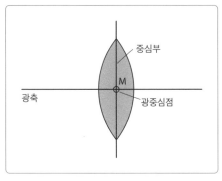

볼록렌즈.

꺼운 렌즈일 경우에는 근사적으로만 적용된다), 단 두 개의 광선만 있으면 된다. 이 두 광선은 중심점 광선과 초점 광선이다.

중심점 광선은 렌즈의 중심을 지나는 광선을 말한다. 이 광선은 아주 단순하게 움직인다. 즉, 방향을 바꾸지 않고 마치 렌즈가 없는 것처럼 렌즈를 그대로 통과한다.

초점 광선은 렌즈 앞에서 광축과 평행하게 진행한다. 초점 광선은 어떻게 굴절하는가? 이를 알기 위해 다음과 같은 간단한 실험을 해보자.

태양 빛이 확대경에 비치도록 한다. 태양에서 오는 광선들은 모두 초점 광선이다. 왜냐하면 이 광선들은 태양이 엄청 멀리 떨어져 있어서 사실상 평행하게 입사하기 때문이다. 이 광선들은 렌즈 뒤의 한 점에 모인다. 이곳은 뜨거워져서 종이에 구멍이 날 정도가 되는데, 이 효과로 인해 초점이라 불린다.

모든 렌즈는 대칭적으로 놓이는 두 개의 초점인 앞 초점(물체 쪽 초점)과 뒤 초점(상 쪽 초점)을 가지고 있다. 이 두 초점은 다음 그림에서 F_1과 F_2이다. 따라서 앞쪽에서 들어오는 초점 광선은 뒤 초점을 지나게 되는 것이다.

확대경은 태양과 초점을 이용해 불을 피울 수 있다.

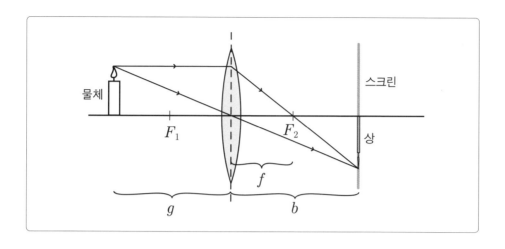

이제 (다른 광선을 대표해서) 불꽃의 꼭대기에서 나오는 중심점 광선과 초점 광선을 살펴보자. 위의 그림에서 이 광선들은 (렌즈에 입사하는 다른 광선들과 마찬가지로) 렌즈의 뒤에서 다시 만난다. 이 만나는 점에 스크린을 설치하면, 불꽃의 꼭대기 상이 생긴다. 또한 불꽃의 다른 점들에서 나오는 광선들도 이와 같은 방식으로 스크린에 모인다. 이를 달리 말하면 촛불의 상이 생긴다고 한다. 그런데 거꾸로 된 도립상이다. 거꾸로 서 있긴 하지만 타오르는 초의 모습은 그대로 나타난다!

물체와 렌즈 사이의 거리는 물체 거리라 하고, 렌즈와 상 사이의 거리는 상 거리, 렌즈와 앞 초점 또는 뒤 초점 사이의 거리는 초점 거리라고 한다. 이 거리들은 기하학적으로 다음과 같은 관계를 가진다.

렌즈 공식
렌즈의 물체 거리 g, 상 거리 b, 초점 거리 f에 대해서는 다음의 식이 성립한다.

$$\frac{1}{g} + \frac{1}{b} = \frac{1}{f}$$

예: 초점 거리 구하기

물체가 볼록렌즈로부터 15cm 앞에 놓여 있다. 상은 렌즈로부터 30cm 뒤에 생긴다. 이때 초점 거리는 얼마인가?

$$\frac{1}{f} = \frac{1}{g} + \frac{1}{b} = \frac{1}{15\text{cm}} + \frac{1}{30\text{cm}} = 0.1\frac{1}{\text{cm}} \Rightarrow f = 10\text{cm}$$

m 단위로 표시된 초점 거리의 역수는 굴절력이라고 하며 단위는 디옵터다. 위의 예에서 렌즈는 0.1m의 초점 거리를 가지고 있으며, 굴절력은 10 디옵터가 되는 셈이다. 당신이 안경을 낀다면, 다음의 관계는 알아두어야 한다. 즉, 도수가 큰 안경은 굴절력도 크다.

안경.

많은 광학 기구들이 지금까지 설명한 방식으로 상을 만든다. 이는 카메라와 프로젝터 그리고 LCD 빔 프로젝터에 모두 적용된다.

LCD 빔 프로젝터의 작동 방식도 기존의 구형 프로젝터와 같다. 하지만 슬라이드 대신 액정$^{\text{liquid crystal}}$을 이용해 상을 나타낸다는 점에서 차이가 난다.

이 광학 기구들은 상을 나타낼 때 렌즈를 하나만 사용하기도 하지만, 화질을 높이기 위해 여러 개의 렌즈를 지닌 대물렌즈를 사용하는 경우도 있다. 대물렌즈는 렌즈들 사이의 거리를 조절해 초점 거리를 맞춘다.

LCD 빔 프로젝터.

우리의 눈은 광학 기구라고 할 수는 없으나, 작동 방식은 광학 기구와 똑같다. 눈의 렌즈는 망막에 바깥세상의 상을 만든다. 이 상은 거꾸로 서 있는 도립상이지만, 우리는 이 사실을 알지 못한다. 왜냐하면 뇌가 내부적으로 다시 돌려놓기 때문이다. 이와 함께 우리 눈의 렌즈는 자연으로부터 또 다른 실용적인 성질을 부여받았다. 즉, 우리 눈의 렌즈는 유연하며 두께를 조절해 초점 거리를 바꿀 수 있다. 이로 인해 우리는 초점을 맞추어 또렷하게 볼 수 있는 것이다.

자연렌즈.

확대경

물체를 정확히 보려면, 물체를 눈에 접근시킨다. 이렇게 하면 망막에 큰 상이 생기는 것이다. 하지만 일정한 거리부터는 상이 흐려진다. 이는 눈의 렌즈가 더 이상 두께를 조절할 수 없기 때문이다. 그렇지만 물체를 확대경, 즉 초점 거리가 짧은 볼록렌즈로 보면, 확대

확대경.

경과 우리 눈의 렌즈의 굴절력은 커진다. 이렇게 되면 우리 눈의 렌즈는 긴장을 풀게 되고, 망막에 훨씬 크고 또렷한 상이 생기게 된다.

천체망원경

아주 멀리 떨어진 물체는 망원경으로 보고, 아주 작은 물체는 현미경으로 본다. 이 기구들에는 항상 렌즈 시스템, 즉 여러 가지 렌즈가 사용된다.

천체망원경은 1610년에 발명되었고 (이름에서 드러나듯) 천체를 관찰하기 위해 사용된다. 천체망원경은 앞쪽에는 대물렌즈, 뒤쪽에는 접안렌즈로 구성되어 있다.

대물렌즈는 물체의 (멀리 떨어져 있기 때문에) 아주 작지만 선명한 상을 대물렌즈의 초점 가까이에 만든다. 이 상으로는 물체를 제대로 관찰할 수 없지만 접

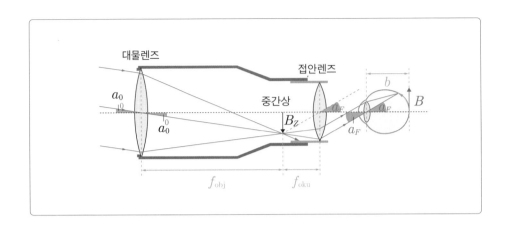

대물렌즈

접안렌즈

a_0

중간상

B

a_0

B_Z

a_F

a_F

b

f_{obj}

f_{oku}

안렌즈로 볼 때 접안렌즈가 확대경으로 작용해 상을 확대시킨다. 전체적으로 보는 각도, 즉 우리가 물체를 보는 각도는 커지는 것이다. 망원경은 이와 같은 원리로 작동한다.

회절과 간섭

한 손을 내밀고 손가락을 모두 편다. 이때 두 손가락 사이에−예를 들어 집게손가락과 가운뎃손가락 사이에−아주 작은 틈새가 생기게 한다. 대개 손가락은 조금씩 휘어 있어 손가락을 나란히 펴면 자동적으로 이러한 틈새가 생긴다. 이제 이 틈새를 통해 약간 떨어져 있는 전구나 창문을 바라보자. 이렇게 하면 눈의 렌즈는 긴장이 풀리고 틈새(슬릿)에서 밝고 어두운 부분이 교차하는 작은 무늬가 나타난다. 이는 기하 광학의 입장에서 볼 때 완전히 이해하기 어려운 현상이다. 왜냐하면 원래는 빛의 다발인 광선속이 나타나야 하기 때문이다. 물론 이 광선속은 망막에서 (틈새에 의해 형성된) 빛이 비치는 밝은 부위를 만들 수는 있지만, 무늬 모양을 만들 수는 없다.

이제 어떻게 해서 이런 무늬 모양이 생기는지를 설명할 텐데, 하나의 틈새에서 출발하는 것이 아니라 이중 틈새(이중 슬릿)부터 다룰 것이다.

이중 슬릿 실험

토머스 영.

영국의 물리학자 토머스 영^Thomas Young, 1773~1829은 무늬 모양을 관찰하며 다음과 같은 생각을 하게 되었다. 이는 어디에선가 들어본 적이 있는 현상이다. 그렇다. 두 물결파의 간섭현상이 일어날 때는 물의 운동이 활발한 구간과 물이 정지해 있는 구간이 차례로 나타나는 것을 관찰할 수 있다. 두 개의 음원에서도 이와 유사한 현상이 일어난다. 두 음원 앞에서 소리가 큰 영역과 낮은 영역이 생기는 것이다. 그렇다면 빛의 경우에도 이와 같지 않을까? 한번 실험해보자!

아래 그림은 토머스 영이 행한 실험의 구조를 나타낸다. 빛이 통과하는 슬릿과 집광 렌즈(슬릿을 밝히는 볼록렌즈)로 이루어진 조명 시설을 통해 빛이 이

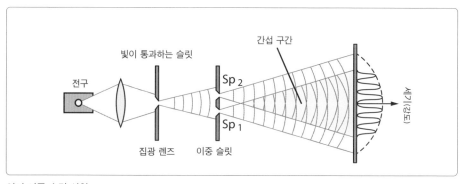
영의 이중 슬릿 실험.

이중 슬릿에서 간섭이 일어나는 모습.

중 슬릿으로 들어온다. 이중 슬릿에 있는 두 개의 틈새는 간격이 아주 작다(약 0.3mm). 이중 슬릿 뒤에는 스크린이 있는데, 이 스크린에는 밝고 어두운 부분이 교차하는 작은 무늬가 나타난다. 게다가 이 무늬 가장자리는 여러 가지 색깔의 띠를 이룬다. 어떻게 해서 이런 현상이 생기는지는 이어지는 소단원에서 설명할 것이다.

토머스 영은 스크린의 상을 물결과 음파의 실험과 유사하게 간섭현상으로 해석했다. 하지만 간섭은 파동에서만 생길 수 있다. 그렇다면 이 실험에서 빛도 파동과 같은 양상을 보이는 것으로 추론할 수 있는 것이다!

> 토머스 영의 이중 슬릿 실험에 따르면, 빛은 파동과 같이 전파된다.

격자에서의 간섭

이제 이중 슬릿 대신 격자를 이용한다. 격자는 서로 조밀하게 이어진 틈새로 이루어져 있다. 격자에 빨간 레이저 광선을 비추면, 광축의 방향으로 빨간 점과 이 점의 양쪽에서 또 다른 빨간 점들이 나타난다. 이 현상은 오른쪽 그림으로 설명할 수 있다.

개개의 틈새에서 나오는 구면파들은 서로 간섭한다. 하지만 매우 많은 구면파들이 있기 때문에 경로 차가 생긴다. 따라서 스크린의 대부분 지점에서는 파동들이 서로 상쇄되어 소멸한다. 파동들의 경로 차가 파장의 정수배인 곳에서만 서로 보강된다(보강 간섭). 그림은 서로 이웃한 틈새에서 오는 파동들의 경로 차가 1파장인 스크린의 한 지점을 나타낸다. 여기서 슬릿을 통과하는 빛의 세기를 말하는 1차 극대(간섭으로 인해 0차 극대의 양옆에 생기는 무늬)가 생긴다.

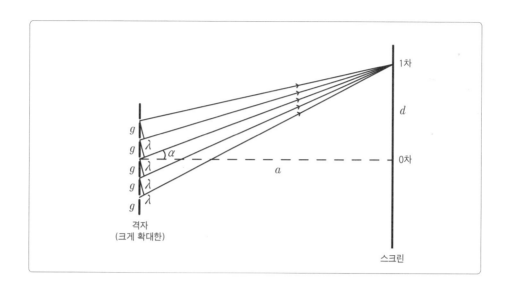

이와 마찬가지로 더 높은 차수의 극대와 (광축의 방향으로) 0차 극대(중앙의 밝은 무늬)도 생긴다. 세 개 이상 되는 슬릿의 경우 간섭무늬에는 주 극대와 2차 극대가 나타난다. 슬릿의 수가 많아지면 주 극대의 세기는 증가하고 그 폭은 좁아지는 반면, 주 극대에 대한 2차 극대의 세기 비율은 줄어든다.

예: 격자를 이용한 파장 구하기

격자가 스크린에서 3.0m($a=3.0$m) 떨어져 있다. 0차 극대와 1차 극대 사이의 거리는 $d=1.23$m이다. 두 격자 사이의 틈새 거리인 격자 상수 g는 $g=\dfrac{1}{600}$mm 의 값을 갖는다(이렇게 정밀한 격자도 만들 수 있다!). 1차 극대가 나타나는 각 α는 그림의 직각 삼각형에서 공식 '각의 탄젠트는 높이를 밑변으로 나눈 값'$\left(\tan\alpha=\dfrac{\text{높이}}{\text{밑변}}\right)$을 이용해 구할 수 있다.

$$\tan\alpha=\frac{d}{a}=\frac{1.23\text{m}}{3.0\text{m}}=0.41\Rightarrow\alpha=22.29°$$

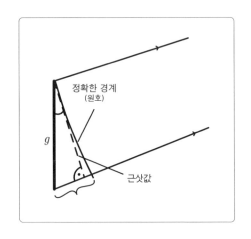

a는 실험에서 (그림에서 나타난 것과는 달리) g보다 훨씬 더 크다. 따라서 광선들은 사실상 평행하게 진행한다. 틈새 앞에 그려진 도형은 근사적인 직각삼각형이고 여기서도 마찬가지로 각 α가 표시되어 있다.

공식 '각의 사인은 높이를 빗변으로 나눈 값'$\left(\sin\alpha = \dfrac{높이}{빗변}\right)$을 이용해 사인 값을 구하면 다음과 같다.

$$\sin\alpha = \frac{\lambda}{g}$$

$$\lambda = g \times \sin\alpha = \frac{1}{600} \times 10^{-3}\mathrm{m} \times \sin(22.29°) \approx 632\mathrm{nm}$$

여기서 n(나노)는 10^{-9}를 의미한다. 따라서 레이저 광선의 파장은 엄청나게 작은 10억분의 632m다!

슬릿에서의 회절

크리스티안 호이겐스.

이제 이중 슬릿과 격자 뒤에 있는 스크린에 나타난 상을 간섭무늬로 해석할 수 있게 되었다. 하지만 앞에서 말한 단일 슬릿에서 나타난 무늬는 어떻게 생기는가? 여기서는 간섭현상이 생기지 않는다! 정말 그런가?

네덜란드의 물리학자 크리스티안 호이겐스^{Christiaan} $_{\text{Huygens, 1629~1695}}$(네덜란드어 발음에 따라 하위헌스라고 표기하기도 한다)는 이 질문에 답할 수 있는 아이디어를 냈다. 그는 구면파 형태를 띠는 기본 파동은 파면의 모든 점에서 출발하며 이 기본 파동은 서로 중첩되어 새로운 파면을 형성한다고 생각했다.

> **호이겐스의 원리**
> 파면의 모든 점은 기본 파동의 출발점으로 볼 수 있다. 기본 파동은 원래의 파동과 동일한 속도와 진동수로 전파된다. 기본 파동이 서로 중첩되어 새로운 파면을 만든다.

파면이 슬릿에 도달하면 호이겐스의 원리에 따라 슬릿 평면의 모든 점에서부터 기본 파동이 생겨 서로 간섭한다. 이 간섭현상에 의해 슬릿 뒤에서 보강 간섭과 상쇄(소멸) 간섭이 교차하는 영역이 생기는데, 이 영역에서 바로 무늬 모양의 줄이 만들어지는 것이다. 특히 빛의 일부분이 직선 방향에서 벗어나기도 하는데, 이런 현상을 빛의 회절이라고 한다.

이는 기하 광학의 가정과는 모순된다. 하지만 회절 현상을 낳게 하는 틈새가 파장보다 클 경우, 실제로는 회절 현상이 인지되지 않는다. 따라서 빛이 직선으로 전파된다고 생각해도 무방하다.

> 빛의 회절은 기본 파동의 간섭으로 해석할 수 있다.

유감스럽게도 회절은 광학 기구의 분해능(접근한 두 점이나 선 또는 상을 명확하고 뚜렷하게 분별하는 척도를 말하며, 해상도와 같은 개념이다—옮긴이)을 제한한다. 예를 들어 망원경으로 밤하늘에서 거의 같은 곳에 있는 두 개의 별을 관찰한다

하늘의 별.

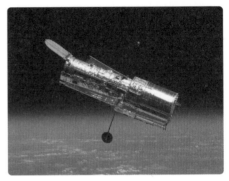

허블 우주 망원경

면, 렌즈 시스템은 이 별들이 너무 멀리 떨어져 있어서 항상 점으로, 다시 말해 서로 떨어져 있는 두 점으로 묘사한다. 하지만 유감스럽게도 빛은 망원경에 입사할 때 회절된다. 그러므로 기하 광학에서 기대했던 점 대신 원반(원형 디스크를 중심으로 바깥으로 밝고 어두운 형태를 띠며 회절 무늬의 중앙 극대를 나타낸다)이 생긴다. 이 원반이 중첩되기 때문에 우리는 별들이 아주 가까이 있는 경우에는 서로 구별할 수 없는 것이다. 여기서 도움이 되는 것은 회절 무늬의 간격을 확대하는 방법이다. 예를 들어 허블 우주 망원경의 대물렌즈는 직경이 2.4m나 된다.

광학 현미경의 분해능도 회절에 의해 제한된다. 따라서 기껏해야 빛의 파장과 같은 정도로 떨어져 있는 점들만 구별할 수 있을 뿐이다. 이보다 더 작은 물체를 관찰하려면 파장을 줄여야 한다. 이러한 기능을 하는 것이 전자 현미경이다.

전자 현미경.

색

우리가 인지하는 세계는 다양한 색깔을 띠고 있다. 색은 어떻게 생기는가?

스펙트럼

우리는 앞에서 행한 격자 실험을 반복하지만 이번에는 빛의 색깔을 다룰 것이다. 레이저 광선 대신 백열전구의 빛을 이용하고 전구 앞에 프리즘을 놓는다. 이제 생겨나는 1차 극대, 다시 말해 이웃한 파동의 경로 차가 정확히 1파장인 극대를 관찰해보자.

빨간빛에서는 이 1차 극대가 주 극대의 양옆에 예상대로 생긴다. 하지만 파란빛에서는 1차 극대와 주 극대의 거리(이 둘 사이의 폭)가 훨씬 더 작다. 이는 파란빛의 파장이 빨간빛의 파장보다 더 작다는 것을 의미한다!

프리즘을 제거하면 색깔들이 계속 이어지는 연속 스펙트럼이 나타난다.

연속 스펙트럼.

스크린에 나타난 이 상은 다음과 같이 해석할 수 있다. 백열전구의 빛은 매우 다양한 파장을 지니고 있고 격자에 의해 분산된다. 각 파장은 특정한 방향으로 유도되어 스크린에서 각자의 자리에 도달한다. 우리는 이 자리에서 특정한 색을 볼 수 있기 때문에, 우리의 지각으로는 각 파장이 특정한 색을 띤다고 생각한다. 우리가 흰색의(또는 백열전구의 경우, 옅은 황색의) 빛이라고 여기는 것은 사실상 여러 파장, 즉 색의 혼합물이다. 격자 실험을 통해 우리는 400nm와 800nm 사이의 파장을 인지할 수 있다는 사실을 알고 있다.

> 눈에 보이는 빛의 파장은 제각각 하나의 색을 띤다. 눈에 보이는 스펙트럼은 파장이 400nm에서 800nm 사이인 전자기파이다.

간섭에 의해 생기는 색

첫 번째 예 : CD의 색

CD를 보면 다양한 색깔이 아롱거린다. 이 색깔들은 간섭에 의해 생긴다. CD에는 나선형의 트랙이 있는데, 이 트랙이 정보를 저장한다. 이 트랙에 이웃한 굴곡 중의 도드라진 부분이 빛을 반사하는데ー앞에서 살펴본 격자의 틈새와 같이ー서로 간섭하는 구면파의 진원 중심지로 볼 수 있다. 따라서 CD는 반사 격자이며 CD에서 영롱하게 나타나는 색은 이 격자에 의해 야기된 간섭 스펙트럼이다.

CD.

두 번째 예 : 비누 거품의 색

비누 거품에 떨어지는 빛의 일부는 비누 거품을 이루고 있는 얇은 막의 위와 아래 표면에서 반사된다. 반사된 빛은 일정한 경로 차를 지닌다. 이 (비누 거품 표면의 두께와 굴절률에 따라 달라지는) 경로 차는

비누 거품.

특정한 색에 대해서는 반파장이 되어, 위아래로 반사된 빛들은 서로 상쇄되어 소멸한다. 이로 인해 우리의 눈에 들어오는 빛은 더 이상 흰색을 띠지 않는다 (따라서 한 가지 색은 빠진다). 우리가 보는 것은 이 흰색을 제외한 색들의 혼합물이다.

세 번째 예: 렌즈의 코팅

렌즈 표면은 빛의 파장의 4분의 1만큼의 두께를 지닌 특수 박막을 입히는 코팅 처리를 한다. 비누 거품의 경우와 마찬가지로, 박막의 앞면과 뒷면에서 반사된 파동은 서로 간섭하고 상쇄되어 소멸한다. 왜냐하면 파동들의 경로 차가 반 파장(파동이 코팅 막에서 유리 표면으로 갈 때 4분의 1파장이 되고 또 유리 표면에서 반사되어 나올 때 4분의 1파장이 되어 총 4분

코팅된 렌즈.

의 2파장, 즉 반 파장이 된다)이 되기 때문이다. 이렇게 해서 원치 않는 반사를 막고 통과하는 빛만 볼 수 있게 할 수 있다. 물론 반사를 완전히 소멸시킬 수 있는 것은 엄밀하게 말하면 단 하나의 파장에 대해서만 가능하다. 하지만 이런 코팅을 통해 비교적 긴 파장의 반사는 크게 줄일 수 있다.

반대 예: 무지개의 색

무지개의 색은 간섭현상으로 생기는 것이 아니다. 무지개는 태양의 빛이 공기 중에 떠도는 물방울에서 굴절되고 반사됨으로써 생긴다. 이때 굴절은 파장에 따라 좌우되는데, 여기서도 태양의 빛은 스펙트럼, 즉 무지개로 분산된다. 하지만 이는 굴절현상이지 간섭현상은 아니다.

무지개.

빛의 성질

이제 우리는 빛이 파동의 성질을 갖는다는 것을 알고 있다. 하지만 빛은 어떤 종류의 파동인가? 이 질문의 답을 찾는 실마리는 이미 배운 내용에 들어 있다. 어느 부분일까? 바로 '전기 진동과 파동'장이다.

이 소단원에서 우리는 파동의 위상 속도는 빛의 속도와 일치한다는 사실을 확인했다. 게다가 이미 언급한 제임스 클러크 맥스웰은 모든 전자기파는 진공에서 빛의 속도로 전파된다는 것을 증명했다. 이제 결론은 분명하다. 빛은 다름 아닌 전자기파이다.

사실상 라디오파와 마이크로파 그리고 빛의 파동(광파) 사이에는 아무런 차이가 없다. 단지 우리가 라디오파와 마이크로파를 인지할 수 없을 뿐이다. 왜냐하면 이 파들을 인지할 감각 기관이 우리에게는 없기 때문이다. 하지만 우리는 400nm와 800nm 사이의 파장에 대해서는 안테나를 가지고 있다. 바로 우리의 눈이 이 안테나다! 우리는 눈으로 전자기파의 거대한 스펙트럼의 아주 작은 일부분을 직접 인지할 수 있다.

빛의 파동, 즉 광파는 전자기파다.

요컨대 전자기파의 전파 속도를 측정하는 방법은 사실상 빛의 속도를 측정하는 방법이기도 하다! 따라서 우리는 앞에서 말한 거리를 시간으로 나누는 유형의 측정 방법에만 의존할 필요가 없는 것이다.

우리 머릿속의 세계

우리는 푸른 하늘을 쳐다보거나 숲의 초록색 나뭇잎을 볼 때, 하늘은 푸르고 나뭇잎은 초록색이라고 생각한다. 그러나 실제로는 그렇지 않다는 것을 이제 우리는 안다.

우리가 인지하지 못하는 세계에는 특정한 파장을 지닌 파동들이 있긴 하지만 색은 없다. 색은 우리의 뇌가 추가로 해석한 결과다. 세계 그 자체는 다채로운 색을 띠고 있지 않다. 이는 세계가 소리, 음

이 나뭇잎은 왜 초록색으로 보일까?

악, 냄새, 취향 등을 가지고 있지 않은 것과 똑같다. 이 모든 것이 우리의 인지와는 무관하게 존재하는 것은 아니다. 우리의 뇌는 외부의 영향에 반응하지만 반응의 종류는 외부에 실제로 존재하는 것과는 아무 관계가 없다. 우리가 인지하는 세계는 우리의 뇌의 산물이며 세계는 우리의 머릿속에서 만들어진다.

VIII

상대성이론

마이컬슨 실험

알베르트 아인슈타인.

상대성이론은 물리학자 알베르트 아인슈타인$^{\text{Albert Einstein,}}$ $^{1879\sim1955}$의 작품이다. 아인슈타인은 대학에서 물리학 공부를 마치고 베른의 특허국에서 관리로 일하면서도 이론 물리학에 몰두해 《물리학 연보$^{\text{Annalen der Physik}}$》에 일련의 중요한 논문들을 발표했다.

아인슈타인은 1905년 한 해에 세 개의 위대한 이론을 발표했는데, 그중 하나가 특수상대성이론이다. 그 뒤 취리히와 프라하 그리고 베를린에서 물리학 교수로 활동한 아인슈타인의 가장 위대한 작품인 일반상대성이론은 1916년에 완성되었다. 1919년에는 이 이론의 예측 중 하나인 중력장에 의해 빛이 휘는 현상이 실험적으로 검증되어 아인슈타인은 전 세계적으로 명성을 떨치게 되었다.

그런데 상대성이론의 본질은 무엇인가? 이를 이해하기 위해서는 우선 매우 주목할 만한 결과를 초래한 역사적으로 중요한 실험을 살펴보아야 한다.

광속의 불변성: 빛의 빠르기는 언제나 같다

당신은 철로 옆에 서서 시속 80km의 속도로 지나가는 기차를 보고 있다. 이 기차의 객실 바닥에 한 아이가 앉아 공을 기차가 가는 방향으로 굴린다. 공은 아이가 볼 때 시속 10km의 속도로 굴러간다. 우리 눈에 보이는 이 공의 속도는 얼마일까? 당신은 다음과 같이 말한다. 철로 옆에 서 있는 내가 보기에 공은 시속 90km의 속도로 굴러가는 것이 논리적이다!

기차는 얼마의 속도로 달리는가?

이제 아이는 손전등을 켜고 기차가 가는 방향으로 비춘다. 아이가 손전등의 빛의 속도를 측정할 수 있다면 속도는 얼마가 나올까? 그리고 당신은 철로 옆에 서 있는 관찰자로서 이 속도를 얼마로 계산하겠는가?

이는 누구의 입장에서, 다시 말해 어떤 기준틀에서 빛이 전파되는 것을 보느냐에 따라 결정된다. 속도의 값이 손전등에 대해 상대적으로 결정되는가? 아니면 지구에 대해 또는 완전히 다른 무엇에 대해 상대적으로 결정되는가? 이제 당신은 상대성이론이라는 이름이 어디에서 유래했는지를 짐작할 것이다.

19세기 후반의 물리학자들은 광속의 보편적인 의미를 바탕으로 빛은 뉴턴에 의해 주장된 절대 공간에 대해 상대적으로 전파된다고 가정했다. 또한 빛의 파동은 매질에 의존하고 있다고 추측하면서 이 빛의 매질을 에테르라고 불렀다.

미국의 물리학자 앨버트 에이브러햄 마이컬슨[Albert Abraham Michlson, 1852~1931]

은 (부분적으로 에드워드 몰리^{Edward Morley, 1838~1923}와 함께) 실험을 통해 에테르가 빛의 매질이라고 하는 추측이 잘못이라는 사실을 밝혔다.

마이컬슨과 몰리.

다음의 그림은 마이컬슨 실험의 기구인 마이컬슨 간섭계를 단순한 형태로 나타낸다.

마이컬슨은 입사 광선의 반을 통과시키는 거울을 이용해 우선 광선을 두 부분으로 나누고, 이 두 광선을 서로 수직으로 진행하도록 했다. 그런 다음 두 광선을 되돌려 다시 이 거울을 통해 진행하도록 하면, 이 두 광선은 중첩되어 간섭한다. 따라서 망원경으로 간섭무늬를 관찰할 수 있다. 그런데 지구는 달리는 기차의 역할을 한다. 지구는 약 30km/s의 속도로 태양 주위를 도는데 (만약 에테르가 존재한다면) 에테르 속에서 왕복 운동을 하는 셈이 된다. 두 광선은 에테르가 기준틀이 된다면 서로 상이하게 운동할 수밖에 없는 것이 분명하다. 걸리는 시간을 계산하면(이 계산은 여기서 생략한다), 에테르 속을 평행하게 운동하는

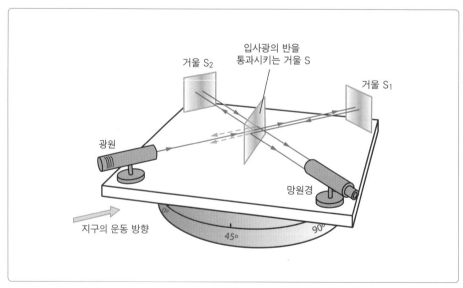

거울 S₂

입사광의 반을
통과시키는 거울 S

거울 S₁

광원

망원경

지구의 운동 방향

0°

45°

90°

마이컬슨 간섭계.

광선은 수직으로 운동하는 파트너 광선보다 더 많은 시간이 걸릴 것이다. 이 걸리는 시간의 차이로 인해 스크린에 특정한 간섭무늬가 나타나야 한다. 그런데 간섭계를 수평면 위에서 90도 회전시키면 두 광선의 역할이 바뀌게 되고, 그에 따라 간섭무늬의 변화가 나타나야 한다.

그러나 마이컬슨의 의도와 달리 무늬 모양에서 변화를 검출할 수 없었다. 이 실험은 다른 과학자들에 의해 시간과 계절을 달리하는 등 여러 가지 조건에서 수없이 반복되었지만, 간섭무늬의 변화가 관찰되지 않았다! 이로써 에테르가 존재하지 않는 것이 분명해졌다. 오히려 빛은 모든 기준틀에 대해 동일한 속도로 전파된다. 그런데 이는 아주 놀라운 사실이었다.

앞의 예를 적용해서 이에 대해 말한다면 철로 옆에 있는 당신뿐만 아니라 기차 안에 있는 아이가 - 모든 자연법칙은 철로 옆이나 기차 안에서 적어도 동일하게 적용된다는 전제에서, 다시 말해 어느 곳에서나 '거리는 속도 곱하기 시간'이라는 법칙이 적용된다는 전제에서 - 동일한 빛의 속도를 관측한다는 것을 의미한다.

아인슈타인의 가설

광속이 기차와 철로에 대해 상대적으로 동일한 값을 가진다는 것은 우리의 상상력을 초월하고 우리의 건전한 상식에 모순된다. 그러나 건전한 상식이 항상 만물의 척도가 되는 것은 아니다.

물리학에서 옳고 그른 것은 실험이 결정한다! 아인슈타인은 이렇게 생각했다. 그는 실험 결과를 있는 그대로 받아들이자고 제안하며 실험과 일치하고 또 다른 연구의 기반이 될 수 있는 두 가지 주장을 했다.

> **상대성 가설**
>
> 첫 번째 가설(상대성원리) : 모든 관성계에는 같은 자연 현상이 관측된다. 자연법칙은 모든 관성계에서 같다.
>
> 두 번째 가설(광속의 불변성) : 진공에서 빛은 모든 관성계에서 광원의 운동과 관계없이 모든 방향으로 같은 속도 $c = 2.99792458 \times 10^8 \text{m/s}$로 전파된다.

관성계가 무엇인지는 제1장에서 이미 설명했다.

우리는 이 주장의 근거를 밝힐 수 없고 증명할 수 없으며, 이 주장이 참인지 거짓인지를 말할 수 없다. 당신은 실험을 통해 이 주장의 유효성에 대해 의문을 제기하지 못하는 한, 이 주장이 유효하다고 여길 것이다. 따라서 이제 우리는 이 주장에서 실험적으로 검증할 수 있는 추론을 이끌어내야 한다.

특수상대성이론

이 책의 서두에서 우리는 시간과 길이의 개념을 다루었다. 물론 이는 고전물리학(1900년까지의 물리학)에서 적용되는 개념이었다. 이제 우리는 아인슈타인의 주장에 따라 이 개념들을 새로운 시각으로 살펴본다. 이에 따라 질량과 에너지의 의미도 새로운 틀로 보게 될 것이다.

우선 시간을 살펴보자. 우리는 시간을 절대적인 것으로 인지한다. 즉, 우리는 세상에서 일어나는 사건이 모두와 모든 것에 대해 똑같이 진행하는 시간 속에서 벌어진다고 받아들인다. 하지만 아인슈타인은 이와 반대로 다음과 같이 주장한다. 시간은 상대적이고 모든 기준틀은 고유한 시간을 가진다! 어떻게 이처럼 상식을 벗어나는 이상한 주장을 하게 되었을까?

시계 맞추기

시간을 올바로 측정하기 위해서는 임의의 장소라 할지라도 항상 같은 시간을 가리키는, 다시 말해 동시적으로 흘러가는 시계를 둘 수 있어야 한다. 그런데 이렇게 하는 것은 어려울까? 당신은 자명종이 시간을 정확히 나타낸다고 확신하는가?

자명종은 시간을 정확히 나타내는가?

물론 당신은 그렇다고 말할 것이다. 왜냐하면 자명종은 전파 신호로 조종되어 항상 정확하기 때문이다!

그런데 사실 전파 신호는 (독일의 경우) 프랑크푸르트 근처에 있는 장파 방송국이 보낸다. 만약 당신이 킬에 산다면, 이 전파 신호는 프랑크푸르트에서 킬로 보내야 한다. 이 송신은 빠르게(즉, 빛의 속도로) 진행되지만 무한히 빠른 것은 아니다. 정확히 말하면 약 1.7밀리초가 걸린다. 왜냐하면 프랑크푸르트와 킬 사이의 거리는 약 500km이기 때문이다.

이 경우 당신이 아침에 1.7밀리초만큼 일찍 일어나거나 늦게 일어나는 것은 중요하지 않다. 하지만 GPS Global Positioning System(위성에서 보내는 신호를 수신해 사용자의 현재 위치를 계산하는 위성 항법 시스템)를 움직이게 하는 위성의 원자시계에 이런 차이가 있다면 매우 심각한 사태가 초래될 것이다. 따라서 도처에 있는 시계를 똑같이 맞추는 것은 무척 중대한 일이다.

예를 들어 킬에 있는 시계의 경우 다음과 같이 진행된다. 프랑크푸르트에서 어떤 시점에ㅡ정확히 0시라고 하자ㅡ전파 신호를 킬로 보낸다. 이 신호는 반사되어 프랑크푸르트로 다시 보낸다. 신호는 출발 시점으로부터 3.4밀리초 만에 다시 이곳에 도착하는 것이다. 프랑크푸르트의 기술자는 이제 킬에 전화를 걸어 말한다.

"반사 시점에는 0시로부터 1.7밀리초가 지났다."

이 시차를 감안해 킬의 시계를 조정한다면 프랑크푸르트와 킬의 시계는 동시적으로 흘러간다.

시간 팽창

아인슈타인의 가설에서 추론할 수 있는 것 중 하나가 시간의 지연이고, 이는 "움직이는 시계는 느리게 간다"는 주장으로 나타난다. 믿을 수 없다고? 직접 살펴보라!

"움직이는 시계는 느리게 간다."

시계를 가지고 사고 실험을 해보자. 우리는 손목시계나 자명종을 이용하는 것이 아니라 광선으로 작동되는 특수 시계, 즉 광시계를 고안한다. 이 시계의 장점은 아인슈타인의 가설이 시간 측정에 어떤 영향을 미치는지를 쉽게 알 수 있는 것이다. 여기서 이런 시계가 실제로 존재하는지는 중요하지 않다.

아래 그림은 광시계의 구조를 나타낸다. 플래시는 광신호를 아래로 보낸다.

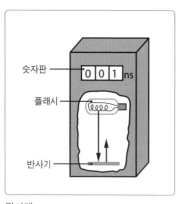

광시계.

이곳에서 신호가 반사됨과 동시에 (여기서는 자세히 설명하지 않은 방법으로) 숫자판에서는 한 단위만큼 숫자가 올라간다. 다시 플래시에 불이 들어오면 신호가 숫자판의 숫자를 올린다. 새 신호를 보내면 다시 숫자가 올라가는 과정이 반복된다. 플래시와 신호 사이의 간격은 신호가 내려가는 운동이 1나노초만큼 걸리도록 설정한다(계산해보면 이 간격은

30cm이다. 직접 계산해보라!).

이제 실험실에 두 개의 광시계 A와 B를 설치한다. 이 시계들은 (실험실이라는 기준틀에서) 고정되어 있고, 똑같이 가도록 맞추어져 있다. 이제 세 번째 시계 C를 A와 B 옆으로 지나가게 한다. 세 개의 시계 모두는 C가 A 옆을 지나가는 순간에 0나노초를 나타낸다. 우리는 고정되어 있는 시계들이 2나노초의 값으로 올라갈 때까지 기다린다. 이제 이 시계들의 빛은 60cm의 거리를(한 번은 아래로, 또 한 번은 위로) 이동한 것이 된다. 물론 광시계 C의 신호도 이 거리를 이동한다. 왜냐하면 에테르는 존재하지 않기 때문이다. 그러나 실험실에서 볼 때 이 신호는 비스듬한 방향으로 진행한다.

우리가 시계 C의 속도를 알맞게 정하면 이 시계의 신호는 C가 시계 B를 지나는 시점에 정확히 아래의 반사기에 도달할 수 있다.

이 상황은 시계 C를 가지고 가는, 다시 말해 시계 C와 함께 이동하는 관찰자의 시각에서는 어떻게 보일까? 이 관찰자가 보기에 광신호는 비스듬히가 아니라 정확히 아래로 운동한다. 또한 이 관찰자는 60cm보다 작은 거리를 측정한다. 하지만 이 관찰자에게 적용되는 자연법칙은 실험실에서와 같고 (아인슈타인의 첫 번째 가설), 빛은 그에게도 속도 c로 전파되기 때문에, 이렇게 거리가 작아진 것은 (그에게 있어) 시간이 더 느리게 흘러간 탓일 수 있다. 이는 직접 알 수도 있다. 즉 빛이 아래의 반사기에 도달할 때 C는 정확히 1나노초, 다시 말해 실험실에서 측정된 시간의 반이 흘렀다.

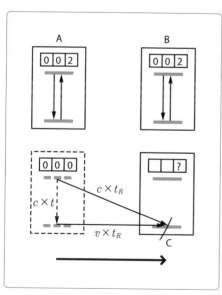

시간의 지연.

따라서 관찰자는 누구나 자신의 고유한 시간을 측정한다. 관찰자 모두에게 공통으로 적용되는 시간은 존재하지 않는 것이다! 실험실에 고정되어 있는 시계에 표시된 시간을 t_R, C에 의해 측정된 시간을 t라고 한다면, 직각 삼각형에서 이 두 시간의 연관 관계를 구할 수 있다. 피타고라스의 정리에 따라 다음의 식이 성립한다.

$$(c \times t)^2 + (v \times t_R)^2 = (c \times t_R)^2$$

$$\Rightarrow (c \times t)^2 = (c \times t_R)^2 - (v \times t_R)^2$$

$$\Rightarrow c^2 \times t^2 = c^2 \times t_R{}^2 - v^2 \times t_R{}^2$$

이를 c^2으로 나누면 다음과 같다.

$$t^2 = t_R{}^2 - \frac{v^2}{c^2} t_R{}^2$$

여기서 t를 구하기 위해 제곱근을 취하면 다음과 같다.

관성계에서 고정되어 있고 동시적으로 가는 시계들이 한 과정이 지속되는 시간을 t_R로 측정하고, 속도 c로 이 관성계에 대해 상대적으로 운동하는 시계는 같은 과정의 지속 시간을 t로 측정한다면, 다음의 식이 성립한다.

$$t = t_R \times \sqrt{1 - \frac{v^2}{c^2}}$$

따라서 $v = 0.866 \times c$가 성립하며 움직이는 시계의 속도는 광속의 86.6%가 된다. 즉, 움직이는 시계는 실험실에 고정되어 있는 시계보다 2분의 1만큼 느리게 간다.

v가 c에 비해 매우 작다면, 이 두 시간은 사실상 같게 된다. 이 때문에 우리는 일상생활에서 시간 지연을 감지하지 못하는 것이다. 하지만 시간 지연은 전혀 터무니없이 지어낸 이야기가 아니다. 시간 지연은 매우 실제적인 현상으로, 여러 경로를 통해 확인되었다.

1971년에는 제트 비행기 안에서 원자시계로 측정된 시간 간격이 지구 기준틀에 있는 원자시계에 의해 측정된 시간 간격과 비교되었는데, 제트 비행기가 지구에 대해 가속되고 감속되는 주기, 제트 비행기가 날아가는 방향의 변화 그리고 제트 비행기 안에 있는 원자시계가 느끼는 중력과 지구에 있는 원자시계가 느끼는 중력의 차이 등 지구와 제트 비행기 간의 상대 운동에 의한 시간 지연이 직접적인 방법으로 측정되었다.

또한 지표면에 있는 뮤온도 시간 팽창을 입증한다. 뮤온은 우주 복사선과 대기 중의 공기 입자가 대략 지표면에서 10km 상공에서 충돌할 때 생기는 기본입자다. 뮤온은 거의 광속으로 운동하다가 생긴 지 얼마 후에 곧바로 붕괴한다. 뮤온은 시간 지연이 없다면 수명이 다할 때까지 약 600m만을 이동한다고 계산된다. 그러나 상당수의 뮤온이 지표면에 도달한다. 이는 지구에 있는 관찰자의 입장에서 뮤온의 수명이 훨씬 더 길어 지표면까지 도달할 수 있기 때문에 가능한 것이다!

물론 움직이는 시계를 가지고 한 실험에서 인위적인 광시계 대신 정상적인 시계를 이용한다면 전혀 다른 결과가 나올지 모른다고 이의를 제기할 수도 있을 것이다. 하지만 광시계와 정상적인 시계가 같은 관성계에서는 같은 동일한 시간을 나타내고 다른 관성계에서는 동일한 시간을 나타내지 않는다면, 두 관성계에서 서로 상이한 자연법칙이 적용된다는 것을 의미한다. 이는 상대성 가설에 대한 명백한 위반이다! 따라서 다음과 같이 추론할 수밖에 없다. 움직이는 모든 시계는 실험실에 고정되어 있는 시계보다 느리게 간다. 우리의 심장도 우리가 실험실에서보다 빠르게 달리면 느리게 된다. 그러나 우리는 이 효과를 측정할 수 있을 만큼 빠르게 운동할 수 없다.

길이의 수축

아인슈타인의 두 가설은 길이의 측정에도 영향을 미친다. 철로 위에서 빠르게 달리는 기차의 길이를 측정한다면 기차 안에서 기차의 길이를 직접 측정하는 것보다 작은 값을 얻는다. 이 효과를 길이의 수축이라고 한다. 이는 다음과 같이 정리할 수 있다(여기서는 이 식이 나오는 과정을 생략한다).

움직이는 물체의 길이의 측정값 l은 정지해 있는 관찰자에 의해 측정된 길이 l' 보다 더 짧은 값을 가진다. 식으로 표시하면 다음과 같다.

$$l = l' \times \sqrt{1 - \frac{v^2}{c^2}}$$

뮤온은 수명이 원래 10km의 이동거리에도 미치지 못하지만, 지표면에 도달할 수 있다는 것은 이제 길이의 수축으로도 설명할 수 있다. 고유 길이와 고유 시간 간격은 다르게 정의된다. 고유 길이는 정지해 있는 관찰자가 자신에 대해 정지해 있는 길이의 양 끝을 측정한 길이이고, 고유 시간 간격은 공간 내 같은 위치에서 두 사건을 관찰하는 관찰자가 측정한 시간이다. 이제 뮤온의 경우를 다시 살펴보자.

뮤온의 기준틀에 있는 관찰자는 고유 시간을 측정할 것이고, 지구에 정지해 있는 관찰자는 뮤온의 생성에서 붕괴까지 뮤온이 이동한 거리를 측정할 것이다. 뮤온의 기준틀에서는 시간 지연이 없지만, 이 계에서 측정할 때 지표면까지의 거리가 짧게 측정된다. 마찬가지로 지구에 있는 관찰자의 기준틀에서는 시간 지연이 있으나, 길이는 고유 길이가 측정되는 것이다. 따라서 두 계에서 뮤온에 관해 계산할 때, 한 계에서의 실험 결과는 다른 계에서의 실험 결과와 같다. 즉, 상대성 효과를 고려하지 않고 예측한 계산보다 더 많은 수의 뮤온이 지표면에 도달하는 것이다. 뮤온의 기준틀에서는 대기가 거의 광속으로 움직이며 뮤온을 지나간다. 따라서 대기는 10km의 길이가 되지 않고 크게 짧아진다. 이렇게 해서 뮤온이 지표면에 도달하는 것이다.

상대론적 질량

우리는 물체를 가속시키더라도 물체의 질량은 변하지 않는다고 생각한다. 그런데 축구공을 골대 방향으로 찼을 때 축구공의 질량이 달라지는

막을 수 없어!

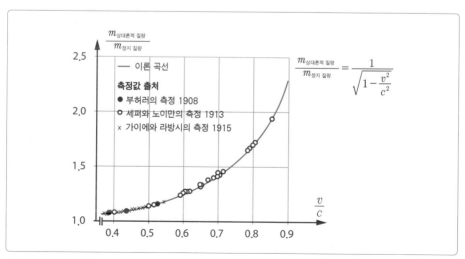

상대론적인 질량 증가.

이유는 무엇일까? 바로 이것은 아인슈타인의 가설로 설명할 수 있다. 이제 물체의 질량은 속도가 빨라질수록 커진다는 이론이 나오는 것이다. 이는 일상적인 조건에서는 관찰하기 어려운 일이다. 왜냐하면 우리가 일상생활에서 접하는 속도는 너무 느리기 때문이다. 하지만 이 이론은 발표되고 얼마 지나지 않아 질량 분석기를 통해 빠르게 운동하는 전자를 측정함으로써 매우 정확히 증명되었다.

물체가 관성계에서 정지해 있을 때 질량 m_0(이는 정지 질량이라고 한다)를 가진다면, 이 물체는 상대론적인 속도 v로 운동하는 관성계에서는 다음과 같은 질량을 가진다.

$$m = \frac{m_0}{\sqrt{1 - \dfrac{v^2}{c^2}}}$$

여기서 우리가 v를 점점 더 크게 하면, 물체의 질량은 무한대로 커진다. 그런데 어떤 물체도 빛의 속도를 내거나 빛보다 빠르게 운동할 수는 없다. 이렇게 운동하는 물체는 공상 과학 영화에서만 찾아볼 수 있다.

질량과 에너지의 등가성

물체가 거의 빛의 속도로 운동하면 이 물체에서는 많은 일이 이루어질 수 있다. 그러나 빛의 속도에 가까워지면 속도를 증가시키기가 매우 어려워진다. 그렇다면 물체에 가해진 에너지는 어디로 갔는가? 물체의 질량이 증가

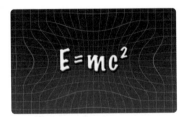

물리학의 가장 유명한 공식—여기서 에너지는 E로 표시된다.

한다는 사실은 에너지가 더 커진 질량 속에 숨어 있다는 추론을 가능하게 한다. 이는 질량과 에너지는 본질질적으로 다른 것이 아니라 동전의 양면으로 볼 수 있다는 것을 의미한다. 즉, 질량과 에너지는 등가인 것이다. 질량은 에너지로 전환될 수 있고 그 역도 가능하다.

아인슈타인은 에너지와 질량의 관계를 법칙으로 정했는데, 이는 물리학의 가장 유명한 공식이 되었다.

물체의 에너지 W는 상대론적 질량 m에 비례한다.

$$W = m \times c^2$$

빛의 속도보다 훨씬 작은 속도에서는 근삿값을 나타내는 다음의 식이 성립한다.

$$W = m_0 \times c^2 + \frac{1}{2} \times m_0 \times v^2 (\text{여기서 } m_0\text{는 정지 질량을 의미한다.})$$

이 공식의 우변에는 이미 잘 알고 있는 식이 나온다. 바로 고전적인 형태의 운동에너지를 나타내는 식이다. 이 중 항 $m_0 \times c^2$은 정지 에너지로 해석할 수 있다.

c^2이 매우 큰 값이므로 적은 양의 정지질량을 에너지로 바꾸어도 아주 큰 에너지를 얻을 수 있다.

실제로 원자로와 (유감스럽게도) 핵폭탄은 이런 방식을 통해 에너지를 얻고 있다.

나가사키에 투하된 원자폭탄의 핵버섯구름.

일반상대성이론

일반상대성이론은 특수상대성이론의 결과를 바탕으로 한 아인슈타인의 중력 이론이다. 뉴턴은 중력이 존재한다는 사실에서 출발했지만, 이 중력은 아인슈타인의 견해에 따르면 공간과 시간의 구조에 의해, 보다 정확히 말하면 우리가 공간과 시간의 기하학적인 성질에 의해 영향을 받는다. 이제 아인슈타인의 몇 가지 기본적인 이론을 살펴보겠다.

등가 원리

당신이 우주 비행사이고 우주선에 있다. 유감스럽게도 우주선을 만든 기술자가 창문을 만드는 것을 잊어버려 당신은 밖을 볼 수 없다. 때문에 당신은 우주선 내부에서 관찰과 실험을 통해 당신이 어떤 상황에 있는지를 알고자 한다.

당신이 곧바로 서서 발에서 바닥의 압력을 느낀다고 가정해보자. 우주선의 승무원실에는 어떤 물체도 떠돌아다니지 않는다. 당신이 책을 잡고 있다가 놓으면 책은 바닥으로 떨어진다. 당신은 이 관찰을 두 가지로 해석할 수 있다.

첫째, 당신이 타고 있는 우주선은 당신과 다른 물체에 중력을 작용하는 어떤 행성에 있다.

둘째, 당신이 타고 있는 우주선은 우주를 항해 중이며 추진 로켓에 의해 (당신의 입장에서 볼 때) 위쪽으로 가속된다. 당신이 발에서 느끼는 것은 당신 자신의 관성이다. 즉, 로켓은 당신을 가속시키지만 당신의 몸은 이 가속에 저항하는 것이다. 이 느낌은 상승하는 엘리베이터에서도 경험할 수 있다.

당신에게 미치는 것 같은 힘은 당신이 관성계에 있지 않고 가속되는 기준틀에 있음으로써 생긴다.

등가 원리.

엘리베이터.

이제 결정적인 추론이 등장한다. 당신은 어떤 실험을 통해서도 이 두 상황 중에서 어떤 상황에 놓여 있는지를 알 수 없다. 두 상황은 물리학적인 영향면에서 완전히 동등하다.

등가 원리
균일한 중력장의 과정은 등가속되는 기준틀에서의 과정과 동등하게 진행한다.

중력장은 균일해야 한다. 그렇지 않을 경우 중력장이 미치는 영향이-어떤 물체에 대해서나 방향이나 크기에 있어서 동일한-가속에 의해 대체될 수 없기 때문이다. 그러나 실제로는 중력장이 모두 균일한 것은 아니기 때문에 등가 원리는 장이 균일하다고 여길 수 있는 작은 공간에서만 성립된다.

적절한 기준틀을 택해 힘을 사라지게 하는 방법은 만족스럽지 않다. 힘은 객관적인 것이어서 어떤 전환 트릭에 의해 간단히 사라질 수 없기 때문이다! 아인슈타인은 상대성원리는 관성계뿐만 아니라 임의의 계에 대해서도 성립한다고 주장했다. 그렇다면 어느 한 계에서는 나타나고 다른 계에서는 나타나지 않는 힘이 있어서는 안 된다. 따라서 아인슈타인의 목표는 중력을 완전히 포기하는 것이었다. 그러나 이를 어떻게 실현하는가? 중력은 여전히 작용하고 있지 않은가!

굽은 시공간

힘이 작용하지 않는 상태에서 물체가 운동한다면, 이 물체는 직선을 그린다. 우리는 이렇게 생각한 다. 그러나 여기서 직선은 무엇을 의미하는가? 적도 근처에 있는 두 개의 이웃한 경도를 생각해 보자.

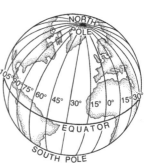

이 경도는 가까이에서 관찰하면 직선으로 보인다. 심지어 우리는 이 두 경도가 평행하다고 여긴다. 이 두 경도에는 수학에서 (그리스의 수학자 유클리드[Euclid, B.C. 330~275]에 따라) 유클리드 기하학이라는 개념으로 요약하는 법칙이 성립하는 것처럼 보인다. 이 기하학에 따르면, 평행하는 직선은 교차해선 안 된다. 하지만 두 경도는 교차한다. 북극과 남극에서 두 경도가 만나는 것이다. 이는 두 경도가 실제로는 휘어 있기 때문이다.

경도.

유클리드.

이와 같은 것은 우리가 살고 있는 공간에 대해서도 성립하고 있을까? 우리의 세계는 근사적으로만 유클리드의 이론을 따르고 있는가?

베른하르트 리만.

수학자 베른하르트 리만[Bernhard Riemann, 1826~1866]은 굽은 공간 이론을 세웠는데, 이 이론은 유클리드 기하학을 근사적으로만 성립하는 것으로 본다.

아인슈타인은 이 이론을 시공간에 적용했다. 그는 세 개의 공간 좌표 외에 시간을 제4의 좌표로 하는 시공간을 제안하고, 태양처럼 질량이 큰 물체는 시공간을 휘게 한다고 했다. 따라서 이 물체에서 나오는 중력 작용은 힘의 작용 없이도 설명할 수 있게 되었다. 즉, 물체는 굽은 시공간에서 관성 운동을 하는 것이다.

일반상대성이론은 수학적으로 매우 복잡하고 까다롭다. 아인슈타인은 이 이론을 세우면서 "수학이 너무 골치 아프다"고 불평했다. 그러나 아인슈타인이 골치 아프다고 한 것은 우리가 어렵다고 느끼는 것과 수준이 다를 것이다.

실험을 통한 일반상대성이론의 증명

"종이는 인내심이 강하다."

사람들은 책상에서 갖가지 이론을 생각해낸다. 하지만 실험을 통해 이를 증명할 수 없다면, 제아무리 훌륭하고 뛰어난 이론이라도 아무런 가치가 없다. 그런데 이는 일반상대성이론에는 해당되지 않는다. 오늘날까지 이 이론을 반박한 실험은 없다. 이제 이 이론의 타당성을 증명한 몇 가지 실험을 소개하겠다.

빛의 휘어짐 태양과 같이 질량이 큰 물체는 주위를 지나가는 광선을 휘게 하는데, 이는 아인슈타인의 이론과 일치한다. 특히 이 효과는 중력 렌즈에서 뚜렷하게 드러난다. 수많은 은하들이 모인 은하단은 주위의 시공간을 강하게 휘게 하는데, 이 은하단 뒤에 있는 은하에서 오는 빛은 휘어서 오기 때문에 우리가 관측을 통해 확인할 수 있는 것이다. 이처럼 거대한 은하단이 강한 중력으로 천체의 빛을 더욱 강하게 휘게 해서 렌즈 역할을 하는 것을 중력 렌즈라고 한다.

시계의 작동 일반상대성이론에 따르면, 시계는 질량이 큰 물체 근처에서는 이 물체로부터 멀리 떨어져 있을 때보다 느리게 간다. 이는 비행기 안에 원자시계를 싣고 장시간 고공(약 10km 상공) 비행하면서 이 시계가 가리키는 시간과 지상의 시계의 시간을 비교함으로써 증명할 수 있었다.

펄서 관찰 펄서는 빠르게 회전하면서 주기적으로 전파 신호를 보내는 별이다. 서로의 질량 중심을 돌며 이중성을 이루는 펄서도 있는데, 이 이중 펄서 주위에는 시공간이 강하게 휘어 있다. 이 이중 펄서의 궤도는 뉴턴의 중력 법칙으로는 계산할 수 없지만, 일반상대성이론으로는 가능하다.

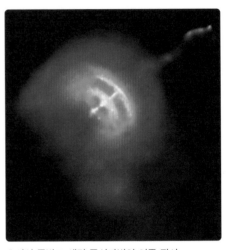

초신성 폭발로 생긴 중성자별인 이중 펄서.

중력파 아인슈타인의 일반상대성이론에 따르면 질량이 큰 물체는 시공간을 진동시키는데, 이 진동은 중력파로 퍼져나간다. 1993년에는 이 중력파의 존재를 간접적으로 증명하는 데 성공했다. 이중 펄서를 이루고 있는 두 파트너 별이 서로 접근하는 모습을 관찰한 것이다. 이는 중력파에 의한 에너지 손실로만 설명할 수 있다.

2016년 2월에는 레이저간섭계중력파관측소LIGO 연구단과 유럽 중력파 검출기인 버고VIRGO 연구단이 2015년 9월 2개의 블랙홀이 자전하는 다른 블랙홀에 합병되기 직전 발생한 중력파를 발견했다고 발표했다. 그리고 중력파의 존재를 증명한 공로를 인정받아 2017년 노벨물리학상을 수상했다.

IX

양자물리학과
원자물리학

양자

이제 우리는 원자의 세계를 살펴볼 것이다. 원자 세계는 일상에서 접하는 주변 환경의 축소판이 아니다. 원자 세계는 우리 주변의 세계와는 크게 달라서 구체적으로 나타낼 수 없는 새로운 모델로만 설명할 수 있다. 원자 세계는 물리학자들에게는 매우 중요한 의미를 띠며, 양자 물리학의 과학적 성과는 우리의 일상생활에 큰 영향을 미치고 있다. 양자물리학이 없다면 레이저도(이와 더불어 CD플레이

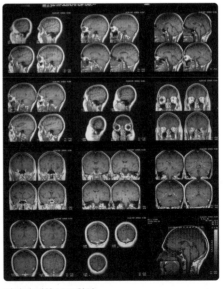

머리에 대한 MRI 촬영.

어나 DVD 플레이어도) 없을 것이고 평면 TV나 태양 전지, 컴퓨터, MRI^{magnetic} resonance imaging(자기 공명 영상) 등도 존재하지 않을 것이다. 그렇다면 양자란 무엇인가?

빛과 물질의 상호작용

당신이 일광욕을 한다면, 당신의 피부는 자외선에 의해 갈색으로 탄다. 자외선은 파장이 1nm에서 380nm인 태양 광선으로 가시광선^{visible rays}(사람의 눈에 보이는 범위의 파장을 가지고 있는 광선)보다 파장이 짧아 눈에 보이지 않는다. 당신이 창문을 닫아-유리는 자외선을 통과시키지 않는다-

해변에서 즐기는 일광욕.

자외선을 차단한다면, 당신의 피부는 타지 않는다.

이는 매우 이상한 현상이다! 왜냐하면 피부가 타는 것은 특정 피부 세포가 멜라닌 색소를 형성하기 때문이다. 이때 피부에 닿는 광선 에너지가 피부 세포에 작용한다. 하지만 에너지는 가시광선에도 풍부하게 존재한다. 그렇다면 멜라닌은 왜 파장이 짧은 광선에서 만들어지는가?

광전 효과도 이상한 현상을 나타낸다. 음전하를 띤 아연판에 수은등을 비추면 아연판을 방전시킬 수 있다. 이때 빛은 에너지를 아연판의 운동하는 전하, 즉 전자에 전달한다. 이 전자는 금속에서 튀어나온다. 하지만 수은등 앞에 유리판을 대면 아연판은 방전되지 않는다.

방전은 왜 일정한 파장의 전자기파에서만, 다시 말해 $\left(f = \frac{c}{\lambda} \text{로 인해} \right)$ 일정한 진동수 이상에서만 일어나는가? 이는 아인슈타인 이전의 물리학자들에게는 완전히 베일에 가려져 있었다. 당시의 물리학자들은 빛이 파동이며, 앞에서 살펴본 대로 파동 에너지는 진동수가 아니라 오로지 진폭에 따라 좌우된다고 생각했기 때문이다!

아인슈타인의 아이디어

아인슈타인은 1905년 특허국에서 일하며 발표한 세 편의 논문 중 하나에서 이 문제에 대한 해결책을 제시해 1921년 노벨 물리학상을 받았다. 아인슈타인은 빛과 물질 사이의 상호작용에 관한 기존의 관념을 버리고 새로운 모델을 세우자고 제안했다. 이 새로운 모델에 따르면, 빛은 에너지 덩어리의 흐름으로, 이 에너지 덩어리를 양자라고 불렀다.

모든 양자는 기껏해야 하나의 전자와 상호작용하며 에너지를 교환할 수 있다. 그런데 양자의 에너지가 전자를 방출하기에 충분하지 않으면 금속판에 빛을 비추어도 아무 일이 일어나지 않는다! 하지만 전자를 방출하기에 충분한 에너지를 지닌 양자가 전자와 충돌하면 전자가 방출된다. 그런데 가시광선의 양자가 지닌 에너지는 아연판에서 전자를 방출시키기에는 너무 적은 반면, 자외선의 양자가 지닌 에너지는 충분할 수 있다. 바로 이것이 가시광선이 아연판에서 광전 효과를 내지 못하는 이유일 수도 있다.

이러한 양자의 개념을 이해하기 위해서는 크기가 큰 양을 특정 단위의 양의 정수배로 나타내는 것, 즉 양자화하는 방법을 생각해볼 수 있다. 예를 들어 당신의 지갑에 든 잔돈은 양자화되어 있다고 할 수 있다. 1센트보다 작은 단위의 금액은 없다. 따라서 지갑에 든 동전은 양자들이다! 이제 광전 효과를 다음과 같이 생각해본다.

잔돈 또는 양자?

당신은 동전, 즉 양자로 빵집에서 빵을 방출시키려 한다. 빵의 가격은 50센트인데, 빵집 주인은 하나의 동전만 받는다고 하자(이는 하나의 광양자와 전자의 상호작용과 일치한다). 그런데 당신은 빵집 주인에게 원하는 대로 동전을 줄 수 있다—50센트짜리 동전이 아니라면 빵집 주인은 받지 않는다! 50센트보다 큰 금액의 동전이 있으면 돌려받는다. 광전 효과에서도 이러한 종류의 돌려받는 돈이 있다. 이 점에 대해서는 뒤에 가서 다시 설명할 것이다.

간단하게 다음과 같이 생각해볼 수 있다. 빛은 광양자라고 하는 입자의 흐름이다. 광양자는 일정한 에너지를 지닌다. 이쯤에서 당신은 다음과 같은 질문을 던질지도 모르겠다.

"잠깐! 입자라고? 그렇다면 빛은 파동의 성질을 지니고 있지 않다는 말인가? 도대체 빛은 파동인가, 입자인가?"

이 질문에 대해 지금 당장은 답할 수 없다. 하지만 뒤에 가서 다시 다룰 것이다.

그보다 우선 우리는 아인슈타인의 아이디어를 실험을 통해 검증하고, 광양자의 에너지를 어떻게 계산하는지를 알아야 한다.

광전 효과 실험

광전관(광전 효과를 이용해 빛의 강약을 전류의 강약으로 바꾸는 장치)에는 고리 모양의 양극과 표면이 넓은 음극이 들어 있다. 이 광전관을 수은등으로 비추는데, 수은등 앞에 컬러 필터를 설치한다. 이렇게 하면 음극에서 전자가 튀어나온다. 따라서 양극과

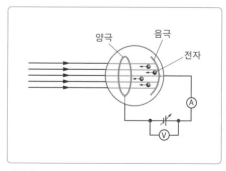

광전관.

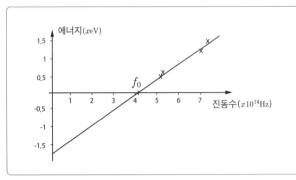

진동수에 따른 에너지.

음극 사이에는 전류가 흐르고, 이 전류는 전류계로 측정할 수 있다. 튀어나온 전자의 에너지를 측정하기 위해 양극과 음극 사이에 역방향의 전압 U를 걸면 – 즉, 전지의 극성을 바꾸어주면 – 방출되는 광양자들이 이번에는 거꾸로 가게 된다. 이 역방향의 전압을 진동수에 따라 조절해보면, 어느 순간 전류가 더 이상 흐르지 않게 된다. 이때 가장 빠른 전자들은 전기장에서 총 운동에너지를 위치에너지로 바꾼 셈이 되고, 이는 제4장에서 배운 공식에 따라 다음과 같이 말할 수 있다.

전자들은 에너지 $e \times U$를 가진다.

가장 빠른 전자들의 에너지와 진동수의 관계를 그래프로 나타내면 직선이 생긴다. 이 직선은 방정식 $y = mx + b$로 표시할 수 있는데, 여기서 m은 기울기, b는 y축과 만나는 값을 의미한다. 이제 기울기를 h, y축과 만나는 값을 $-W_A$(왜 이렇게 표시하는지는 곧 알게 될 것이다)라고 하면 다음의 식이 성립한다.

$$W_{최대 운동에너지} = h \times f - W_A$$

음극의 금속판을 다른 금속으로 바꾸어도 직선은 같은 기울기를 나타낸다. 하지만 y축과 만나는 값은 달라진다. 따라서 W_A는 금속판의 종류에 따라 달라지고 h는 달라지지 않는다. 이 방정식을 풀면 다음과 같다.

$$h \times f = W_{최대 운동에너지} + W_A$$

이 식은 에너지 보존의 법칙을 나타내는 것으로 볼 수 있다. 아인슈타인은 이 방정식을 다음과 같이 해석했다. 왼쪽에는 광자가 지닌 에너지가 있다. 이 에너지는 전자가 받는 에너지(오른쪽)와 같다. 또한 이 에너지는 두 부분으로 이루어져 있다. W_A는 금속판의 종류에 따라 달라지는 '전자를 방출시키는 일'로 해석할 수 있는데, 이 에너지는 금속에서 전자를 방출시키기 위해 필요한 에너지를, 나머지 W최대 운동에너지는 운동에너지를 뜻한다. 이 운동에너지는 앞에서 예로 든 빵집 주인의 돌려받는 돈에 해당한다.

광자의 에너지(방정식의 왼쪽)는 진동수에 비례한다. 진동수와 광자의 에너지가 전자를 방출하기에는 너무 작다면, 전자는 방출되지 않는다. 이로써 광전 효과가 왜 금속판의 종류에 따라 달라지는 특정 진동수 f_0 이상에서만 발생하는지가 분명해진다!

인수 h는 그림에서 정할 수 있는데, 어떤 역할을 하는지가 명확히 드러나지 않는다. 하지만 이 h는 가장 중요한 보편적인 자연 상수 중 하나로, 이 책을 읽어나가다 보면 점점 많이 보게 될 것이다. h는 플랑크상수라고 한다.

광전 효과에 따르면, 빛은 각각 에너지 $h \times f$를 지닌 광자의 흐름으로 이루어진다고 볼 수 있다. 여기서 f는 빛의 진동수, h는 플랑크상수로, 다음 식이 성립한다.

$$h = 6.626 \times 10^{-34} \text{Js}$$

플랑크상수는 상상을 초월할 정도로 작은 숫자이다. 따라서 광자의 에너지도 매우 작아진다. 예를 들어 파란색 빛($\lambda = 440\text{nm}$)은 다음의 값을 가진다.

$$W_\text{광자} = h \times f = h \times \frac{c}{\lambda} = 6.626 \times 10^{-34} \text{Js} \times \frac{3 \times 10^8 \text{m/s}}{440 \times 10^{-9} \text{m}} = 452 \times 10^{-19} \text{J}$$

1줄(J)의 에너지를 전달하기 위해서는 2.2×10^{18}개의 광자가 필요하다. 개수를 직접 계산해보면 알겠지만 이는 어마어마한 숫자다!

우리는 신문을 읽다가 대변혁과 같은 양자 도약이 일어났다는 기사를 접하는 경우가 있다. 하지만 양자 도약은 앞에서 살펴본 것처럼 규모가 더 이상 작을 수 없을 정도로 매우 작은 세계에서 일어나는 일이다.

광자의 입자성

앞에서 우리는 광자를 에너지 덩어리라고 했다. 그런데 광자는 입자의 성질도 지니고 있을까? 제대로 된 입자는 질량과 운동량을 가진다. 질량과 운동량은 어떻게 계산하는지를 살펴보자.

광자의 질량과 운동량

우리는 광자가 에너지 $W = h \times f$를 가진다는 것을 안다. 광자는 질량도 가질 수 있는가? 광자는 정지 질량을 가질 수는 없다. 왜냐하면 항상 빛의 속도로 운동하며 정지할 수 없기 때문이다. 하지만 광자에게 (정지 질량이 없는) 상대론적인 질량을 부여하는 것은 가능하지 않을까? 그렇다면 광자의 에너지에 대해서는 아인슈타인의 유명한 공식 $W = m \times c^2$이 적용되어야 한다(여기서 m은 상대론적인 질량이다).

광자의 운동량은 어떻게 표현할 수 있는가? 다음과 같이 표현하는 것이 논리적일 것이다.

$p = m \times c$. 왜냐하면 운동량은 질량과 속도의 곱이기 때문이다(이에 대해서는 제1장에서 살펴본 바 있다). 이를 아인슈타인의 공식에 대입하면 다음과 같다.

$$W = m \times c \times c = p \times c.$$

따라서 $p = \dfrac{W}{c}$ 가 된다.

이제 W 를 $h \times f$ 로 쓰고 공식 $c = k \times f$ 을 적용하면 다음과 같다.

$$p = \frac{h \times f}{c} = \frac{h \times f}{\lambda \times f} = \frac{h}{\lambda}$$

따라서 광자에게 ─ 형식적인 방법을 이용하긴 했지만 ─ 질량과 운동량을 부여할 수 있다. 하지만 이를 입증할 수 있는 실험이 있는가?

콤프턴 효과

미국의 물리학자 아서 콤프턴^{Arthur Compton, 1892~1962}은 빛과 물질의 상호작용을 연구했다. 그는 흑연을 이용하여 X─선(파장이 10^{-18}m에서 10^{-12}m 사이인 전자기파)의 산란을 실험해 산란된 X─선의 진동수가 원래의 진동수보다 더 작다는 사실을 확인했지만, 빛의 파동 이론으로는 이를 설명할 수 없었다. 따라서 입자 모형을 통해 이 과정을 해석하려 했다.

아서 콤프턴.

그는 빛이 흑연에 존재하는 자유전자에 의해 산란된다고 가정했고, 당구공의 충돌과 같은 상호작용을 한다고 생각했다. 즉, 광자가 전자와 충돌해 운동량과 에너지를 전달한다고 생각한 것이다.

충돌 후에 광자와 전자는 서로 다른 방향으로 운동한다. 이는 당구공의 경우와 똑같다. 광자가 에너지를 잃으므로 산란된 X─선의 진동수는 (식 $W = h \times f$에 따라) 줄어든다. 바로 이 사실을 관찰한 것이다.

콤프턴은 역학의 충돌 법칙(제1장에서 배운 에너지 보존 법칙과 운동량 보존 법칙)을 이용해 식을 세웠는데, 이 식은 산란된 X-선의 파장 변화는 산란각에 따라 좌우된다는 사실을 나타내며 실험과 정확히 일치했다. 따라서 광자가 질량과 운동량을 지닌다는 생각은 탁상공론이 아니고 실험적으로 증명될 수 있다.

혜성.

물리학자들이 실험실에서 만든 결과를 믿지 못하겠다면 하늘을 보기만 하면 된다.

모든 혜성의 꼬리는 항상 태양으로부터 멀어지는 모습을 나타내는데, 이는 태양으로부터 오는 광자가 먼지 입자에 운동량을 전달해 이 입자들을 진행하는 방향으로 가속시키기 때문이다.

여기서는 유도 과정을 생략하고 식만 소개한다. 다음의 그림은 산란각 θ(세타)를 어떻게 측정하는지를 나타낸다.

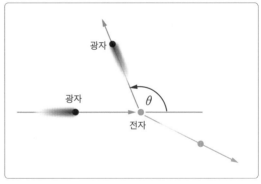

콤프턴 산란.

광자가 에너지와 운동량을 지닌다는 생각을 가지면 콤프턴 효과를 설명할 수 있다. 산란각(θ)에 따라 좌우되는 파장의 변화($\Delta\lambda$)에 대해서는 다음의 식이 성립한다.

$$\Delta\lambda = \frac{h}{m_e \times c} \times (1 - \cos\theta)$$

여기서 m_e는 전자의 질량이다.

콤프턴 효과에 근거해 이제 우리는 광자를 에너지와 (상대론적) 질량 그리고 운동량을 지닌 '제대로 된' 입자로 볼 수 있다.

전자의 파동성

빛이 어떤 실험에서는 파동으로 나타나고, 또 다른 실험에서는 입자로 나타난다면, 우리가 지금까지 입자로 여겨왔던 물체는 파동의 성질도 나타낼 수 있지 않을까? 프랑스의 물리학자 루이 빅토르 드브로이[Louis Victor de Broglie, 1892~1987]는 바로 이런 견해를 피력했다. 그러나 전문가들은 터무니없는 생각으로 일축했다. 왜냐하면 드브로이는 이런 주장을 실험적으로 증명할 수 없었기 때문이다. 하지만 얼마 지나지 않아 실험으로 증명되었다.

루이 빅토르 드브로이.

물질파

전자가 파동의 성질을 나타낸다면, 어떤 파장을 가질까? 드브로이는 광자의 관계식이 여기서도 성립해야 한다고 확신했다.

$$p = \frac{h}{\lambda}$$

계산하면 파장은 $\lambda = \frac{h}{p}$ 가 된다.

따라서 전자의 파장은 운동량 p에 따라 좌우된다. 우리는 전기장 속에서 전자를 가속시키는 전자관을 통해 특정한 운동량을 지닌 전자를 만들 수 있다. 전자가 전압 U를 통과하면 전자의 위치에너지는 운동에너지로 완전히 바뀐다.

$$e \times U = \frac{1}{2} \times m \times v^2$$

양변에 m을 곱하면 다음의 식이 나온다.

$$e \times m \times U = \frac{1}{2} \times m^2 \times v^2$$

또는 ($p = m \times v$이므로) $e \times m \times U = \frac{1}{2} \times p^2$ 이 된다.

여기서 p의 값을 구하면 $p = \sqrt{2 \times e \times m \times U}$ 가 된다.

예를 들어 $U = 4000\text{V}$를 대입하면 다음의 값이 나온다.

$$p = 3.41 \times 10^{-23}\text{kg} \times \text{m/s}$$

이 운동량을 지닌 전자의 파장은 다음과 같다.

$$\lambda = \frac{h}{p} = \frac{6.626 \times 10^{-34}\text{Js}}{3.41 \times 10^{-23}\text{Js}} = 1.9 \times 10^{-11}\text{m} = 19\text{pm}$$

(오른쪽의 p는 피코를 의미하는데, $1\text{pm} = 10^{-12}\text{m}$이다.)

이는 X-선의 파장의 크기를 나타낸다. 이렇게 짧은 파장에서 간섭현상을 관찰할 수 있는 광학 격자는 존재하지 않는다. 하지만 막스 폰 라우에[Max von Laue, 1879~1960]는 X-선이 결정에서 간섭현상을 만든다는 사실을 증명했다. 따라서 결정을 일종의 자연 격자로 이용하려는 아이디어가 나오게 되었다. 결국 윌리엄 로런스 브래그[William Lawrence Bragg, 1890~1971]가 결정 구조에서 X-선의 파장을 구하거나 또 역으로 파장에서 결정

윌리엄 로런스 브래그.

을 분석할 수 있는 방법을 알아냈다. 이로써 드브로이의 주장은 실험으로 증명된 것이다! 이제 전자선을 결정체에 입사시키기만 하면 되었다. 미국의 물리학자 클린턴 조지프 데이비슨$^{\text{Clinton Joseph Davisson, 1881~1958}}$과 레스터 거머$^{\text{Lester Germer, 1896~1971}}$가 1927년에 최초로 이 일을 해냈다.

이들은 어떤 사실을 확인했는가? 바로 전자도 간섭현상을 일으킨다는 사실이었다. 따라서 전자도 파동성을 가지고 있으며, 이러한 종류의 파동을 물질파라고 한다. 물질파는 다른 입자에서도 확인되었다.

입자는 파동성을 나타낸다. 입자의 파장은 다음의 식으로 구한다.

$$\lambda = \frac{h}{p}$$

충돌 확률

얼마나 많은 전자가 있어야 간섭현상이 나타날까? 이것 역시 실험했다. 위에서 설명한 실험에서 알루미늄박을 이용해 전자의 세기를 단계적으로 낮춘다고 생각해보자. 이렇게 하면 스크린의 화면은 점점 흐릿해진다. 결국 시간당 하나의 전자를 알루미늄박에 입사시켜보았다. 그럼 어떻게 될까?

스크린 대신에 고감도 필름(감광판)을 이용해 충돌하는 전자가 화학 반응을 일으키도록 유도하면, 개개의 전자가 어느 지점에 충돌하는지를 알 수 있다. 이러한 종류의 실험에서는 개개의 전자가 어느 지점에 충돌하는지를 예측할 수 없다. 하지만 이 실험을 몇 시간 동안 계속하면 놀랍게도 모든 충돌 지점이 모여 간섭무늬를 만든다! 전자들 각자가 간섭무늬를 만드는 데 일익을 담당하는 것이다. 이는 마치 보이지 않는 손이 미래의 무늬를 미리 알고 각 전자에게

비를 맞고 있는 집.

무늬에서 차지할 자리를 지정하는 것과 같다.

우리는 마이크로 세계에서는 독특한 현상이 일어나고, 전자는 전하를 띤 작은 금속 공의 축소판과 다르다는 사실을 받아들여야 한다. 게다가 고전물리학에서 말하는 확률 개념과는 작별해야 한다. 즉, 전자가 스크린의 어느 지점에 충돌하는지를 확실하게 예측하는 것은 불가능하다. 이는 제2장에서 말한 카오스 현상과는 관계가 없고 전자가 지닌 본질과 관련된 것이다. 그러나 파동성을 이용해 전자가 스크린의 특정 지점에 어떤 확률로 충돌할지 계산도 가능하다.

제2장에서 살펴보았듯이, 파동의 세기는 진폭의 제곱에 비례한다. 입자 모델에서 전자의 세기는 일정한 시점에서 일정한 넓이에 충돌하는 전자의 개수에 비례한다. 전자가 많을수록 세기는 커지는 것이다. 이는 당신의 집 지붕에 떨어지는 빗방울을 생각하면 구체적으로 이해할 수 있다. 시간과 넓이당 지붕에 떨어지는 빗방울이 많을수록 비의 세기는 커진다.

그림에서는 부분 넓이 ΔA_1에 부분 넓이 ΔA_2보다 시간 단위당 더 많은 전자가 충돌한다. 따라서 개개의 전자가 ΔA_1에서 발견될 확률은 ΔA_2보다 크다. 이러한 확률의 척도가 전자의 세기이다. 이 세기는 파동에서는 진폭의 제곱으로 나타난다! 따라서 입자의 충돌 확률을 계산하기 위해서는 파동함수를 이용할 수 있다. 이 점에 대해서는 핵물리학을 다루는 장에

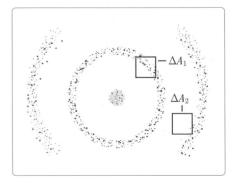
전자가 발견될 확률을 나타내는 확률 구름.

서 다시 살펴볼 것이다.

물질파의 성질에 대해서는 간섭현상이 일어난다는 사실 이외에는 아무것도 모른다고 가정해보자. 이때는 특히 무엇이 진동하는지를 설명할 수 없다. 해결책은 파동함수를 이용하는 것이다. 앞에서 설명한 충돌 확률은 독일의 물리학자 막스 보른[Max Born, 1882~1970]이 처음으로 제시했다.

막스 보른.

파동함수의 진폭의 제곱은 입자가 일정한 영역에서 발견될 확률을 나타낸다.

하이젠베르크의 불확정성 원리

당신이 자동차를 몰고 가다가 과속 단속 카메라에 찍혔다. 이때 경찰관은 촬영 기록을 조사하면 위반 행위가 벌어진 장소와 위반 시점에서의 자동차 속도도 정확히 알 수 있다고 생각한다. 그렇지 않다면 벌금 고지서는 아무 의미가 없을 것이다. 또 제1장에서 살펴본 경로 계산도 이러한 가정을 바탕으로 한다. 당신은 이제 이렇듯 자명하게 여기는 사실이 원자를 다루는 분야에서는 통하지 않는다는 것을 배우게 될 것이다. 즉, 입자의 위치는 정확히 측정할 수 있다 할지라도 그 운동량은 정확히 알 수 없다(운동량을 정확히 알 수 없으므로 속도도 정확히 알 게 된다). 또한 그 역도 마찬가지다. 요컨대 위치가 정확히 측정될수록 운동량의 퍼짐(또는 불확정성)

벌금 고지서를 발부하는 경찰관.

은 커지게 되고, 반대로 운동량이 정확히 측정될수록 위치의 불확정성이 커지게 되는 것이다. 위치와 운동량 사이의 이러한 종속성은 마이크로 세계에서 파동성과 입자성을 함께 고려해야 하는 이유가 된다.

단일 슬릿에서의 회절

이제 다음과 같은 예를 살펴보자. 입자들이 단일 슬릿으로 산란된다. 이 입자들은 전자, 광자 또는 다른 소립자들로 구성되어 있다. 이 입자들은 모두 파동성과 입자성을 가지므로, 슬릿 속으로 들어갈 수도 있다.

슬릿의 폭이 Δx이고 슬릿 뒤의 스크린에서 하나의 입자가 검출된다면, x방향으로 향하는 입자의 위치는 Δx이다. Δx가 파장과 같은 크기이면 많은 입자들이 슬릿을 통과할 수 있다. 이렇게 되면 스크린에는 기하 광학의 법칙에 따르는 무늬가 나타난다. 하지만 입자의 위치를 보다 정확히 알기 위해 슬릿의 폭을 줄이면 회절 효과가 나타난다. 이는 입자가 지닌 파동성 때문에 일어나는 현상으로, 피할 수 없다. 따라서 스크린에는 주 극대와 이 주 극대에 이어지는

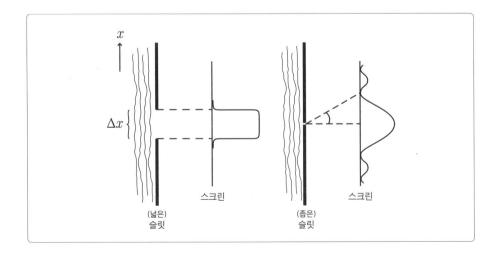

여러 개의 극대를 지닌 회절 무늬가 나타난다. 이때 주 극대는 슬릿을 좁힐수록 더 넓어진다. 스크린에 나타난 무늬를 입자의 입장에서 살펴본다면, 다음과 같은 결론을 내릴 수 있다.

스크린의 광축 방향에서 검출되지 않는 입자들은 횡쪽 운동량, 즉 방향의 운동량을 얻었음에 틀림없다. 그렇지 않았다면 이 입자들은 파동 운동을 하지 않고 직선 운동을 했을 것이다. 하지만 그렇다고 x방향의 운동량(슬릿 앞에서는 0 값을 갖는다)을 정확히 알 수 있는 것은 아니다. 이 운동량은 일부 입자들이 0값을 가질 수 있지만, 다른 입자들은 크고 작은 값을 가질 수 있기 때문이다.

운동량의 값의 범위를 알기 위해서 이제 모든 입자들이 사실상 주 극대 안쪽으로 떨어진다고 가정하고 회절 각도는 무시한다. 이 가정하에서는 x방향의 운동량은 평균으로부터, 즉 0값으로부터 절댓값 Δx만큼 차이가 날 수 있다. 이 입자들은 광축에 평행하지 않는 총 운동량 $\vec{p}$을 가진다.

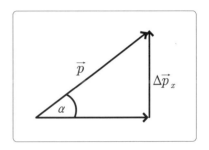

이제 Δx와 Δp_x 사이의 관계를 나타내는 식을 세워보자.

한편으로 슬릿에서의 회절 이론에 따라 첫 번째 회절 극소의 위치는 다음의 식으로 구한다.

$$\sin \alpha = \frac{\lambda}{\Delta x}$$

다른 한편으로 그림에서 다음의 식을 끌어낼 수 있다.

$$\sin \alpha = \frac{\Delta p_x}{p}$$

이제 이 두 식을 계산하면 다음과 같다.

$$\frac{\Delta p_x}{p} = \frac{\lambda}{\Delta x} = \Delta x \times \Delta p_x = \lambda \times p$$

그런데 파장과 운동량 사이에는 $\lambda = \frac{h}{p}$가 성립한다.

따라서 $\Delta x \times \Delta p_x = h$이다.

우리가 입자의 위치를 좀 더 정확히 알기 위해 Δx를 작게 하면 Δp_x는 어쩔 수 없이 커진다. 따라서 운동량의 측정은 정확도가 떨어지게 된다. 역으로 운동량을 정확히 구하려면 위치의 측정이 부정확해지는 것을 감수해야 한다. 즉, 슬릿의 입구를 넓혀야 하는 것이다. 따라서 위치와 운동량을 동시에 정확히 측정할 수는 없다. 측정 방법이 불완전해서가 아니라 원리적인 문제, 즉 입자들이 지닌 성질 때문이다. 요컨대 위치와 운동량을 동시에 정확히 측정할 수 없는 것은 입자들이 파동성과 입자성을 항상 함께 지니고 있기 때문이다.

자, 이제 경찰관이 발부한 벌금 고지서를 다시 생각해보자. 당신은 자동차의 위치와 속도를 동시에 정확히 측정하는 것은 원리상 불가능하다는 사실을 알게 되었다. 하지만 그렇다고 벌금 고지서가 무효라고 주장해서는 안 된다! 플랑크상수는 이미 말했듯이 상상할 수 없을 정도로 작은 수이다. 경찰관이 당신 자동차의 위치를 10^{-14}m까지(이는 원자핵의 지름이다) 정확히 측정한다면, 운동량은 약 6.6×10^{-20}kg$\times$m/s로 계산할 수 있다. 따라서−당신의 자동차 질량이 1000kg이라면−속도는 원칙상 2.4×10^{-22}km/h로 계산될 수 있는 것이다. 이는 경찰관이 벌금 고지서를 발부할 수 있는 속도이므로 당신은 이의 제기를 해도 소용이 없다!

일상생활에서 위치와 운동량의 관계가 중요성을 띠는 경우는 거의 없지만, 원자 분야에서는 매우 큰 의미를 띤다.

하이젠베르크의 불확정성 원리

앞에서 우리는 위치와 운동량의 관계를 근사적으로 살펴보았다. 독일의 물리학자 베르너 하이젠베르크$^{Werner\ Heisenberg,\ 1901\sim1976}$는 이를 일반화시켜 다음과 같이 규정했다.

베르너 하이젠베르크.

하이젠베르크의 불확정성 원리
위치와 운동량을 측정할 때, 위치의 불확정성 Δx와 운동량의 불확정성 Δp_x의 곱에는 다음의 식이 성립한다.

$$\Delta x \times \Delta p_x \geq \frac{h}{4 \times \pi}$$

이 식은 위치와 운동량 대신 에너지와 시간을 적용해도 동일하게 성립한다.

양자역학이 다루는 대상

"전자나 광자는 파동인가 입자인가?"

이 질문에 대해서는 미국의 유명한 물리학자 리처드 파인먼$^{Richard\ Feynman,\ 1918\sim1988}$의 말을 빌려 "둘 중 어느 것도 아니다!"라고 답할 수 있다.

전자와 광자는 양자역학의 대상이다. 이들의 세계는 우리의 세계와는 10의 지수배만큼 차이가 난다. 따라서 이들이 우리 주변에서 볼 수 있는 사물들과 다른 성질을 띤다는 것은 놀라운 일이 아니다. 오히려 일정한 조건하에서 이들을 구체적인 모습으로 나타낼 수 있다는 사실이 놀라울 정도다. 예를 들어 전자는 빛이 회절하며 들어오는 입구가 파장보다 훨씬 더 클 경우, 전하를 띤 탁구공의 축소판과 똑같이 움직인다. 그러나 마이크로 세계는 우리 주변에서 접할 수 있는 구체적인 모습과는 확연히 다르다.

양자의 흡수와 방출

이제 우리는 물질세계의 구성 요소인 원자를 다룬다. 원자는 너무 작아 우리 눈으로 직접 볼 수 없고, 간접적인 방식으로 연구할 수밖에 없다. 우리는 실험을 통해 원자를 연구하며 실험 결과를 모아 가능한 한 정확한 모형을 만든다.

이를 위해 어떤 실험을 실시할까? 바로 원자가 에너지를 주고(방출하고) 받아들이는(흡수하는) 과정을 연구한다.

에너지의 방출은 복사선이 방출되는 것을 의미한다. 이 복사선은 제7장에서 살펴보았듯이 스펙트럼으로 분해할 수 있다. 따라서 원자가 방출하는 스펙트럼은 원자의 구조를 연구하는 열쇠가 된다.

(분자가 아닌) 원자 형태로 존재하는 기체는 상대적으로 단순한 형태의 스펙트럼을 나타낸다. 따라서 우선 원자 기체의 스펙트럼을-연구의 역사적인 흐름과 연계해서-살펴볼 것이다.

절전 전구.

나트륨 증기 전구.

형광등.

양자 방출

우리는 제7장에서 광학 격자를 이용해 백열전구의 빛을 분해함으로써 색깔들이 계속 이어지는 연속 스펙트럼을 만들었다. 여기서도 이 실험을 반복하지만, 광원으로 기체 방전 전구를 사용한다. 이 전구는 기체를 (수소와 네온 또는 수은과 같이) 원자 형태로 지닌 유리관으로 이루어져 있다. 관의 양 끝에는 각각 양극과 음극이 있고 두 전극 사이에 고전압을 걸면 기체가 빛을 발한다.

우리가 일상에서 쓰는 전구들이 사실상 기체 방전 전구다. 거리의 가로등에 쓰이는 황색 빛을 내는 나트륨 증기 전구나 네온관과 같은 형광등이 이에 해당된다. 이 전구들은 원래 자외선을 만드는데, 이 자외선이 관의 안쪽 면에 있는 형광 물질에 의해 가시광선으로 전환된다. 절전 전구도 형광 관이다.

수소로 채워진 기체 방전관의 빛을 격자로 분해하면, 연속 스펙트럼이 아닌 선 스펙트럼이 나타난다.

수소의 선 스펙트럼.

스크린의 각 지점에는 정확히 한 파장, 다시 말해 정확히 하나의 진동수가 일치하므로, 이 스펙트럼의 해석은 간단하다. 즉, 수소는 특정한 진동수를 지닌 빛만을 방출한다! 이는 또한 특정 에너지 값만 존재한다는 것을 의미한다. 에너지가 양자화되어 있는 것이다.

그렇다면 빨간색 선을 나타내는 광자의 에너지 크기는 얼마인가? 제7장에서 배운 방법을 이용해 파장을 측정하면 $\lambda = 657\text{nm}$이다. 따라서 광자들의 에너지는 다음과 같다.

$$W = h \times f = h \times \frac{c}{\lambda} = 6.626 \times 10^{-34}\,\mathrm{Js} \times \frac{3 \times 10^8\,\mathrm{m/s}}{657 \times 10^{-9}\,\mathrm{m}}$$

$$= 3.03 \times 10^{-19}\,\mathrm{J} = 1.89\,\mathrm{eV}$$

스위스의 물리학자 요한 야코프 발머$^{\text{Johann Jakob Balmer,}}$ $^{\text{1825~1898}}$는 선의 진동수를 예측할 수 있는 수학 법칙을 세우려고 했다. 결국 그는 모든 선의 위치를 정확히 나타낼 수 있는 식을 만들었다. 이 식은 이후 스웨덴의 물리학자 요하네스 로베르트 뤼드베리$^{\text{Johannes Robert Rydberg, 1854~1919}}$ 가 수정, 확대해 자외선과 적외선에서 발견된 선에도 적용

요한 야코프 발머.

시켰다. 식은 다음과 같다.

$$f = f_R \times \left(\frac{1}{n_1^2} - \frac{1}{n_2^2} \right)$$

여기서 f_R은 뤼드베리 상수라고 하며 그 값은 $3.2898 \times 10^{15}\,\mathrm{s}^{-1}$이며, n_1과 n_2는 값 1, 2, 3…을 가질 수 있고, $n_2 > n_1$이다.

이 식은 실험 결과와는 잘 맞았지만, 이론적인 근거가 밝혀진 것은 아니었으며, 후에 닐스 보어$^{\text{Niels Bohr, 1885~1962}}$가 이론적 근거를 밝혔다.

닐스 보어.

원자의 에너지 준위

뤼드베리의 식에서 (h를 곱하면) 방출하는 광자의 에너지를 구하는 식을 만들 수 있다. 닐스 보어는 이 에너지가 항상 다음과 같은 식의 차이가 된다는 사실

을 발견했다.

$$W = h \times f = h \times f_R \times \left(\frac{1}{n_1^2} - \frac{1}{n_2^2} \right) = h \times f_R \times \frac{1}{n_1^2} - h \times f_R \times \frac{1}{n_2^2}$$

보어의 이론에 따르면, 원자에는 다양한 정상 상태가 있으며, 광자가 방출되는 경우는 원자가 높은 에너지 상태에서 낮은 에너지 상태로 전이할 때다. 광자는 이 두 에너지 상태의 차이를 가지고 운동하는 것이다. 따라서 식에 나타난 자연수는 에너지 상태의 수와 같은 것으로 생각할 수 있다.

이를 구체적으로 설명하기 위해 은행 계좌를 예로 들어보자. 이 은행 계좌에는 예금액으로 2유로, 7유로, 10유로만 가질 수 있도록 허용된다. 예금액이 10유로라면 당신은 3유로나 8유로를 인출할 수 있고, 5유로는 인출할 수 없다. 왜냐하면 앞에서 전제했듯이 잔액으로 가질 수 있는 금액이 2유로, 7유로뿐이기 때문이다. 이를 원자에 적용하면, 방출된 광자가 에너지를 지불하는 역할을 한다고 할 수 있다. 사실 센트보다 작은 금액은 인출할 수 없기 때문에 정상적인 은행 계좌의 예금액도 사실상 양자화되어 있다.

닐스 보어는 스펙트럼선의 진동수에서 수소 원자의 에너지 상태(에너지 준위)를 계산해 그림으로 나타낼 수 있었다. 준위를 이동할 때마다 정확히 하나의 선씩 차이가 난다. 에너지에 대한 0준위는 자의적으로 정한 것이다. 즉, n_1이 무한대로 지속되면 식의 첫 항은 0으로 향한다. 다른 모든 에너지는 이 기준에서부터 계산되고 항상 0부터 빼나가는 방식이기 때문에 음의 에너지 값이 생긴다.

앞에서 우리는 빨간색 선을 나타내는 광자의 에너지 크기를 계산했다. 이 선을 위의 그림에서 찾을 수 있을까? 이 선은 발머 계열의 $n=3$과 $n=2$ 사이에서 전이할 때 나타난다!

닐스 보어는 이를 원자 모델, 즉 보어의 원자 모델로 구체화시켰다(이 모델은

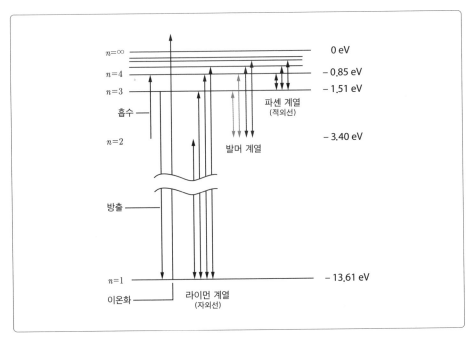

수소의 에너지 준위.

뒤에 가서 다시 설명할 것이다).

보어의 가장 중요한 업적은 원자에는 서로 다른 에너지 준위가 있다는 사실을 최초로 발견한 것이다.

양자 흡수

원자가 항상 에너지를 방출하기만 하는 것은 아니다. 이는 당신이 은행 계좌에서 돈을 항상 인출하기만 하는 것은 아닌 것과 마찬가지다. 때로는 입금도 해야 하는 것이다. 예를 들어 기체 방전 전구에서 원자의 에너지는 어떻게 채워지는 걸까?

독일 태생의 미국 물리학자 제임스 프랑크^{James Franck, 1882~1964}와 구스타프

헤르츠^{Gustav Hertz, 1887~1975}

는 이 질문에 답하기 위해
수은 증기로 채워지고 전자
가 가속되는 특수관을 만들
었다. 이들은 실험을 통해
전자가 기체 원자와 비탄성

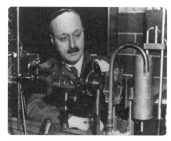
제임스 프랑크.

구스타프 헤르츠.

충돌을 하면서 에너지를 원자에 전달한다는 사실을 알았고, 이 과정에서 원자
가 높은 에너지 준위로 전이된다는 결론을 내렸다. 아래 그림은 두 사람이 실
험한 모형을 나타낸다.

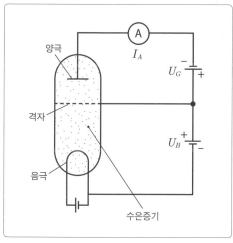
프랑크와 헤르츠의 실험 모형.

전자는 가속 전압 U_B에 의해 관
에 있는 격자 쪽으로 가속된다. 전
자는 격자를 통과한 후에는 − 광전
효과 실험과 유사하게 − 역방향의
낮은 전압 U_G를 맞게 된다. 이제
전압 U_B를 0에서부터 점차 높이면,
전류의 세기는 처음에는 높아진다.
왜냐하면 전자가 역방향의 전압을
이겨낼 정도의 에너지를 충분히 지
니고 있기 때문이다. 하지만 4.9V

부터는(다시 말해 전자의 에너지가 4.9V부터는) 전류의 세기가 갑자기 다시 약해진
다. 이는 많은 전자들이 에너지를 수은 원자들에 전달함으로써 역방향의 전압
을 이제 더 이상 이겨낼 수 없기 때문이라고 해석할 수 있다. 다음번의 4.9V에
서도 이러한 과정은 반복된다.

우리는 첫 번째 충돌에서 에너지 전체를 잃은 전자들이 또다시 가속되어 이
제 두 번째 충돌을 했다고 가정해야 한다. 전압을 다시 올리면 전류의 세기는

세 번째로 약해지고, 이 과정은 계속 이어진다.

전류의 세기가 최대가 되었다가 다시 최소가 되는 과정이 주기적으로 이어지면서 수은 원자들은 실험에서 설정된 에너지 범위에서 에너지(4.9V)를 한 번만 받아들일 수 있다. 에너지 흡수는 에너지 방출과 마찬가지로 양자화된 상태로 이루어지며 이 실험은 보어의 이론을 확실하게 증명하고 있다.

수은 원자들은 흡수한 에너지를 오랫동안 저장할 수 없다. 충돌에 의해 야기된 들뜬상태는 곧바로(약 10^{-8}초) 광자가 방출되면서 안정된 상태로 되돌아간다. 254nm의 파장도 4.9V의 에너지를 지닌다. 프랑크와 헤르츠는 이와 같은 선을 수은 스펙트럼의 자외선 범위에서 검출해냈다.

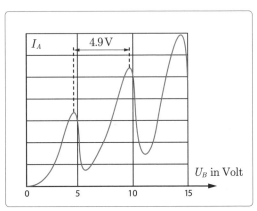

프랑크와 헤르츠의 실험.

원자 모형의 역사

우리는 제6장에서 모든 물체는 원자나 분자로 이루어져 있다는 생각을 바탕으로 고체, 액체, 기체의 응집 상태를 서술했고 다양한 조건에서 변화를 보이는 기체의 상태를 설명했다. 하지만 원자와 분자의 성질에 대해서는 거의 언급하지 않았다. 이상 기체의 상태를 설명할 때는 탄성충돌을 하는 공을 예로 드는 것으로 만족했다.

이제 우리는 원자에 관한 또 다른 정보를 얻기 위해 물리학자 조지프 존 톰슨^{Joseph John Thomson, 1856~1940}, 필리프 레나르트^{Philipp Lenard, 1862~1947}, 어니스트
러더퍼드^{Ernest Rutherford, 1871~1937} 그리고 이미 언급한 닐스 보어 등의 연구를

추적할 것이다. 먼저
이들이 원자의 질량
과 크기에 대해 연구
한 내용을 살펴보자.

조지프 존 톰슨.

필리프 레나르트.

어니스트 러더퍼드.

원자의 질량과 크기

원자의 질량은 질량 분석기로 구할 수 있다. 수소 원자의 질량은 1.67×10^{-27}kg이다. 이는 아주 작게 느껴지겠지만, 전자의 질량보다 1835배나 더 크다.

원자의 크기는 기름방울 실험으로 측정한다. 우선 부피를 잰 기름방울을 물의 표면에 떨어뜨린다. 이렇게 하면 물의 표면에서 형성되는 기름층은 기름 분자와 높이가 같다. 기름방울이 형성한 얼룩의 넓이와 기름방울의 부피를 이용해 기름층의 높이와 기름 분자의 지름을 구할 수 있다. 기름 분자가 얼마나 많은 원자로 이루어져 있는지를 알기 때문에 원자의 대략적인 지름도 알 수 있다. 기름 얼룩은 물의 표면에 기름과 섞이지 않는 양치식물의 일종인 석송의 포자^{lycopodium powder}를 뿌려 눈에 보이게 한다. 이 실험을 통해 원자의 지름은 약 10^{-10}m라는 사실을 알게 되었다.

톰슨의 건포도 케이크 모형

톰슨은 기체 방전에서 전자와 양전하를 띤 입자가 방출되는 것을 관찰했다.

이로써 그는 전자가 원자의 성분이며 실험에서 원자로부터 분리된다고 추론했다. 전자를 방출하고 남은 입자는 전자가 음전하를 띠기 때문에 중립적이지 않고 양전하를 띠게 된다. 즉, 이온이 생기는 것이다(이 경우 이온은 양전하를 띤다).

건포도 케이크.

톰슨에 따르면, 원자는 균일하게 양전하를 띤 구 모양을 이루며, 이 구 속에 마치 케이크에 건포도가 들어 있는 것과 같이 전자가 박혀 있다.

러더퍼드의 원자 모형

1900년경이 되자 원자에 다른 입자를 쏘아 충돌시킬 생각을 하게 되었다. 이렇게 하면 상호작용을 통해 원자의 성질을 알 수 있다는 추측을 하게 된 것이다. 먼저 레나르트는 알루미늄박에 전자를 쏘았지만, 놀랍게도 전자는 알루미늄박이 없는 상태와 똑같이 그대로 통과했다. 레나르트는 이 결과를 다음과 같이 말했다.

"원자의 내부는 우주와 같이 텅 비어 있다!"

그다음으로 러더퍼드는 a입자(뒤에 가서 다시 설명하겠지만, 이 입자는 헬륨 핵이다)와 얇은 금박으로 실험했다. a입자는 전자보다 훨씬 크고 무겁지만, 원자는 이번에도 금박이 마치 빈 공간인 것처럼 대부분 통과했다. 하지만 이번에는 적지 않은 수의 입자들이 입자의 진행 방향과 다른 각도로 산란되었고, 일부 입자들은 입사된 방향으로 산란되기도 했다. 따라서 러더퍼드는 원자의 속이 완전히 비어 있는 것은 아니라는 결론을 얻게 되었다. 또한 산란각이 분산되는 현상에서 산란하는 입자들의 크기를 잴 수 있었다. 이 입자의 지름은 약 10^{-14}m, 즉 원자 지름의 1만분의 1이다!

이로써 톰슨의 원자 모형은 설득력을 잃게 되었다. 이제 양전하가 원자에 균일하게 분산되어 있는 것이 아니라 아주 좁은 곳에 밀집되어 있다고 생각할 수밖에 없었다.

러더퍼드는 원자가 상대적으로 큰 원자 외피(이 속에 전자가 들어 있다)와 양전하를 띤 매우 작은 원자핵으로 구성되어 있다는 생각을 발전시켜갔다. 그는 전자가 전기적인 인력에 의해 핵 쪽으로 운동하는 것이 아니라 마치 행성들이 태양 주위를 돌듯이 핵 주위를 돈다고 가정했지만, 전자의 궤도 운동은 중력에 의한 것이 아니라 전기력에 의한 것이다.

> **러더퍼드의 원자 모형**
> 원자는 지름이 10^{-10}m인 외피와 지름이 10^{-14}m인 양전하를 띤 핵으로 이루어져 있다. 외피에 있는 전자들은 전기력에 의해 핵 주위를 궤도 운동한다.

좀 더 쉽게 이해하도록 이미지화해 보자.

뮌헨의 올림픽 경기장 중앙에 놓여 있는 쌀 한 알을 원자핵으로 생각하면, 경기장의 천막 지붕은 원자 외피가 된다. 원자핵은 이렇듯 크기가 작다!

뮌헨의 올림픽 경기장.

보어의 원자 모형

러더퍼드의 원자 모형은 중대한 오류를 지니고 있다. 그의 이론은, 궤도를

도는 전자는 헤르츠 쌍극자를 나타내며 전자
기파의 안테나 역할을 함에 따라 전자는 에
너지를 지속적으로 방출하며 얼마 지나지 않
아 핵으로 떨어진다. 하지만 이는 사실과 부
합되지 않는다. 왜냐하면 궤도는 상당히 안
정되어 있고 원자들은 자체 크기를 유지하는
것이 분명하기 때문이다.

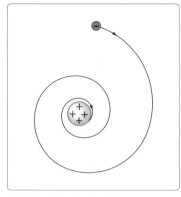

죽어가는 러더퍼드의 원자.

이 문제를 해결한 사람이 닐스 보어다. 그
는 전자에는 특정한 궤도가 있으며 이 궤도에서는 전자가 복사의 형태로 에너
지를 방출하지 않는다고 주장했다. 이로써 당시까지 통용되어오던 이론에 정
면으로 반기를 든 셈이다. 닐스 보어는 "성공이 수단을 정당화한다!"는 모토로
복사의 형태로 에너지를 방출하지 않는 궤도의 조건을 설정했고, 에너지의 흡
수와 방출을 다음과 같이 해석했다.

전자가 바깥쪽에 있는 궤도에서 안쪽에 있는 궤도로 옮기면 광자가 방출된다.
역으로 광자도 흡수될 수 있다. 이렇게 되면 전자가 바깥에 있는 궤도로 도약한
다. 이를 설명한 에너지 준위의 도식은 아래와 같은 그림으로 나타낼 수 있다.

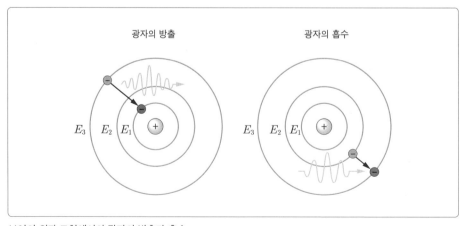

보어의 원자 모형에서의 광자의 방출과 흡수.

보어는 자신이 만든 원자 모형으로 수소 스펙트럼의 진동수를 계산할 수 있었고, 실험적으로 검증된 값을 얻었다. 가히 혁명적이라 할 수 있는 이러한 업적을 살펴보면, 보어가 처음 설정한 가설이 기존의 법칙과는 동떨어졌지만 유효했음이 드러난다. 물론 수소는 존재하는 가장 간단한 원소이고 외피에는 단 하나의 전자만 있다. 이보다 복잡한 원소에서는 이 모형이 적용되지 않는다. 게다가 보어의 원자 모형은 양자역학 이론에 모순된다. 보어가 말한 전자의 궤도는 전자의 위치와 운동량을 정확히 계산할 수 있어야 한다는 점을 전제하고 있기 때문이다. 이는 앞에서 배웠듯이 불가능한 일이다.

따라서 또 다른 모형이 나와야 했다. 하지만 유감스럽게도 고전적인 방식으로 구체화시킬 수 있는 모형은 이제 더 이상 나올 수 없었다.

양자역학적 원자 모형

에르빈 슈뢰딩거.

1925년과 1926년에 하이젠베르크와 오스트리아의 물리학자 에르빈 슈뢰딩거$^{Erwin\ Schrödinger,\ 1887\sim1961}$는 보어의 원자 모형이 지닌 약점을 극복할 목적으로 각각 새로운 원자 모형을 만들었다. 하이젠베르크의 행렬역학과 슈뢰딩거의 파동역학은 수학적으로 동등한 가치를 지니는데, 여기서는 이해하기 쉽고 구체적인 파동역학만 살펴보기로 한다.

슈뢰딩거 방정식

우리는 앞에서 전자의 파동성을 다룰 때, 전자는 물질파로 설명할 수 있으며, 파동함수의 진폭의 제곱이 전자가 일정한 영역에서 발견될 확률을 나타낸다고 배웠다. 슈뢰딩거는 원자에 대한 파동함수를 찾아 나섰다. 하지만 이런 파동함수를 어떻게 찾을 수 있을까?

슈뢰딩거는 이 함수가 고전역학의 운동 법칙인 '힘은 질량 곱하기 속도'와 같이 보편타당한 기본 방정식에서 유도되어야 한다고 확신했다. 하지만 이러한 기본 방정식은 새로운 연구 영역을 다루는 것이기 때문에 기존의 방정식에서 유도할 수 있는 성질의 것이 아니었다. 오직 직관적으로 방정식을 찾아나가는 것 이외에는 다른 방법이 없었다.

슈뢰딩거는 물리학의 다른 영역(기하광학에서 파동광학으로 넘어가는 영역)에서 유추해 결국 기본 방정식을 찾아냈다. 그런데 이 방정식은 이해하기가 쉽지 않다.

슈뢰딩거 방정식(시간과 독립적인 부분)

$$\Psi''(x, y, z) + \frac{8 \times \pi^2 \times m}{h^2}(W - W_{\text{퍼텐셜}}) \times \Psi(x, y, z) = 0$$

여기서 Ψ는 파동함수를, m은 질량을, W는 전자의 전체 에너지를, $W_{\text{퍼텐셜}}$은 전자의 위치에너지를 의미한다. Ψ''는 Ψ의 2차 미분을 나타낸다.

이 방정식은 시간과 독립적인 특수한 방정식이다. Ψ와 $W_{\text{퍼텐셜}}$이 위치에만 좌우된다면, 시간과 독립적인 부분만 고려하는 것으로 충분하다.

슈뢰딩거 방정식은 2차 미분방정식이다. 이 방정식을 풀려면, 주어진 위치에너지에 대한 파동함수 Ψ와 전자 에너지 W를 알아야 한다. 이 방정식은 위치

(퍼텐셜)의 변화에 따라 수학적으로 매우 까다로운 과제가 될 수도 있다. 따라서 간단하지만 이해의 폭을 넓혀줄 수 있는 퍼텐셜의 변화, 즉 선형 퍼텐셜 우물을 살펴보기로 하겠다.

선형 퍼텐셜 우물

선형 퍼텐셜 우물은 매우 단순화시킨 원자 모형이다. 전자의 위치에너지는 '핵'장에서는 사실상 핵과의 거리의 역에 따라 좌우되는 반면, 퍼텐셜 우물의 경우 일정한 영역에서는 전자에 아무런 힘도 작용하지 않지만, 이 영역을 벗어나면 $W_{퍼텐셜}$이 무

스쿼시.

한대로 크게 작용한다고 전제한다. 이로 인해 가장자리는 벽과 같이 작용하며, 일종의 우물이 생기는 것이다. 전자는 이 우물 속에 갇혀 이리저리 왔다 갔다 하다가 벽과 충돌한다. 전자는 마치 스쿼시 코트에서 완전한 탄성을 지닌 스쿼시 공이 완전한 탄성을 지닌 벽과 충돌하는 것과 마찬가지의 운동을 하는 것이다. 다음쪽 그림은 폭이 a인 축소판 퍼텐셜 우물을 나타낸다.

이제 위치에너지의 변화를 나타내는 슈뢰딩거 방정식을 풀 차례가 되었다. 이와 유사한 것은 이미 배운 적이 있다.

파동함수의 진폭과 함수 자체는 가장자리와 우물 외부에서는 0값을 가질 수밖에 없다. 왜냐하면 이곳에서는 전자가 존재하지 않기 때문이다. 이러한 상황은 제2장에서 양쪽 끝에 고정시킨 현의 진동을 살펴볼 때 이미 나온 바 있다. 우리는 앞에서 특정한 진동수에서 정상파가 만들어진다는 것을 배웠다. 즉, 밧줄의 양 끝에서 마디가 형성될 때 양 끝 마디의 거리, 즉 밧줄의 길이가 반 파

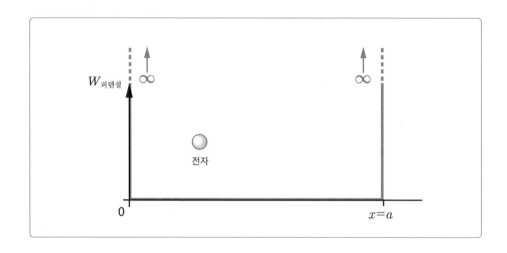

장의 정수배가 될 때 정상파가 만들어지는 것이다. 따라서 퍼텐셜 우물의 파동 함수는 정상파를 나타내며 다음의 식이 성립한다.

$$\frac{\lambda}{2} \times n = a \ (\text{여기서 } n = 1, 2, 3 \cdots \text{이다}).$$

이 식에서 λ의 값을 구하면 $\lambda = \frac{2 \times a}{n}$ 이다.

이 식은 일정한 진동 상태에만 적용되며 다른 진동 상태에는 적용되지 않는 다는 사실을 명심해야 한다. 따라서 양자화에 대한 근거가 드러난다. 양자화는 이제 (닐스 보어의 경우처럼) 더 이상 자의적인 가정에 따른 것이 아니라 파동성 에서 필연적으로 파생되어 나온 것이다!

우리는 위의 식과 드브로이의 식을 이용해 전자의 운동에너지를 구할 수 있다.

$$W = \frac{1}{2} \times m \times v^2 = \frac{1}{2} \times \frac{p^2}{m} = \frac{1}{2} \times \frac{h^2}{m \times \lambda^2}$$

$$= \frac{1}{2} \times \frac{h^2 \times n^2}{m \times 4 \times a^2} = \frac{h^2}{8 \times m \times a^2} \times n^2$$

따라서 임의적인 에너지가 나오는 것이 아니라 아주 특정한 에너지가 나온다. 바로 양자화된 에너지인데, 수 n은 에너지 준위를 표시하며 양자수라고 한다.

폭이 a인 선형 퍼텐셜 우물 속에 갇힌 전자는 다음과 같은 에너지 준위를 가진다.

$$W_n = \frac{h^2}{8 \times m \times a^2} \times n^2 \ (n=1, 2, 3, \cdots)$$

아래 그림은 퍼텐셜 우물의 에너지 준위를 나타낸다.

퍼텐셜 우물의 모형은 상대적으로 간단하다. 그럼에도 불구하고 실제 상황에 적용할 수 있다. 예를 들어 시아닌과 같은 색소의 분자는 선형 퍼텐셜 우물 모형으로 설명할 수 있다. 즉, 이 모형을 통해 시아닌 분자가 어떤 진동수에서 빛을 흡수할 수 있는지를 예측하는 것이다. 이는 실험을 통해 확인되었다. 하얀 빛을 시아닌 용액에 비추어 스펙트럼 형태로 분해하면 특정한 곳에서 검은

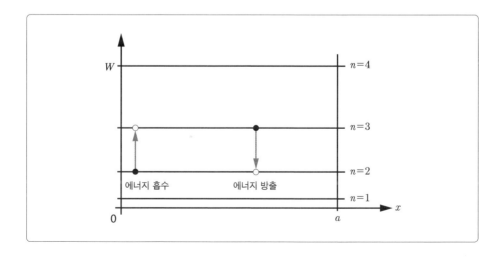

부분이 나타나는데, 이 부분에서는 해당 진동수의 빛이 흡수되었기 때문이다.

원자 궤도

수소 원자와 전자를 많이 지닌 또 다른 원자들에 대한 슈뢰딩거 방정식의 해법은 타당한 결과를 낳았고 실험을 통해 검증되었다. 하지만 이 과정을 설명하는 것은 이 책의 수준을 벗어나기 때문에 생략하기로 한다.

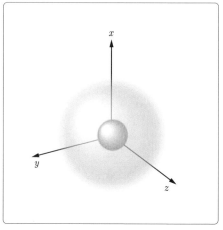

원자 궤도의 예.

슈뢰딩거 방정식이 낳은 결과 중 하나는 여러 양자수에 따라 좌우되는 에너지 준위를 지닌 파동함수다. 특정한 에너지 준위, 즉 특정한 양자역학적 상태(오비탈)에 있는 전자가 각 지점에서 발견될 확률을 나타내는 확률구름은 원자 공간에 퍼져 있다. 위의 그림은 특정한 상태에 있는 수소 원자 내의 전자의 궤도를 나타낸다. 이 궤도는 주 양자수가 2이고 궤도 양자수가 0인 상태를 나타낸다. 공간 영역이 점점 진할수록, 이 영역에서 전자가 발견될 확률은 커진다. 화학에서는 화학 결합을 설명하기 위해 오비탈을 이용한다.

이러한 원자 궤도로 인해 이제 더 이상 고전적인 전자 궤도에만 의존하지 않으며, 보어의 원자 모형이 지닌 문제점도 해결되었다.

양자역학의 응용

양자역학은 사실 우리 일상생활과 떼려야 뗄 수 없으며, 다음의 예들은 양자역학의 기술적인 응용 사례를 보여준다.

레이저

레이저^{laser}는 '복사선의 유도 방출에 의한 빛의 증폭$^{LASER, \ Light \ Amplification \ by \ Stimulated \ Emission \ of \ Radiation}$'이라는 영어의 머리글자를 조합한 합성어로, 다양한 종류의 레이저가 레이저 포인터, 마트의 현금 계산 스캐너, DVD 플레이어 등에 쓰인다.

레이저를 이용한 재료 가공.

우리는 레이저를 일반적으로 특수한 성질을 띤 빛으로 알고 있다. 의학에서는 눈의 망막 박리나 눈의 각피질 제거에, 에너지가 큰 레이저는 물체를 뚫거나 자르고 깎을 때 쓰인다.

레이저가 어떻게 작동하는지를 헬륨-네온 레이저의 예를 통해 살펴보자. 이 레이저는 파장이 632nm인 빨간색의 빛을 만드는데, 이 빛은 제7장에서 이미 다룬 바 있다.

기체 방전관에 헬륨과 네온으로 채우고 두 극의 끝에 거

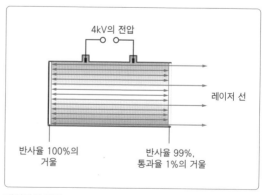

4kV의 전압

레이저 선

반사율 100%의 거울

반사율 99%, 통과율 1%의 거울

레이저의 원리.

울을 댄다. 한 거울은 빛의 1%만 통과시킨다. 이렇게 하면 헬륨－네온 레이저가 완성된 셈이다. 더 많은 부품은 필요 없다. 하지만 레이저는 어떻게 작동하는 걸까?

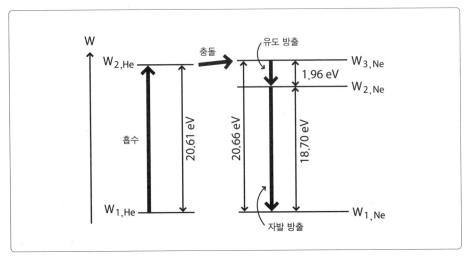

레이저의 에너지 준위.

위의 그림은 헬륨과 네온의 에너지 준위를 보여준다. 이 두 원자는 우연히도 거의 같은 에너지 준위, 즉 $W_{2, \text{헬륨}}$과 $W_{3, \text{네온}}$을 나타내고 있다. 또한 에너지 준위 $W_{3, \text{네온}}$은 매우 특이한 성질을 지니고 있다. 즉 이 에너지 준위는 준안정$^{\text{metastable state}}$ 상태에 있는 것이다. 이는 원자가 자발 방출이 일어나기 전까지 이 상태에 상대적으로 오랫동안 머무는 것을 의미한다. 하지만 사실, '상대적으로 오랫동안'이라는 말은 초 정도의 시간을 가리킨다. 이는 우리 인간들에게는 매우 짧은 시간이지만, 원자 분야에서는 앞에서 언급한 정상적인 들뜬상태일 때의 10^{-18}초와 비교하면 어마어마하게 긴 시간이다.

레이저를 이해하는 데에는 두 가지 열쇠가 있는데, 그중 하나가 바로 이 준안정 상태다. 이제 다음을 생각해보자. 기체 방전의 전자들은 충돌을 통해 헬류 원자를 들뜨게 한다. 그러면 헬륨 원자들은 (다시 충돌에 의해) 에너지를 이웃한 네온 원자의 준안정 준위에 전달한다. 이때 작은 에너지 차이는 헬륨 원자의 운동에너지에 의해 상쇄된다. 보통 네온 원자가 준안정 상태에 있는 경우는 거의 없지만, 이제는—헬륨을 거치는 우회로에 의해—갑자기 아주 많은 원자들이 준안정 상태에 존재하게 된다. 이러한 상황을 밀도 반전이라고 한다. 준안정 상태에서 벗어나면 자발 방출은 거의 일어나지 않는다. 만약 자발 방출이 일어난다면, 원자는 처음 상태 $W_{2, \text{네온}}$으로 갔다가 다시 자발 방출을 통해 바닥상태로 떨어진다.

이제 레이저를 이해하는 데 필요한 두 번째 열쇠를 살펴보자. 상태 $W_{3, \text{네온}}$에 있는 원자들은 자발 방출을 좀처럼 하지 않는다. 하지만 자발 방출된 광자가 적합한 에너지를 만나게 되면 유도 방출이 발생한다. 어떤 알 수 없는 이유로 원자들은 광자에 의해 자극되어 직접 광자를 방출한다. 뒤이어 전자와 헬륨 원자가 가세해 네온 원자를 준안정 상태로 올려놓는다.

따라서 방전관에서는 연쇄 반응이 일어나는데, 이 과정에서 점점 더 많은 광자가 움직이게 된다. 이 광자들은 거울에 의해 반사된다. 따라서 (파동의 모양으로 말하자면) 파동이 왕복 운동을 한다. 이제 거울과의 간격을 정상파의 조건이 충족될 정도로 유지하면 진폭이 커지게 된다. 또한 부분 반사를 시키는 거울을 통해 매우 강한 단색의 복사가 나오며 조밀한 스펙트럼선을 만든다.

발광 다이오드

발광 다이오드LED, Light Emitting Diode는 반도체 소자다. LED는 전자 제품의 숫자 및 문자 표시기에 사용되며, 근래에는 대형 전광판 또는 절전 전구 등으로 사용 범위가 점점 커지고 있다.

발광 다이오드.

반도체의 원자 성질은 고체 물리학에서 연구된다. 여기서는 이러한 성질과 관련해 LED가 어떻게 빛을 내는지를 이해하는 데 도움이 될 정도만 설명할 것이다.

반도체의 소재로는 대개 규소가 사용된다. 규소 원자의 외피에는 14개의 전자가 있는데, 그중 최외각(가장 바깥 궤도를 도는) 전자의 개수는 4개다. 이 4개의 가전자^{valence electron}가 규소의 결합 성질을 결정한다. 원자들은 다음 그림과 같은 결정격자로 배열된다(4개의 가전자가 각각 그려져 있다).

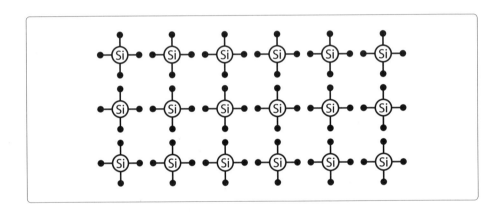

격자는 원자와는 다른 에너지 성질을 지닌다. 즉, 폭이 좁은 에너지 준위 대신 폭이 넓은 에너지띠가 있는 것이다. 에너지띠 구조의 맨 위에 있는 두 개의 띠는 전도띠와 공유띠다. 반도체에서는 이 두 띠 사이에 에너지 간격이 있다.

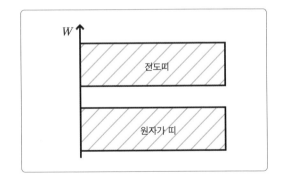

반도체 소자는 대개 불순물을 첨가한('도핑한'이라는 표현을 쓰기도 한다) 반도

체를 사용한다. 여기서 첨가한
다는 말은 결정에 가전자 수가
다른 원자를 넣는 것을 의미하
는데, 이렇게 첨가된 원소가 있
는 반도체를 흔히 불순물 반도
체라고 한다. 이렇게 불순물을
첨가함으로써 결정 구조에 전자

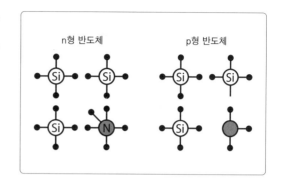

가 많아지는 경우(n형 반도체)와 적어지는 경우(p형 반도체)가 있다.

　n형 반도체의 전자들은 느슨하게 결합되어 있어 상대적으로 자유롭게 운동
한다. 하지만 p형 반도체의 정공은 일정한 방식으로 움직인다. 그래서 이 정공
으로 다른 가전자가 도약해 들어올 수 있다. 이로 인해 이 가전자가 있던 곳에
는 다시 정공이 생긴다―이런 방식으로 정공이 이동하는 것이다. 우리는 이와
유사한 현상을 극장에서 경험한다. 어떤 자리가 비어 있으면, 관객들이 이 빈
자리를 채우면서 연이어 이동한다. 그렇게 되면 빈자리는 반대 방향으로 이동
하게 되는 것이다. p형 반도체에서는 정공이 양전하와 같은 성질을 띤다(p형이
라고 하는 이유는 플러스를 나타내는 positive의 p를 땄기 때문이다). 하지만 불순물 반
도체도 전체적으로는 전기적으로 중성이며 양전하 또는 음전하를 띤 전하 운
반체를 더 많이 지니고 있을 뿐이다.

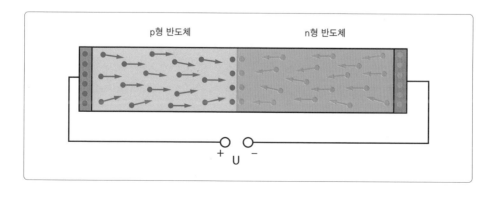

이제 p형 반도체와 n형 반도체를 접합시켜보자. 이렇게 하면 접합면 주위에 전하 운반체가 거의 더 이상 존재하지 않는 구역이 생긴다. 이제 p형 반도체를 전원의 양극에, n형 반도체를 음극에 연결하면, 약 0.7V의 전압부터 n형 반도체의 전자들과 p형 반도체의 정공들이 경계 구역으로 들어와 재결합한다. 즉, 전자들이 정공으로 도약해 들어와 정공을 채우게 되는 것이다. 이는 에너지 측면에서 보면, 전자들이 전도띠에서 공유띠로 이동하는 것을 의미한다. 이때 광자가 방출된다. 따라서 LED의 빛은 경계 구역에서 전자와 정공이 재결합할 때 생긴다.

반도체 다이오드는 빛을 내지 않는 경우도 있지만 항상 n형 반도체와 p형 반도체로 이루어져 있고, 언제나 전류를 한 방향으로만 흐르게 하기 때문에 일종의 정류기로 작용한다. 앞에서 언급한 태양 전지도 원래는 반도체 다이오드다.

나노 기술

10^{-9}m의 크기를 다루는 극미세 가공 과학 기술을 나노 기술이라고 한다. 나노 과학자들은 특정한 소재의 표면과 구조를 연구하며, 양자물리학적 지식을 이용한다. 나노 기술의 목표는 기존의 재료 분야들을 연결해 새로운 기술 영역을 구축하는 것이다.

나노 기술은 전자와 정보 통신은 물론 기계·화학·바이오·에너지 등 거의 모든 산업에 응용할 수 있어 인류 문명을 혁명적으로 바꿀 기술로 떠오르고 있다. 이 기술이 발전되면 환경·의료·생명 공학·신소재 등에서 상상을 초월한 변화가 예상된다.

핵물리학과
소립자 물리학

방사능

앙리 베크렐.

프랑스의 물리학자 앙투안 앙리 베크렐[Antoine Henri Becquerel, 1852~1908]이 자연 방사능을 발견하면서부터 원자핵에 대한 연구는 시작되었다. 이제 원자핵이 방사선의 원천이라는 사실이 드러난 것이다.

핵물리학은 세계의 가장 내부에 있는 것에 대한 매력적인 통찰을 낳았다. 또한 인간이 발명한, 가장 소름 끼치는 무기의 발전에도 기여했다.

1945년 8월 히로시마와 나가사키에 원자폭탄이 투하된 이후, 물리학자들은 이 폭탄을 발명한 데 대한 책임에서 자유로울 수 없다.

이제 우리는 가장 작은 사물, 즉 원자핵과 소립자의 세계로 여행을 시작한다.

자연 방사선

방사능 경고 표지판을 보면 불안감이 유발된다. 왜냐하면 방사선은 매우 위험하지만 우리는 냄새나 맛으로 감지할 수 없기 때문이다. 자연은 우리에게 방사능을 감지할 수 있는 감각을 주지 않은 것이다. 하지만 방사선은 사진 건판을 검고 두꺼운 종이로 덮어두어도 감광시킨다. 베크렐은 바로 이러한 작용을 관찰하여 1896년에 방사선을 발견했다.

방사능 경고 표지판.

방사선의 근원은 우라늄 염이었다. 베크렐은 검은 종이로 싼 사진 건판 위에 형광을 내는 우라늄 염을 올려놓았는데, 햇빛에 노출시킨 후 사진 건판을 현상했을 때 사진 건판이 감광 현상을 일으켰다. 투과력 있는 방사선의 원인이

피에르 퀴리.

우라늄 염이라는 사실이 확인된 것이다. 이후 마리 퀴리[Marie Curie, 1867~1934]와 그녀의 남편 피에르 퀴리[Pierre Curie, 1859~1906]는 지속적으로 방사선을 내는 다른 원소도 발견했다. 이러한 물질을 자연 방사성 원소라고 한다.

마리 퀴리.

방사선의 검출

방사선을 측정하는 기구는 한스 가이거[Hans Geiger, 1882~1945]와 발터 뮐러[Walter Müller, 1905~1979]가 발명된 가이거-뮐러 계수관(간단히 가이거 계수기라고도 한다)이다. 이 기구는 방사선의 이온화 작용을 이용한다.

계수관은 중간에 철사를 넣고 비활성 기체(불활성 기체 또는 희유기체라고 하며 아르곤, 크립톤 등과 같이 화학적으로 활발하지 못하여 화합물을 잘 만들지 못하는 기체다)로 채운다. 입구는 방사선을 투과시키는 박막으로 되어 있으며 철사

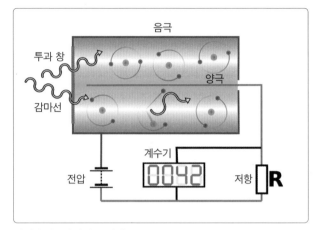

가이거 계수기의 작동 방식.

와 원통의 금속 벽 사이에는 약 500V의 전압이 흐른다. 방사선은 원통의 금속 벽을 지나면서 비활성 기체 원자를 이온화시킨다. 즉, 방사선이 원자로부터 전자를 분리시키는 과정에서 원자가 이온이 되는 것이다. 이제 기체는 전하 운반체(전자와 이온)를 지니게 되어 전류를 흐르게 할 수 있다. 이 때문에 방사선이 들어오면 전자의 수가 갑자기 증가하거나 2차 전자가 튀어나와 관 속에서 순간적인 방전이 일어난다. 이 방전 전류를 진공관으로 증폭하여 스피커를 울리거나 계수관을 움직여 입자를 측정할 수 있다. 또한 계수관이 방사선 자체를 측정하거나 방사선의 에너지를 측정하도록 조정할 수도 있다.

방사선의 종류

방사선의 물리학적 성질을 조사하기 위해 연구자들은 방사선에 대해서도 다른 물질의 경우와 똑같은 물리 실험을 실시해, 방사선이 자기장에서 어떤 반응을 보이는지와 방사선이 다른 물질과 어떤 방식으로 상호작용을 하는지를 살펴보았다. 그 결과, 방사성 원소에서 세 가지 형태의 방사선이 나온다는 사실

이 밝혀졌다. 이들은 그리스 알파벳의 첫 세 글자로 표시된다.

α(알파)선은 종이를 통과할 수 없고 자기장에서 양전하를 띤 입자와 똑같이 운동한다. 따라서 알파선은 원자 입자로 이루어져 있다. 포획된 입자를 질량 분석기로 조사하거나 방출 스펙트럼으로 조사하면, 알파선이 헬륨 원자핵, 즉 전자를 모두 잃은 헬륨 원자로 이루어져 있다는 것이 드러난다.

β(베타)선은 종이를 통과할 수 있지만, 불과 몇 mm 두께의 알루미늄 판에 의해서도 차단된다. 베타선은 자기장에서 음전하를 띤 입자와 똑같이 운동한다. 또한 부분적으로 속도가 매우 빠른(광속의 99.9%에 달하는) 전자로 이루어져 있다.

γ(감마)선은 베타선이 통과할 수 있는 것보다 더 두꺼운 알루미늄 판도 통과할 수 있으며 약 5~10cm 두께의 납판이 있어야 차단할 수 있다. 감마선은 자기장에서 휘어지지 않고 똑바로 나아간다. 앞의 제9장에서 배운 바 있는 결정 격자를 이용하면 감마선이 파장이 매우 짧은(10^{-10}m에서 10^{-16}m까지의) 전자기파라는 사실이 드러난다.

> α(알파)선은 헬륨 원자핵으로, β(베타)선은 전자로 이루어져 있다. γ(감마)선은 파장이 짧은 전자기파이다.

방사선 오염과 방사선 측정기

방사선은 이온화 작용에 의해 인체 조직에 해를 끼치는 만큼, 방사선의 위험을 알기 위해서는 방사선의 양과 에너지를 측정할 수 있어야 한다. 방사선은 곧바로 인체 세포에 전달되기 때문에 흡수된 에너지를 측정하는 일이 선행되어야 하는 것이다. 이를 위해 방사선 측정기를 사용한다.

에너지 양 D는 흡수된 에너지 W를 질량 m으로 나눈 값이다.

$$D = \frac{W}{m}$$

에너지 양의 단위는 그레이(Gy)다.

$$1\text{Gy} = 1\text{J/kg}$$

방사선의 에너지를 측정하는 데 사용되는 단위는 영국의 물리학자 루이스 해럴드 그레이[Louis Harold Gray, 1905~1965]를 기념하기 위해 붙인 이름이다.

유감스럽게도 에너지의 크기는 인체에 해를 끼치는 정도를 정확히 나타내지 못한다. 왜냐하면 α(알파)선이 같은 에너지로도 β(베타)선보다 인체 조직을 훨씬 더 크게 손상시키기 때문이다. 방사선의 종류가 다르면 흡수된 에너지가 같아도 생물학적 손상의 정도가 다르다. 따라서 인체에 미치는 다양한 영향을 고려하는 인수와 에너지의 크기를 곱한 결과인 등가 선량이 기준이 된다.

등가 선량 H는 에너지 양과 방사선의 종류에 따라 좌우되는 평가 인수 q의 곱이다.

$$H = q \times D$$

α(알파)선의 경우, q의 값은 10이고, β(베타)선과 γ(감마)선은 각각 1이다. 등가 선량의 단위는 시버트(Sv)로, 스웨덴의 물리학자 롤프 시버트[Rolf Sievert, 1896~1966]를 기념하기 위해 붙인 이름이다.

$$1\text{Sv} = q \times 1\text{Gy}$$

우리는 우주에서 지구로 날아오는 입자들인 우주선$^{cosmic\ ray}$에 지속적으로 노출되어 있고 자연에서 미량으로 존재하는 방사능 물질을 들이마시며 음식물의 섭취 등을 통해 자연 방사선에 노출되어 있다.

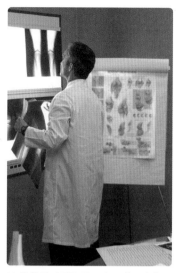

X-선 촬영 사진을 검토하고 있는 의사.

우리가 받는 자연 방사선의 세기는 독일의 경우 1년 평균 약 2mSv이다. 게다가 X-선 촬영과 원자폭탄 실험, 1986년 체르노빌 원전 사고 등으로 인한 방사선 오염이 추가된다. 의료 진찰로 인한 방사선 양은 1년에 2mSv인 반면, 기타 요인으로 인한 방사선 양은 1년에 0.02mSv이다.

체르노빌 원자력 발전소.

짧은 시간에 강한 방사선에 노출될 경우, 1Sv는 방사선 오염을 일으켜 두통과 구역질, 구토, 설사와 같은 병을 유발하며 7Sv는 거의 100%의 확률로 치명적인 결과를 낳는다. 또한 방사선이 생식 세포에 닿으면 유전에 관여하는 물질의 손상을 초래해 신체 기형을 초래할 수 있다.

원자핵의 구조

방사선은 전자에서 나오는 것이 아니다. 왜냐하면 원자의 외각 전자는 - 앞에서 살펴보았듯이 - 2~3전자볼트(eV)의 에너지만 있기 때문이다. 방사선의 에너지는 이와는 완전히 다른 크기이다. 예를 들어 알파 입자는 2, 3메가전자 볼트($1MeV=10^2eV$)의 에너지를 지닌다. 따라서 방사선의 에너지는 원자 외각 전자가 가지는 에너지의 100만 배 이상이다!

하지만 원자핵에서 입자들이 나온다면, 원자핵 자체는 다시 더 작은 요소로 이루어져 있음에 틀림없다. 그렇다면 원자핵 속에는 무엇이 있는가?

원자핵의 성분과 핵력

러더퍼드의 산란 실험을 통해 다양한 원소로 이루어진 원자핵의 전하량과, 이 전하량은 항상 기본 전하의 정수배가 된다는 사실이 알려졌다. 예를 들어 알루미늄의 전하수 Z의 값은 $Z=13$이다. 또 알루미늄의 핵은 $+Z \times e$의 전하량을 지닌다. 이러한 결과에서 핵에는 Z와 동일한 수의 양전하를 띤 입자가 있다고 해석할 수 있다. 이 입자를 양성자^{proton}라고 한다. Z는 핵의 전하수이고, 원자 번호이다.

그런데 질량 분석기로 수소를 조사해보면 놀라운 사실이 드러난다. 수소의 핵은 질량이 통일되어 있지 않고 가벼운 것과 중간 것, 무거운 것과 같이 세 가지 형태가 있다. 중간 핵의 질량은 가벼운 핵의 약 두 배이고, 무거운 핵은 약 세 배이다. 하지만 이 세 가지 핵의 전하수는 모두 1이다. 따라서 양성자는 정확히 한 개가 존재한다. 이 사실에서 우리는 수소의 핵에는 또 다른 입자가 있다고 추측할 수 있다. 이 입자의 질량은 양성자의 질량과 거의 일치하며 전기적으로 중성이다. 이 입자는 1932년 영국의 물리학자 제임스 채드윅^{James} $^{Chadwick, 1891\sim1974}$이 발견했는데 중성자라고 한다. 핵의 중성자 수는 N으로 표시된다.

따라서 수소는 세 가지 형태가 있을 수 있다.

첫 번째 형태의 핵은 한 개의 양성자만 지니고 있다.

두 번째 형태의 핵은 한 개의 양성자와 한 개의 중성자를 지니고 있다. 이는 중수소^{deuterium}라고 한다.

세 번째 형태의 핵은 한 개의 양성자와 두 개의 중성자를 지니고 있다(이는 삼중수소^{tritium}라고 한다).

양성자의 수는 같지만 중성자의 수가 다른 핵종$^{核種, \text{nuclide}}$을 동위원소 라고 한다. 따라서 중수소는 수소의 동위원소이다.

중성자와 양성자를 합쳐서 핵자$^{核子, \text{nucleon}}$라고 한다. 한 핵종의 핵자의 수는 A로 표시하고 질량수라고 한다. A, Z, N중에서 두 개만 알아도 핵종은 명확히 결정된다. 왜냐하면 식 $A=Z+N$이 성립하기 때문이다. 흔히 A와 Z가 화학 부호 앞에 표시된다. 오른쪽 그림은 수소 동위원소와 그 핵종의 특징을 나타낸다.

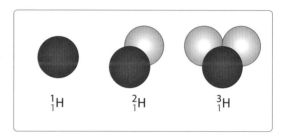

수소 동위원소.

원자핵은 Z개의 양성자와 N개의 중성자로 이루어져 있다. Z는 양성자의 수이고 N은 중성자의 수를 말한다. 중성자의 총수는 A로 표시되며 이를 원자량이라고 한다.

양성자는 양의 전하를 띠고 있으며 질량은 $m_{\text{양성자}}=1.6726231\times10^{-27}\text{kg}$이다.
중성자는 전기적으로 중성이며 질량은 $m_{\text{중성자}}=1.6749286\times10^{-27}\text{kg}$이다.

양성자는 양의 전하를 띠고 있기 때문에 서로 밀어내지만 (중성자와 함께) 안정된 핵을 이룬다. 따라서 핵자 사이에는 인력이 작용하는데, 이 인력은 매우 짧은 거리에서만 작용하며 핵을 결속시킨다. 이 힘을 핵력이라고 한다. 핵력은 중력과 같은 힘이 아니라 새로운 힘이다. 왜냐하면 중력은 원자핵에서 거의 무시해도 될 정도로 아주 미약하게 작용하기 때문이다.

질량 결손과 결합 에너지

질량 분석기로 중수소를 조사하면, 중수소 핵의 질량은 $m_{중수소}=$ $3.3435860 \times 10^{-27}$kg이다. 중수소 핵은 한 개의 양성자와 한 개의 중성자로 이루어져 있는 만큼 앞의 양성자와 중성자의 질량값을 이용해 질량을 계산하면 $3.3475517 \times 10^{-27}$kg이 나온다.

잠깐…… 무언가 맞지 않다!

이렇게 되면 중수소 핵이 핵의 성분들을 합친 것보다도 더 작은 질량을 가지는 셈이 된다. 즉, $\Delta m = 0.0039657 \times 10^{-27}$kg만큼 질량이 작다! 이 수치가 맞고 계산이 틀리지 않았다면, 이런 차이, 즉 질량 결손이 생기는 이유는 무엇일까? 만약 알베르트 아인슈타인이 살아 있다면, 이에 대해 다음과 같이 말할 것이다.

"그건 이상할 게 없다. 나는 특수상대성이론에서 질량과 에너지는 등가 관계를 지닌다고 말했다. 양성자와 중성자가 모여 하나의 핵을 만든다면, 에너지가 나온다. 방출된 에너지는 손실된 질량과 같다. 이것이 바로 질량 결손이 생기는 이유이다."

이에 따라 방출된 에너지를 아인슈타인의 공식으로 계산하면 다음과 같다.

$$W = \Delta m \times c^2 = 3.56 \times 10^{-13}\text{J} = 2.22\text{MeV}$$

핵자를 다시 분리시키기 위해서는 역으로 이 에너지를 핵에 전달해야 한다.

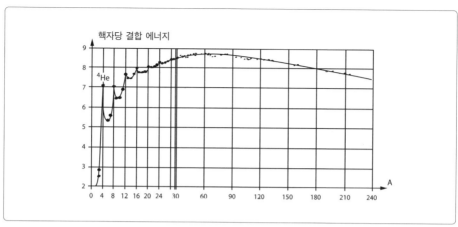

핵자당 결합 에너지

결합 에너지.

이것이 바로 결합 에너지다. 다음의 그림은 질량수에 따라 좌우되는 핵자당 결합 에너지를 나타낸다. 결합 에너지는 약 $A=60$에서 최댓값을 갖는다. 가벼운 핵뿐 아니라 무거운 핵도 이 최댓값에 도달하는 것이 바람직하다. 왜냐하면 이로 인해 결합 에너지가 방출되기 때문이다. 이에 대해서는 핵분열과 핵융합을 다룰 때 다시 자세히 살펴볼 것이다.

> 개개의 핵자가 원자핵으로 결합되면, 에너지가 방출된다. 이때 핵자가 지닌 질량의 일부는 에너지로 전환된다.

탄소동위원소, $^{12}_{6}C$ 12g을 1몰^{mole}이라고 한다. 따라서 탄소, $^{12}_{6}C$ 0.0123kg을 1몰 속에 들어 있는 원자의 수로 나누면 탄소 원자 하나의 질량이 된다. 그런데 이 질량은 질량결손으로 인해 여섯 개의 양성자와 여섯 개의 중성자의 질량을 합한 것보다 적다.

핵의 붕괴

α(알파)선은 ${}_2^4$He입자로 이루어져 있다. 따라서 핵이 α(알파) 입자를 방출하면, 핵은 붕괴되고 다른 화학 원소에 속하는 성분만 남는다. 예를 들어 아메리슘은 α(알파) 입자가 방출되면 넵투늄으로 붕괴된다.

$$ {}_{95}^{241}\text{Am} \rightarrow {}_{93}^{237}\text{Np} + {}_2^4\text{He} + 5.48\text{MeV} $$

β(베타)선은 중성자가 양성자와 전자로 붕괴됨으로써 생긴다. 이때 전자는 핵을 떠난다. 따라서 β(베타) 붕괴에서도 다른 입자가 생긴다. 게다가 반중성미자($\bar{v}$)라고 하는 또 다른 소립자가 방출된다. 이는 1953년에 발견되었으며 예를 들면 다음과 같다.

$$ {}_{79}^{198}\text{Au} \rightarrow {}_{80}^{198}\text{Hg} + {}_{-1}^{0}e + \bar{v} $$

따라서 이 금 동위원소는 수은으로 붕괴된다! 하지만 금을 가진 사람들은 불안해할 필요가 없다. 다행히 금은 매우 안정된 원소이기 때문이다!

β(베타)선은 원래 β^-선이다. 특히 인공적으로 만든 핵종에서는 β^+선도 나타나는데, 이것은 양전자^{positron}(전자의 반입자)의 흐름으로, 양전자는 소립자로서의 속성은 전자와 같지만, 양의 전하를 가지는 입자다. 이런 양전자가 방출될 때는 중성미자가 함께 방출된다.

방사성 동위원소의 핵이 붕괴되면, 붕괴된 후에 생기는 핵도 다시 방사능을 가지고 이런 과정은 계속 이어진다. 따라서 연쇄 붕괴가 생기며 최종적으로 안정된 핵종이 형성된다.

붕괴 법칙과 반감기

유감스럽게도 핵이 언제 붕괴되는지는 예측할 수 없다. 핵의 수에 관해서만 통계적인 수치를 말할 수 있을 뿐이다. 동위원소 $^{220}_{86}\text{Rn}$의 100만 개의 라돈 핵 중에서 55.8초가 지나면 50만 개만 남는다. 또 55.8초가 지나면 25만 개만 남고 이런 과정은 계속 이어진다. 붕괴는 지수 법칙에 따른다. 이렇게 핵이 반으로 줄어드는 데 걸리는 시간 55.8초를 라돈 동위원소의 반감기라고 한다.

이보다 훨씬 더 긴 반감기도 있다. 예를 들어 탄소 동위원소 $^{14}_{6}\text{C}$의 반감기는 5730년이다. 이 동위원소는 고고학적인 연대 측정에 이용된다.

1991년 이탈리아 북부 알프스 계곡 빙하 지대에서 발견된 외치(발견된 지명을 따서 아이스맨 외치라 한다)의 사망 연도는 탄소 연대 측정 방법을 통해 기원전 약 3200년으로 추정되었다. 이 측정법의 원리는 다음과 같다.

탄소 동위원소 $^{14}_{6}\text{C}$는 대기 중에 일정한 비율로 존재한다. 따라서 녹색 식물의 광합성 뒤 먹이 사슬에 의해 동물의 몸속에서 일정한 비율로 남게 된다. 동물이 죽으면 대기와의 탄소 교환이 중단되고 $^{14}_{6}\text{C}$의 몫은 방사능 붕괴로 인해 줄어든다. 생명체의 잔해에 남아 있는 방사성 탄소의 양을 측정하면 죽은 연대를 계산할 수 있다.

시점 $t=0$에서 방사능 핵종 n셈 핵이 존재한다면, 임의의 시점 t에서 핵의 수 n에 대해서는 다음의 식이 성립한다.

$$n(t) = n_0 e^{-\lambda t}$$

λ는 붕괴상수를 가리킨다.

방사능 핵종의 반감기 T는 불안정한 핵의 수가 어떤 시간 간격에 반으로 줄어드는지를 나타낸다. 식은 $T = \dfrac{\ln 2}{\lambda}$이다. 여기서 ln은 자연로그로 밑수가 e인 로그이다.

핵분열

1938년에 오토 한[Otto Hahn, 1879~1968] 과 프리츠 슈트라스만[Fritz Strassmann, 1902~1980] 그리고 리제 마이트너[Lise Meitner, 1878~1968]는 베를린에서 새로운 원소를 만들기 위해 실험을 했다.

오토 한과 프리츠 슈트라스만.

리제 마이트너.

나치의 유대인 박해를 피해 스웨덴으로 망명한 리제 마이트너는 그곳에서 오토 한과 편지를 주고받으며 실험에 관해 논의했다. 이들은 우라늄 핵과 중성자를 충돌시킨 뒤 중성자가 핵에 의해 포획되기를 기대했다. 이렇게 되다면 β(베타) – 붕괴에 의해 보다 무거운 핵이 생길 수 있다고 생각한 것이다. 그런데 실험 과정에서 전혀 예기치 못한 결과가 나왔다. 기대한 것과 달리 새로운 무거운 핵이 생기지 않은 것이다! 그 대신 바륨($z=56$)과 크립톤($z=36$)과 같은 물질이 검출되었다. 이 물질들은 충돌 전에는 존재하지 않았다. 이 현상을 어떻게 해석할 것인가?

당신이 56과 36을 더한다면, 한과 슈트라스만 그리고 마이트너가 어떤 결론을 내렸는지 짐작할 것이다. 이 둘의 합은 92로, 우라늄의 원자번호다. 이 세 과학자들이 내린 결론은 다음과 같았다.

한 개의 중성자가 우라늄 핵을 분열시켜 비슷한 크기의 두 개의 원자핵을(뒤에 다시 설명하겠지만, 이때 2~3개의 중성자도 나온다) 만들어낸 것이다. 이 실험으로부터 7년 후에 최초의 핵분열 폭탄이 투입되었다.

핵에너지의 평화로운 이용에 관한 논의는 오늘날까지도 계속 이어지고 있다. 핵분열로 엄청난 에너지가 생기는 이유는 왜일까?

핵분열의 물리학적 과정

전형적인 핵분열은 다음과 같은 식으로 나타낼 수 있다.

$$^{235}_{92}\text{U} + ^{0}_{1}n \rightarrow ^{144}_{56}\text{Ba} + ^{89}_{36}\text{Kr} + 3 \times ^{1}_{0}n$$

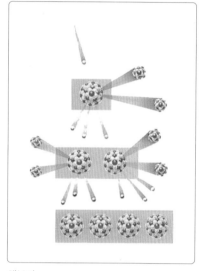

한 개의 중성자가 $^{235}_{92}\text{U}$(우라늄) 핵에 충돌해 이 우라늄과 함께 들뜬상태의 복합핵을 만든다. 이 핵은 두 개의 핵분열 조각과 세 개의 중성자로 붕괴된다(때로는 두 개의 중성자가 생기기도 하고, 핵분열 조각은 더 많이 나뉘기도 한다). 이때 결합 에너지의 일부가 방출되는데, 이는(핵분열의 운동에너지로) 핵분열당 약 200메가전자볼트(MeV)에 달한다.

200MeV는 원자 차원에서는 매우 크지만, 우리의 일상적인 세계에서는 무시해

핵분열.

도 될 만큼 작다. 따라서 개별적인 핵분열로는 큰 에너지를 얻을 수 없다.

핵분열로 에너지를 얻는 비밀은 다른 곳에 숨어 있다. 즉, 핵분열시 방출되는 중성자가 열쇠를 쥐고 있다! 우라늄 핵이 충분히 있다면, 이 중성자들이 새로운 분열을 계속 유발할 수 있는 것이다. 바로 연쇄 반응이 일어날 수 있다. 이 연쇄 반응에서는 분열된 핵의 수가 눈사태처럼 불어난다. 분열의 횟수가 많아지면 엄청난 에너지가 방출된다. 1kg의 순수한 $^{235}_{92}\text{U}$(우라늄)에서 핵을 모두 분열시키면, 8×10^{13}J이 생길 수 있다(이 에너지를 기존의 방식으로 만들려면 300만 톤의 석탄을 태워야 한다)!

하지만 분열 가능한 물질이 일정량 이상 있어야 연쇄 반응이 일어난다. 물질의 형태와 구조에 따라 달라지기도 하는 이러한 임계 질량은 기술적인 방식으로 계산할 수 있다.

유감스럽게도 핵분열에서는 방사선이 발생한다. 핵분열이 시작되는 핵뿐만 아니라 분열된 조각들도 방사능을 가지고 있고, 이들의 분열 과정에서도 γ(감마)선이 생긴다. 게다가 핵분열시에 방출된 중성자도 다른 핵종들을 활성화시켜 방사능을 띠도록 유발한다. 방사선이 없는 에너지를 얻을 수는 없는 것이다.

> 핵분열에서는 핵이 두 개의 핵분열 조각과 몇 개의 중성자로 붕괴된다. 이때 200MeV의 에너지가 나온다.

통제되지 않는 연쇄 반응: 핵분열 폭탄

미국은 세계적으로 명성이 높은 과학자들을 모아 맨해튼 프로젝트Manhattan Project라는 이름으로 원자폭탄 개발에 착수했다. 1945년 8월 9일, 히로시마에 투하된 원자폭탄은 원래 핵분열 폭탄이라는 이름으로 불렸어야 했다. 80%로 농축된 $^{235}_{92}U$로 만들어진 64kg의 이 폭탄은 한쪽의 우라늄만으로는 연쇄 반응이 일어나지 않도록 임계 질량보다 작은 두 덩어리로 나뉘었다(연쇄 반응을 일으키는 상태를 임계 상태라 하고, 이러한 상태가 될 핵분열 물질의 양을 임계 질량이라고 한다). 원자폭탄은 투하된 후 화약을 이용해

히로시마로 비행하기 전의 리틀 보이
(Little Boy, 1945년 8월 6일 일본 히로시마에 투하된 최초의 원자폭탄)의 모습.

한쪽 덩어리를 다른 쪽 덩어리로 모이게 하여 임계 질량 이상이 되면 중성자와 불안정한 우라늄 원자가 충돌하면서 연쇄 반응을 일으켜 순간적으로 폭발했다.

폭발이 일어난 후 강한 방사선이 나왔는데, 이는 몇 분 동안 지속되었다. 폭발이 일어난 장소에는 멀리서도 볼 수 있는 불덩어리가 생겼다. 이로 인해 고열의 열복사선이 방출되어 10km나 떨어진 곳에서도 나무들이 불탔다. 열로 인한 공기의 팽창은 압력파를 초래해 히로시마 시의 80%가 파괴되었다. 이후 핵

파괴된 히로시마 시의 모습.

분열로 생긴 방사능 물질은 대기의 상층으로 올라가 다시 방사능 낙진으로 땅에 떨어졌다(죽음의 재라고 하는 원자폭탄의 낙진은 장기간에 걸쳐 지구 곳곳에서 나타난다).

히로시마에 투하된 원자폭탄은 폭발하자마자 약 10만 명의 희생자를 낳았다. 또한 10만 명이 방사선 오염으로 암에 걸려 생명을 잃었다.

통제된 연쇄 반응: 핵발전소

화력 발전소에서는 석탄을 태워 물을 끓인다. 증기가 터빈을 돌려 교류 전류를 생산하는 발전기를 가동하는 것이다.

핵발전소의 기능

핵발전소도 화력 발전소와 거의 똑같이 가동된다. 한 가지 차이가 있다면, 석탄을 태워 물을 끓이는 것이 아니라 핵분열로 물을 끓인

화력 발전소.

다는 점이다. 원자로에는 우라늄 연료봉이 있는데, 이 연료봉은 물에 둘러싸여 있고 연료봉에서는 통제된 연쇄 반응이 일어난다. 연료봉에는 핵분열 물질의 비율이 최고 3% 정도이다. 이 조건에서는 폭발적인 연쇄 반응이 일어나지 않는다. 따라서 원칙상 핵발전소가 원자폭탄처럼 폭발하는 일은 불가능하다.

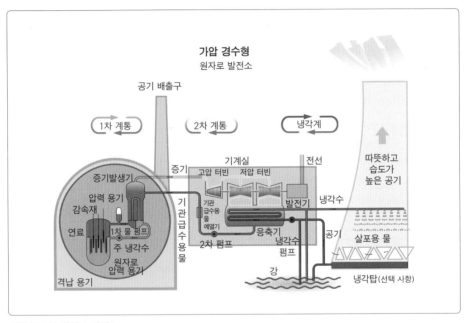

가압 경수형 원자로 발전소.

그림은 독일에서 가장 많이 사용되고 있는 원자로인 가압 경수로의 구조(한국 역시 가압 경수로 타입이 대부분이다)를 나타내고 있다.

1차 계통의 물은 연료봉에 의해 가열되는데 끓지 않도록 높은 압력을 받고 있다. 뜨거워진 물은 열 교환기를 거쳐 2차 계통에 열을 전달하고, 그 결과로 생성된 증기가 터빈을 돌린다.

물은 이 원자로에서 두 가지 역할을 한다. 한편으로는 열전달을 하고, 또 한편으로는 감속재로 작용한다. 물은 중성자와 충돌해 중성자의 속도를 낮춘다.

핵분열에서 방출되는 수백만 메가전자볼트(MeV)의 에너지를 지닌 속도가 빠른 중성자는 원자핵에 잘 흡수되지 않기 때문에 계속해서 핵분열을 일으키지 못한다. 하지만 원자로에서는 물과의 충돌에 의해 수 전자볼트(eV)의 에너지를 지니도록 감속된 느린 중성자가 우라늄 원자핵이 흡수되어 연쇄 반응을 일으키게 된다.

제어봉에는 붕소가 들어 있는데, 중성자를 흡수하는 역할을 한다. 노심 깊숙한 곳에 위치한 제어봉은 연쇄 반응을 줄여 원자로를 제어하거나 원자로가 폐기되면 연쇄 반응을 완전히 중단시킨다.

핵발전소의 안전

수십 년 전부터 핵에너지를 계속 이용할 것인지의 여부에 대해 논쟁이 있어 왔다. 이 논쟁의 쟁점은 다음과 같은 세 가지다.

쟁점 1 원자로는 폭탄처럼 폭발하지는 않지만 핵분열로 생긴 방사능 물질은 연쇄 반응이 중단되어도 강한 열을 방출한다. 따라서 원자로가 폐기되어도 그대로 방치할 수 없고, 방사능 물질을 누출시키지 않도록 지속적으로 냉각시켜야 한다. 원전 사고가 일어나면 방사성 물질이 대기로 퍼져나가게 해서는 안 된다. 원전 사고의 예로는 냉각재의 손실이 커서 주 냉각재 관이 파손될 때를 들 수 있다. 원자로를 더 이상 통제할 수 없을 때, 어떤 일이 생기는지는 1986년 4월 26일에 발생한 체르노빌 원전 사고로 이미 경험했다. 체르노빌 원자력 발전소는 감속재로는 흑연을, 냉각재로는 물을 사용했는데, 기술적인 실험을 하다가 조작 실수로 핵분열의 수가 급증해 노심 일부에서 온도가 갑자기 크게 상승했다. 냉각에 실패해 연료봉이 파괴되고 흑연이 불타면서 방사능 물질이 대기로 퍼져나갔다. 이로 인해 핵발전소의 시설이 아무리 안전하다 해도 비상 냉각이 안전하게 작동되는지는 의문시되고 있다.

쟁점 2 원자로가 가동될 때 생기는 방사능 물질은 환경을 오염시키지 않도록 차단되어야 한다. 하지만 이는 100% 보장할 수 없다. 문제는 원자로를 정상적으로 가동할 때 방사능 물질이 어느 정도로 차단할 수 있는가 하는 것이다.

쟁점 3 사용 후 핵연료는 재처리 시설로 옮겨 아직 분열되지 않은 방사성 물질을 분리하여 새로운 연료봉에 사용된다. 하지만 방사성 폐기물 대부분은 그대로 남는다. 방사선은 간단히 차단할 수 없으므로, 폐기물

방사능 폐기물.

은 방사선이 나오지 않을 때까지 안전한 장소에서 장기간 보관해야 한다.

하지만 유감스럽게도 몇 세대가 흘러야 할 뿐 아니라 안전한 최종 처리장도 찾아야 한다. 독일은 꽤 오래전부터 지금은 폐광이 된 고어레벤의 소금 광산에 영구 핵 폐기장을 건설할 방침이었으나 최종 처리장으로 적합한지의 여부를 놓고 아직도 논쟁 중이다.

핵에너지를 이용하는 데에는 이러한 단점이 있지만, 역으로 재래식 발전소에 비해 환경 오염을 확대하지 않는 장점도 있다. 핵발전소는 온실가스를 발생시키지 않기 때문이다.

핵융합

    지구의 석탄과 석유 그리고 가스의 매장량은 한정되어 있고 이 지하자원을 태울 때는 환경 문제가 발생한다. 재생 에너지 형태는 지금까지 수요의 일부만을 충족시키고 있다. 또 핵에너지 역시 안전상의 위험이 따르고 핵 폐기물의 저장도 문제다. 그럼에도 불구하고 가벼운 원자핵을 더 무거운 원자핵으로 융합해 에너지를 만드는 핵융합을 이용하는 것은 매우 매력적인 발상이라고 할 수 있다. 태양이 바로 이런 방법으로 에너지를 만들고 있다.

    태양의 내부에선 약 46억 년 전부터 수소가 헬륨으로 융합되고 있다. 이때 에너지가 방출되는데, 모든 생명체가 이 에너지에 의존하고 있는 것이다. 수소는 (물의 성분으로서) 대양에서 거의 무한대의 양으로 존재한다. 그렇다면 우리가 앞으로 핵융합을 기술적인 방법으로 이용할 수 있다면, 에너지 문제는 단번에 해결되는 것일까?

핵융합의 물리학적 과정

    두 개의 수소 핵이 융합하려면 서로 접근해야 한다. 그런데 이때는 문제가 있다. 즉, 두 핵은 같은 전하를 띠고 있기 때문에 서로 밀어낸다. 따라서 두 핵이 서로 밀어내는 힘을 이겨내고 핵력의 작용 범위에 도달하기 위해서는 큰 운동에너지를 지녀야 한다. 하지만 이는 온도가 매우 높아야 한다는 것을 의미한다! 태양의 중심부는 약 1500만 K 정도로 뜨겁다. 게다가 밀도는 m³당 약 100g이다. 이러한 조건에서 핵융합이 일어난다. 전형적인 핵융합 반응은 중수소와 삼중수소가 한 개의 중성자가 방출되면서 헬륨으로 융합하는 것이다.

$$\ce{^1_1H + ^3_1H -> ^4_2He + ^1_0}n + 17.6\text{MeV}$$

핵융합 기술

핵융합을 통해 에너지를 얻기 위해서는 우선 매우 높은 온도 상태를 만들어야 한다.

핵융합이 일어나게 하기 위해서는 이런 높은 온도에서 융합시킬 핵들을 모아야 한다. 하지만 핵들을 한 용기에 채워 넣고 밀폐시키기는 쉽지 않다. 왜냐하면 1500만 K에 달하는 높은 온도를 버텨낼 용기를 만들 수 없기 때문이다. 따라서 일종의 벽이 없는 용기를 만들어야 한다. 이런 용기를 만들려고 시도할 때는 장애물이 있다. 즉, 이 온도에서는 수소가 완전히 이온화된다. 따라서 전자와 이온이 서로 분리되어 자유롭게 운동하게 된다. 물질의 이런 상태를 플라스마라고 한다. 따라서 수소는 전하를 띤 운동하는 입자의 형태로 존재한다. 그런데 제4장에서 배웠듯이, 전하를 띤 운동하는 입자들은 자기장의 영향을 받는다. 따라서 플라스마를 구형의 용기에서 회전운동시키면 입자들을 가둘 수 있다는 생각을 하게 되었다. 이렇게 하면 입자들이 자기장의 영향으로 궤도를 돌게 되어 벽에 닿지 않는 것이다.

높은 온도를 만드는 데엔 여러 가지 방법이 있다. 토카막^{tokamak}은 변압기 원리를 이용한다. 여기서는 플라스마가 변압기의 2차 코일을 형성한다. 2차 코일은 감은 수로만 이루어지므로, 전류가 매우 강해져 높은 온도가 만들어질 수 있다. 연구되고 있는 또 다른 방법은 입자들을 진입시켜 충돌에 의한 에너지를 플라스마에 전달해 계속 가열시키는 것이다.

지금까지 실시된 실험에서는 비록 잠깐 동안이긴 하지만 핵융합에 성공할 수 있었다. 하지만 아직도 핵융합을 이루기 위해 투입된 에너지보다 더 많은 에너지를 만드는 데는 실패했다. 앞으로 성공할 수 있을지의 여부도 아직 장담할 수 없다. 핵융합로 공동 개발 프로젝트인 국제열핵융합실험로^{ITER, The International} ^{Thermonuclear Experimental Reactor}가 유럽연합, 한국, 일본, 중국, 러시아, 인도, 미국의 참여하에 추진 중이다. 이 핵융합로는 수년간의 심사 끝에, 프랑스 남부에 있는 카다라슈에 건설되기로 결정되었다. 2025년에 완공 예정인 이 핵융합로는 아직은 본격적인 상업용 핵융합로는 아니고, 실험로라는 이름 그대로 핵융합 에너지의 실용화를 위한 가능성을 최종적으로 검증하는 의미를 지닌다. 실제 핵융합로는 2060년대를 목표로 하고 있다.

> 작은 질량수를 가진 핵들이 융합될 때는 에너지가 방출된다. 하지만 핵융합은 태양의 내부에서와 같은 온도일 때만 가능하다. 핵융합에 의한 에너지 생산은 기술적인 측면에서 아직 성공하지 못하고 있다.

기회와 위험

연구자들이 에너지를 효율적으로 생산하는 핵융합로 건설에 성공할 경우, 무궁무진하면서도 생물이나 환경에 해롭지 않은 에너지 생산의 꿈이 실현될 수 있을까?

무궁무진한 에너지에 대해서는 다음과 같이 말할 수 있다. 현재 모든 실험은 앞에서 설명한 화학방정식에 따르는 중수소와 삼중수소의 융합에 집중하고 있다. 왜냐하면 이 방식이 가장 실현 가능성이 높아 보이기 때문이다. 중수소는 자연에 아주 많지만, 삼중수소는 아주 적다. 따라서 삼중수소는 원자로에서 직접 만들어야 한다. 즉, 경금속인 리튬(휴대전화 배터리의 재료로 알려져 있다)에 중성자를 충돌시키는 것이다.

$$\,^1_0n + \,^6_3Li \rightarrow \,^4_2He + \,^6_1H + 4.8MeV$$

리튬은 납보다 더 많지만 구리보다는 적어 계속해서 채굴해야 한다. 따라서 이러한 종류의 핵융합은 제한된 자원을 이용하는 것이므로, 무궁무진하지는 않은 셈이다.

리튬 배터리.

이제 생물이나 환경에 해롭지 않은 에너지에 대해 설명해보자. 핵융합로도 핵분열 원자로보다는 적은 양이긴 하지만 핵폐기물을 발생시킨다. 핵융합로에서 삼중수소가 만들어지는데, 이 삼중수소는 유감스럽게도 방사능을 지니고 있다. 게다가 중성자가 핵융합 원자로의 재료를 활성화시켜 방사선이 방출된다. 하지만 이 이상은 아니다! 핵융합로에서 생기는 방사성 물질의 양이나 핵폐기물의 반감기는 핵분열 원자로의 경우보다 약 100배 정도 작다. 배출될 수 있는 방사선이나 핵폐기물의 최종 처리장 문제는 훨씬 가볍지만 그렇다고 전혀 없는 것은 아니다! 핵융합은 위험 부담이 전혀 없는 에너지 생산 방식이 아닌 것이다.

핵융합의 통제된 이용이 아직 성공을 거두지 못하고 있는 반면에 통제되지 않은 핵융합은 1950년대에 실행에 옮겼다. 제2차 세계대전이 끝난 직후에 수소 원자의 핵을 헬륨으로 융합시켜 만든 수소 폭탄이 등장했다. 이때 필요한 높은 온도는 고성능 폭약으로 핵분열을 일으켜 얻는다. 먼저 고성능 폭약으로 핵분열을 촉발시켜 초고온 상태를 만들고 이 열기로 수소의 핵이 융합해 헬륨을 형성하는데, 이때 엄청난 에너지가 방출되어 거대한 폭발을 일으키는 것이다. 따라서 수소 폭탄

수소 폭탄 '캐슬 브라보(Castle Bravo)'

은 핵분열과 핵융합을 함께 이용하는 폭탄인 셈이다.

소립자

물리학자들은 대략 1930년부터 소립자의 세계로 파고들기 시작했다. 이 과정에서 물리학자들은 러시아의 바부슈카 인형 효과를 체험했다. 바부슈카 인형은 하나를 열면 그 속에 작은 인형이 있고, 그 작은 인형을 열면 또 작은 인형이 있다. 이렇게 계속 이어지는 것이다!

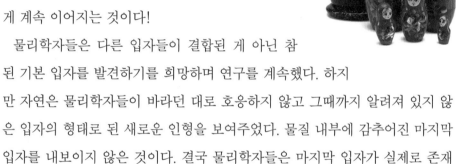

물리학자들은 다른 입자들이 결합된 게 아닌 참된 기본 입자를 발견하기를 희망하며 연구를 계속했다. 하지만 자연은 물리학자들이 바라던 대로 호응하지 않고 그때까지 알려져 있지 않은 입자의 형태로 된 새로운 인형을 보여주었다. 물질 내부에 감추어진 마지막 입자를 내보이지 않은 것이다. 결국 물리학자들은 마지막 입자가 실제로 존재하는지에 대해 의문을 품게 되었다.

우주선$^{cosmic ray}$을 연구하고 (대략 1960년부터) 입자 가속기로 실험하면서 여러 개의 새로운 입자들이 발견되어 입자 동물원이라는 말이 퍼지게 되었다. 우선 이 동물원을 구경하면서 대표적인 소립자를 살펴보기로 하겠다.

양전자

우주선에도 존재하는 양전자^{positron}는 전자의 반입자이다. 양전자는 전자와 질량이 같지만, 양전하를 띠고 있다. 우리는 앞에서 핵붕괴와 관련해 양전자에 대해 배운 바 있다.

두 개의 입자가 양자수는 같지만 전하의 부호가 다를 때 반입자라고 한다. 전자와 양전자는 전하의 부호만 다르다. 중성자의 입자들도 양자수와 관련해 중성자와 반중성자의 두 종류로 나뉜다. 하지만 광자와 같이 반입자가 없는 경우도 있다.

뮤온

뮤온^{muon}은 기본 전하를 띠고 있다는 점에서는 전자나 양전자와 유사하지만, 질량은 전자의 207배다. 뮤온은 입자와 반입자 쌍(μ^+와 μ^-)이 있다. 제8장에서 살펴보았듯이, 뮤온은 생긴 지 얼마 후에 전자 또는 양전자와 중성미자로 붕괴된다.

중성미자

볼프강 파울리.

중성미자^{neutrino}도 앞에서 베타 붕괴를 설명할 때 이미 소개했다. 정확히 말하면 앞에서 문제가 된 것은 반중성미자였다. 중성미자와 반중성미자는 양자가 지닌 독특한 성질인 헬리시티(운동 입자 스핀의 운동 방향 성분)의 차이로 구분된다. 볼프강 파울리$^{Wolfgang\ Pauli,\ 1900\sim1958}$는 1930년에 중성미자와 반중성미자가 존재할 가능성이 있다고 이론적으로 예측했다. 이 입자들이 없다면 베타 붕괴에서 에너지 보존과 운동량 보존의 법칙이 성립하지 않는다고 주장한 것이다. 중성미자는 다른 입자들과 매우 미약하게 상호작용하기 때문에 실험을 통해 탐지하기 어려워, 1956년에 이르러서야 실험적으로 증명되었다. 그리고 2002년에는 태양과 우주에서 날아오는 중성미자 검출에 성공했고 2015년에는 중성미자 진동 현상을 발견해 중성미자의 질량은 0이 아님을 밝혀냈다.

파이온, 케이온, 람다 입자

파이온^{pion}은 강한 핵력의 영향을 받으며 질량은 전자의 약 200배로, 양전하를 띤 것과 음전하를 띤 것이 있다.

케이온^{kaon}은 질량이 광자의 약 반이며 파이온과 같이 양전하와 음전하를 모두 띨 수 있고 중성이 될 수도 있다.

람다^{lambda} 입자는 중성이며 질량은 광자보다 약간 크다.

쿼크

소립자에 관한 설명을 듣다 보면 전체적인 조망을 잃게 되는 경우가 있다. 하지만 이는 놀라운 일이 아니며 소립자를 연구하는 물리학자도 혼란을 겪기도 한다. 따라서 물리학자들은 체계를 세워 새로운 입자를 입증하기 위해 노력하고 있다. 쿼크^{quark}의 발견은 이러한 노력의 첫 발걸음이었다.

핵자, 즉 양성자와 중성자를 전자와 충돌시키면, 러더퍼드의 산란 실험과 유사하게 핵자가 내부 구조를 가지고 있다는 사실이 드러난다. 핵자는 다른 입자들로 구성되어 있는 것이다.

미국의 물리학자 머리 겔만$^{Murray\ Gell-Mann,\ 1929~}$은 1964년에 핵자와 다른 모든 중입자(파이온과 람다 입자)는 세 가지 기본 소재로 이루어져 있다는 사실을 발견했다. 겔만은 이를 쿼크라고 이름지었다. 이후에 또 다른 세 개의 쿼크가 발견되었으며 지금까지 알려진 쿼크는 총 6종이다.

머리 겔만.

6종의 쿼크는 두 가지씩 짝을 이룬다. 그 이름은 업^{Up}/다운^{Down}, 참^{Charm}/스트레인지^{Strange}, 톱^{Top}/보텀^{Bottom}이다. 그런데 물질의 구조에 관여하는 것은 업쿼크와 다운 쿼크, 이 두 종류의 쿼크뿐이다. 예를 들어 광자는 전하량 $+\frac{2}{3}\times e$

를 지닌 두 개의 업 쿼크와 전하량 $-\frac{1}{3}\times e$를 지닌 다운 쿼크로 이루어져 있다. 양의 전하량을 합하면, 당연히 항상 $+e$의 값이 나온다. 잠깐! 우리는 앞에서 기본 전하는 존재할 수 있는 최소의 전하량을 지닌다고

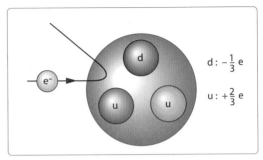

광자에 있는 쿼크.

말하지 않았던가? 하지만 여기서 갑자기 분수값이 나타나는 것은 왜일까? 이현상에 대해 소립자 물리학자들은 다음과 같이 말한다.

"그건 사실이다. 하지만 쿼크는 단독으로 존재하지 않고 항상 두 개 이상의조합으로 존재한다. 개개의 입자들에 대해서는 기본 전하의 성질이 여전히 적용된다."

쿼크라는 이름은 겔만이 제임스 조이스의 소설 《피네간의 경야^{Finnegans} ^{Wake}》(조이스가 17년에 걸쳐 집필한 작품으로 경야^{經夜}는 밤을 지새우다는 뜻이다. 영어를기본으로 하면서, 65개의 언어를 사용했다. 이 작품에서는 말장난, 어형 변화, 신조어 등으로 사전에서조차 찾을 수 없는 단어가 쓰이고 있다─옮긴이)에서 따왔다. 이 작품에서쿼크가 등장하는 구절은 다음과 같다.

"Three quarks for Master Mark!"(조이스는 독일의 프라이부르크를 여행할 때우유 제품을 팔고 있는 노점상이 치즈를 들고 "이 꼬마 치즈 세 개는 당당히 치즈 한 개의몫을 합니다!"라는 외치는 소리에서 힌트를 얻었다고 한다).

표준 모형

소립자 물리학의 표준 모형은 오늘날까지 알려진 입자들과 그 상호작용을 체계적으로 설명한다.

먼저 이 표준 모형의 특징에 대해 살펴보기로 하겠다.

힘과 상호작용

여러분은 자연에는 다양한 종류의 힘이 존재한다고 추측할지도 모르겠다. 그러나 사실상 존재하는 모든 힘은 다음과 같은 네 가지 범주로 나눌 수 있다.

· 중력
· 전자기력
· 약한상호작용
· 강한상호작용

중력과 전자기력에 대해서는 제1장과 제4장에서 배웠다. 약한상호작용은 방사능 베타 붕괴에서 작용하고 강한상호작용은 핵력을 의미한다. 핵력은 양성자들 사이에 서로 밀어내는 힘이 작용함에도 불구하고 이들을 묶어두는 역할을 한다.

소립자들 사이에서 작용하는 힘은 물리학적으로 어떻게 설명할 수 있는가? 1935년에 일본의 물리학자 유카와 히데키^{湯川秀樹, 1907~1981}는 핵력을 교환 입자라는 개념으로 설명하려 했다. 유카와 히데키의 아이디어를 예를 통해 요약하면 다음과 같다.

당신이 친구와 인라인스케이트를 타면서 메디신볼을 주고받는다고 가정해보자. 주고받는 공은 당신과 친구 사이에서 척력(밀어내는 힘)을 유발한다. 왜냐하면 이 공은 에너지와 운동량을 전달하면서 당신들을 서로 떼어놓기 때문이다.

이 사진에서는 메디신볼이 없다.

따라서 힘은 유카와 히데키에 따르면, 교환 입자에 의해 매개된 상호작용으로 설명할 수 있다. 쿼크 사이에서 작용하는 힘은 전자기적인 상호작용의 경우와는 달리 전하량에 따라 결정되지 않고 새로운 성질인 쿼크 색에 따라 결정된다. 하지만 이는 쿼크가 다채로운 색을 띠고 있다거나, 심지어 경우에 따라서는 쿼크를 색으로 나타낼 수 있다는 것을 의미하지 않는다. 쿼크 색은 특정한 양자의 성질을 의미하며, 색이라는 개념을 도입한 이유는 우리의 기억을 돕기 위해서다.

약한상호작용에 관여하는 입자는 W^- – 보손^{boson}이다.

표준 모형에서는 전자기력과 강한상호작용 그리고 약한상호작용만이 작용하고 중력의 작용에 대해서는 입증되지 않았다. 중력을 매개하는 교환 입자인 중력자^{graviton} 역시 아직 입증되지 않고 있다.

입자 동물원의 질서

지금까지 입자 동물원에서 등장한 입자들을 질량에 따라 분류하면 다음과 같은 세 그룹으로 나눌 수 있다. 이와 함께 앞에서 설명한 상호작용과의 연관성을 표시해보겠다.

· 전자와 중성미자 그리고 이들의 반입자는 렙톤^{lepton}에 속한다(렙톤이라는

말은 가벼운을 뜻하는 그리스어 leptos에서 유래한다).

· 파이온과 케이온은 메손^{meson}(중간자)이다(메손은 중간을 뜻하는 그리스어 mesos에서 유래한다).

· 양성자와 중성자 그리고 람다 입자는 바리온^{baryon}(중입자)이다(바리온은 무거운을 뜻하는 그리스어 barys에서 유래한다).

바리온과 메손이 쿼크로 이루어져 있으므로, 표준 모형에 따르면 렙톤, 쿼크, 교환 입자와 같은 세 종류의 입자만 존재한다.

다음의 표는 모든 입자와 상호작용에서 입자들이 하는 역할을 요약한다.

상호작용	입자	교환 입자	상대적 세기	도달 거리
강한상호작용	쿼크	글루온	1	10^{-15}m
전자기력	전하를 띤 입자	광자	10^{-2}	∞
약한상호작용	렙톤, 쿼크	W^- – 보손	10^{-5}	10^{-18}m
중력	모든 입자	중력자?	10^{-40}	∞

미래에의 전망

표준 모형을 자세히 살펴보았지만, 그렇다고 우리가 소립자의 세계를 파악했다고 말할 수 있을까? 표준 모형은 근본적으로 새로운 지식을 전하고 있는가? 심지어 나무만 보고 숲을 보지 못하는 현상을 초래하고 있지는 않은가? 우리는 사물의 궁극적인 근원을 알게 되었다고 말할 수 있는가? 이제 우리는 바부슈카 인형의 감추어진 마지막 인형을 보았다고 말할 수 있는가?

표준 모형이 지닌 또 다른 결점은 중력을 포함하고 있지 않다는 것이다. 다음 장에서 우리는 우주의 근원에 대한 질문은 물리학적으로 중력의 상호작용을 고려하는 양자 물리학과 소립자 물리학을 통해서만 대답할 수 있다는 것을 알게 된다.

소립자 물리학의 표준 모형은 실험을 통해 증명된 사실을 바탕으로 지금까지 알려진 모든 소립자와 이 소립자들이 지닌 강력, 약력 그리고 전자기력을 설명한다.

이러한 표준 모형에 대한 대안으로 지난 수십 년에 걸쳐 가장 많이 연구된 것이 끈 이론string theory이다. 끈 이론은 만물의 최소 단위를 진동하는 끈으로 파악한다. 입자의 성질과 자연의 기본적인 힘이 끈의 모양과 진동에 따라 결정된다고 설명하는 것이다.

끈 이론은 수학적으로 매우 복잡하고 지금까지 실험적으로 증명된 적이 없어 앞으로 계속 연구되어야 한다.

천체물리학

우주의 크기와 거리

우리는 물리학 여행의 마지막 단계에 도달했다. 이제는 큰 사물로 눈길을 돌려, 우주를 탐구하는 여행을 할 것이다. 별이 총총한 하늘을 바라보는 것은 앞으로 알게 되겠지만 과거를 살펴보는 것이기도 하다. 따라서 우리는 시간 여행을 하게 된다. 우리의 시간 여행은 거의 우주가 생성된 시점까지 이어질 것이다.

우선 우리는 우주의 지도를 그린다. 우주에는 어떤 물체들이 있는가? 이 물체들의 크기는 얼마인가? 이 물체들은 우리와 얼마나 떨

어져 있는가? 떨어진 거리를 측정하는 정해진 방법은 없다. 우리는 이 물체들이 지구와 멀리 떨어져 있을수록 새로운 방법을 생각해내야 한다. 여기서는 우선 떨어진 거리가 작을 때 적합한 방법을 소개한다.

시차

한 손을 펼치고 한 번은 한쪽 눈으로, 또 한 번은 다른 쪽 눈으로 (각각 다른 눈은 감고) 당신의 엄지손가락을 쳐다보라. 이렇게 하면 당신은 엄지손가락 뒤의 배경(예를 들어 벽) 위치가 달라지는 것을 알게 된다. 이것은 분명한 사실이다. 왜냐하면 당신이 각각 다른 방향에서 엄지손가락을 바라보기 때문이다. 이는 또한 당신이 사물을 공간적으로 볼 수 있는 이유가 되기도 한다. 이 두 방향 사이의 각을 시차라고 한다. 아래 그림은 이 상황을 나타낸다. E는 당신의 머리이고, S는 당신의 엄지손가락이다. A와 B는 당신의 눈의 위치를 나타내고 γ는 시차이다.

엄지손가락.

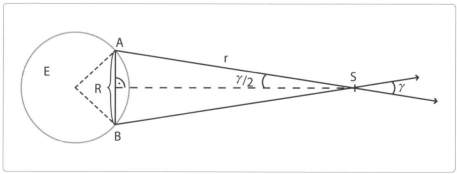

시차를 이용해 거리를 측정하는 방법을 알아보자. 우리는 엄지손가락을 우

지구와 달.

화성에서 본 지구와 달.

주로 옮긴다. 이제 E는 당신의 머리가 아니고 지구다. A와 B는 지구의 지점들이고 S는 달의 중심이다. 달은 배경인 밤하늘에서 관찰하는 지점에 따라 각각 다르게 보인다. 이로 인해 시차 γ는 망원경을 이용한 방위 측정으로 값을 구할 수 있다. 이 값은 거의 1도이다! 이제 A와 B 사이의 거리인 R을 안다면, A(또는 B)와 S 사이의 거리는 간단한 기하학적 계산으로 구할 수 있다. 삼각형 ABS는 점선에 의해 두 개의 직각삼각형으로 나뉜다. 이 직각삼각형에서는 다음과 같은 계산이 가능하다.

$$\sin\frac{\gamma}{2} = \frac{\frac{1}{2} \times R}{r} = \frac{R}{2 \times r}$$

R이 6000km이고 γ이 0.095^{0}라면 다음과 같은 값이 나온다.

$$r = \frac{R}{2 \times \sin\frac{\gamma}{2}} \approx 380000\text{km}$$

원래는 이 결과를 지구의 중심을 고려해 다시 한 번 계산해야 한다. 왜냐하면 이 결과는 A(또는 B)로부터 달까지의 거리를 나타내는 것이지 지구의 중심으로부터 달까지의 거리를 나타내는 것이 아니기 때문이다. 따라서 몇 가지 기하학적 계산이 필요하다. 여기서는 원칙적인 문제를 살펴보고 있기 때문에 이 계산을 생략한다. 하지만 우리가 계산한 결과는 그대로 유효하다. 달은 약 38만 km의 거리에서 지구 주위를 돈다.

지구와 태양 사이의 거리도 이같은 방식으로 구할 수 있다. 단지 시차가 훨씬 더 작아서(시차는 $R=6000km$일 때, 값 $r=0.0029^0$를 가진다) 측정이 더 복잡할 뿐이다. 지구가 태양 주위를 도는 궤도는 제1장에서 살펴보았듯이 타원형이다. 지구와 태양 사이의 평균 궤도 반지름과 평균 거리는 약 1억 5000만 km다.

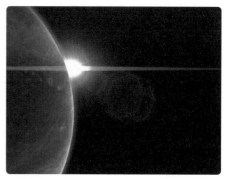

지구와 태양.

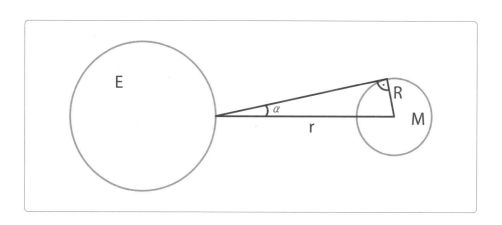

달이나 태양의 크기는 거리를 알면 또 다른 방위 측정을 통해 쉽게 구할 수 있다. 계산은 다음과 같다.

$$\sin \alpha = \frac{R}{r}$$

따라서 $R = r \times \sin \alpha$ 이다.

이 방식으로 측정하면 달과 태양의 반지름은 각각 1740km와 70만km가 된다. 지구의 반지름은 약 6400km이므로, 태양의 지름은 지구 지름의 약 110 배다!

상대적으로 지구에 가까이 있는 항성들도 시차를 나타낸다. 즉, 이 항성들은 계절을 달리해 관찰한다면, 멀리 떨어져 있어 움직이지 않는 것처럼 보이는 별들 앞에서 위치가 바뀐다는 것을 의미한다. 이러한 시차의 원인은 태양 주위를 도는 지구의 운동과 이로 인해 생기는 시선의 변화다.

앞의 계산과 유사한 방식으로 가까운 별들의 거리도 측정할 수 있다. 예를 들어 태양에 가장 가까운 항성계인 알파 센타우리$^{\text{Alpha Centauri}}$는 태양과의 거리가 4.106×10^{13}km이다. 이 거리는 400조 km나 된다! 어느 누구도 이렇게 큰 수를 쉽게 떠올릴 수 없기 때문에 광속을 이용해 파악하기 쉬운 수로 바꾼다. 광년은 빛이 1년 동안 이동하는 거리를 의미하며, '광년'이라는 표현을 쓰긴 하지만 시간이 아니라 거리를 나타낸다. 1광년은 1초 동안에 3×10^8m를 달리는 빛이 1년 동안 달린 거리를 나타낸다.

1광년(ly)은 빛이 1년 동안 이동한 거리다.

$$1\text{ly} = 9.461 \times 10^{15}\text{m}$$

따라서 알파 센타우리는 우리로부터 $\dfrac{4.106 \times 10^{16}\text{m}}{9.461 \times 10^{15}\text{m}} = 4.34\,\text{ly}$ 떨어져 있다. 빛은 우리에게 도달하는 데 약 4년 남짓 걸린다. 이는 우리가 보는 항성계 알

파 센타우리는 지금의 모습이 아니라 4년 전의 모습인 것을 의미한다. 따라서 밤하늘을 보는 것은―앞에서 말했듯이―과거를 보는 것이다. 태양의 빛도 우리에게는 약 8.3분 정도 늦게 도착한다.

시차를 이용하는 방식은 약 100광년 이상의 거리에는 적용할 수 없다. 이 거리에선 시차가 너무 작기 때문이다. 대신 이런 먼 거리를 측정하는 방법을 미국의 천문학자 헨리에터 레빗^{Henrietta Swan Leavitt, 1868~1921}이 발견했다.

세페이드 변광성

별들은 다양한 유형으로 나뉜다. 세페이드 변광성(이 유형 중에서 가장 유명한 별로, 이름은 세페우스자리 델타에서 따왔다)은 주목할 만한 성질을 지닌 초거성이다. 세페이드 변광성의 광도는 대기에 있는 헬륨의 이온화 과정 때문에 주기적으로 변한다. 헨리에터 레빗은 별의 광도의 주기적인 변화와 평균 광도 사이에는 명확한 관계가 있다는 사실을 발

헨리에터 레빗.

견했다. 여기서 이 관계를 수학적인 식으로 나타내는 것은 생략한다. 우리에게 중요한 것은 주기를 이용해 광도를 계산할 수 있다는 것이다. 개략적으로 말하면, 세페이드 변광성은 주기가 길수록 평균적으로 더 밝다.

이는 거리를 구하는 것과 무슨 관계가 있을까? 지구에 있는 측정 기구는 별이 내는 총 복사 에너지의 (아주 작은) 일부분만 받고 있기 때문에 별빛의 밝기는 거리의 제곱에 반비례한다. 따라서 주기가 같은 두 개의 세페이드 변광성 중에서 밝기가 약한 별은 더 멀리 떨어져 있다. 또 이 별이 얼마나 멀리 떨어져 있는지를 정확히 계산할 수도 있다. 단 한 가지 문제가 있다면, 상대적인 비교만 가능하다는 점이다. 예를 들면 다음과 같다.

"변광성 A는 변광성 B보다 세 배 더 멀리 떨어져 있다."

따라서 절댓값을 구하기 위해서는 적어도 하나의 변광성의 거리를 알아야 한다. 하지만 다행히도 거리를 시차 방식으로 구할 수 있을 정도로 우리와 가까이 있는 변광성이 존재한다.

오늘날에는 여러 항성계에서 발견된 세페이드 변광성들을 이용해 1억 광년 떨어져 있는 별까지의 거리를 알아낼 수 있다.

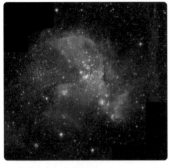

소마젤란성운의 일부인 NGC 346.

헨리에터 레빗은 소마젤란성운에 있는 세페이드 변광성만 연구함으로써 떨어져 있는 거리가 관찰한 밝기에 미치는 영향을 조사했다. 소마젤란성운에 속한 모든 별은 사실상 지구와 떨어진 거리가 같다.

지구에서 안드로메다은하까지의 거리는 250만 광년이다. 우리

오스트랄로피테쿠스 아프리카누스의 복원 그림.

가 안드로메다은하를 바라본다면(이 관찰은 일반 망원경으로도 가능하다), 250만 년 전의 모습을 보게 된다. 이 시기에 지구에는 오스트랄로피테쿠스 아프리카누스$^{Australopithecus\ africanus}$가 살았다. 호모사피엔스는 약 60만 년 전부터 존재했다.

Ia형 초신성

별은 수명이 다 되면 거대한 폭발을 일으킨다. 이 폭발로 별은 수 주 동안 밝게 빛난다. 이렇게 폭발하면서 밝게 빛나는 별이 초신성이다. Ia형 초신성은 적색거성과 백색왜성으로 이루어진 이중성 계에서 나타난다. 이러한

Ia형 초신성 폭발.

특수 초신성의 경우, 우리에게 도달하는 빛의 스펙트럼 분포를 분석해 폭발할 때 방출되는 에너지를 측정할 수 있다. 이로써 절대 밝기를 알게 되어 다시 (세페이드 변광성에서처럼) 지구에서 측정한 밝기와 거리 법칙을 이용해 떨어진 거리를 계산한다.

적색거성인 알데바란과 태양의 크기 비교.

Ia형 초신성의 경우, 수십억 광년까지의 거리를 측정할 수 있다. 50억 광년의 거리에서 나오는 초신성의 빛은 우리의 태양계가 생기기 전에 이미 방출된 것이다.

> 약 100광년까지의 거리는 시차 방식을 이용해 구하고, 약 10 광년까지의 거리는 세페이드 변광성을 이용하며, 이보다 더 먼 거리는 Ia형 초신성을 이용한다.

별

우리는 태양이 행성들에 매일 새롭게 빛과 열을 공급하는 것을 자명한 사실로 여긴다. 하지만 이는 항상 그랬던 것이 아니고, 앞으로도 항상 이렇게 되지는 않을 것이다. 태양은 모든 별처럼 유한한 생명을 지니고 있으며, 언젠가는 사라질 것이다. 하지만 태양의 상태 변화는 우리가 알아챌 수 없을 만큼 점차적으로 진행된다.

별들의 콘서트에서 태양은 주도적인 역할을 하지 않는다. 태양은 오히려 눈에 띄지 않는 오케스트라 단원이며 특별하게 크거나 강한 빛을 내지도 않는다. 하지만 태양은 우리의 별이다! 게다가 별들이 지닌 수많은 전형적인 성질은 그 유사성 때문에 태양에 견주어 연구할 수 있다. 따라서 여기서는 우선 태양의 전기를 하나의 모델로 설명할 것이다. 이와 함께 별들이 어떤 발전 상태를 보이는지를 살펴보고 중성자별이나 블랙홀과 같은 몇 가지 특이한 현상도 배운다.

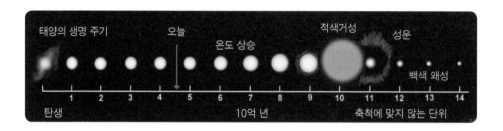

태양은 언제 생겼는가? 약 45억 년 전으로 거슬러 올라가 우주에 떠도는 거대한 가스 구름과 먼지구름을 생각해보라. 이 구름에는 수소와 헬륨 그리고 소량의(2%) 무거운 원소가 들어 있다. 이 구름에서 특별한 일이 일어났다. 어떤 지점에서 이웃한 별들의 영향이나 우연한 대기의 흐름으로 인해 물질이 농축된 것이다. 이렇게 농축된 물질은 중력 작용으로 또 다른 입자들을 끌어당긴다. 입자들의 집합체는 서서히 커져 밀도가 높아지고 압력과 온도도 올라간다. 결국 밀도가 높은 중심부는 이 지역에서 성운 먼지를 빨아들이는 진공청소기 역할을 한다. 게다가 이 중심부는 빛을 낸다. 왜냐하면 이 집합체와 충돌하는 전하를 띤 입자들은 운동을 정지하기 때문이다. 이는 제5장에서 배웠듯이 전자기파의 방출로 이어진다. 따라서 이 물체를 거의 별이라고 부를 수도 있다. 하지만 아직은 '거의'라는 표현을 써야 한다. 결정적인 성질이 부족하기 때문이다. 핵융합이 일어나지 않아 이 물체는 원시별에 지나지 않는다.

원시별은 어떤 과정을 거쳐 명실상부한 별이 되는가? 이 과정은 아주 간단하다. 저절로 이렇게 된다! 중력 작용에 의해 이 물체의 중심부에서는 압력과 온도가 계속 올라가 약 1000만 년이 지나면 최초의 핵융합이 일어난다. 수소가 헬륨으로 바뀌고, 방출되는 에너지는 중력에 역작용을 하는 복사 압력을 유발해 붕괴를 막는다. 따라서 물체는 핵융합에 의해 안정되고 균형 상태, 즉 수소가 타는 상태에 도달해 약 100억 년 동안 지속되는 것이다. 이제야 우리는 이 물체를 별이라고 부를 수 있다!

원시별 근처에서는 동시적으로 몇 개의 또 다른 조그마한 응축 물체가 형성될 수 있다. 하지만 이 물체는 질량과 크기가 작아 직접 별이 될 가능성이 희박하다. 대신 새로운 별의 행성으로 공전하는 데 만족할 수밖에 없다. 이 행성들 중 일부는 속은 불덩어리지만 바깥에는 차가운 고체 표면이 생겼다. 이들은 적당한 온도와 물이 많은 세 번째 행성으로 분

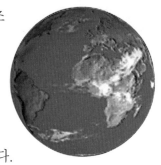

지구-푸른 행성.

류할 수 있다. 이 행성들에서 생명체가 생겨났다. 약 45억 년 후에 인류라는 종이 생기고, 이 행성은 지구라 불리게 되었다. 천체에서 매일 빛을 내는 핵융합로가 바로 태양인 것이다.

태양의 미래는 어떻게 될까? 하나는 확실하다. 수소의 양은 무궁무진하지 않으며 앞으로 약 55억 년이 지나면 고갈된다. 그렇게 되면 헬륨이 다음 연료가 된다.

태양의 내부 온도는 점점 올라가 약 1억 도가 되면 헬륨 핵이 탄소로 융합된다. 에너지를 얻는 이러한 새로운 방식과 관련된 과정은 빛이 적색을 띠게 하고 태양을 크게 팽창시킨다. 태양은 적색거성이 되어 두 내행성인 금성과 수성을 삼킬 것이다. 지구는 이 시점에서 이미 생명체가 살 수 없는 상태가 된다. 따라서 인간은 더 이상 존재하지 않거나 다른 행성으로 옮겨가 있을 것이다.

태양의 중심부에서 헬륨이 고갈되면, (온도는 계속 올라가면서) 이

금성.

수성

성운.

곳에서는 (산소와 같은) 더 무거운 원소들로 융합 작용이 일어난다. 이와 반대로 바깥에 있는 외피에서는 헬륨 또는 수소가 계속 불타게 된다. 가열되는 과정에서 태양의 외피는 모두 벗겨져 성운이 되어 우주를 떠돈다.

이제 태양 중심부의 온도는 또 다른 융합을 계속해나가기에는 충분하지 않게 된다. 태양의 질량이 너무 작기 때문이다. 따라서 태양의 종말이 도래한다. 태양이 적색거성이 된 후 약 1억 년 후에 중력의 압력을 더 이상 이겨내지 못하고 백색왜성으로 붕괴되는 것이다. 이 백색왜성의 내부에는 강하게 응축된 탄소와 산소가 들어 있고 반지름은 약 1만 km다. 방출된 에너지는 대체될 수 없기 때문에 태양은 생성된 지 140억 년 만에 더 이상 빛을 내지 못하는 것이다. 이제 태양에서 남은 것이라곤 차가운 물질 덩어리뿐이다.

천체의 질서: 헤르츠슈프룽-러셀 도표

에 이 나 르 헤 르 츠 스 프 룽^{Ejnar} $^{Hertzsprung, 1873~1967}$과 헨리 노리스 러셀 $^{Henry Norris Russell, 1877~1957}$은 별의 광도와 표면온도를 조사해 오른쪽 그림과 같은 도표를 만들었다.

y축 방향은 태양의 일률 Ps를 대비시킨 상대적인 광도 $\dfrac{P}{P_s}$를 나타낸다.

이 도표에서는 별들이 균일하게 분포되어 있지 않고 여러 종류로 나뉘

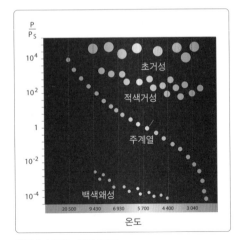
헤르츠슈프룽-러셀 도표.

어 섬을 이루고 있는 것이 드러난다. 가장 큰 섬은 주계열인데, 태양도 이 주계열에 속한다. 그 옆에 백색 왜성과 적색거성 그리고 초거성이 존재한다.

그런데 별은 지금까지 태양을 예로 들어 살펴보았듯이, 생성되어 사멸할 때까지 동일한 별 종류에 속하지 않고 발전 과정을 거치며 정체성을 수차례 바꾼다. 따라서 헤르츠스프룽−러셀 도표를 별들이 발전 과정에서 특정 경로를 거치는 일종의 지도로 해석할 수 있다. 태양은 수십억 년을 거치며 처음에는 적색거성에 속했다가 나중에는 백색왜성에 속한다.

태양은 이 두 영역 사이의 공간을 비교적 빠르게 통과하는데, 이곳에서는 안정된 상태를 유지할 수 없기 때문이다.

별의 종말

태양은 생명이 다할 때가 되면 크기가 작아진다. 태양의 종말은 스펙터클한 장면을 연출하지 않는다. 질량이 상대적으로 작아지기 때문이다. 이와 반대로 질량이 큰 별들은 엄청난 굉음을 내며 기이한 형태로 생명을 마감하면서 중성자별이나 블랙홀로 변하는데, 이에 대해서는 아직도 완전히 연구되지 않았다.

별의 중심부에서 수소와 헬륨이 고갈되면 새로운 핵융합 반응이 이어지면서 점점 더 무거운 원소들이 만들어진다.

질량이 태양의 약 8배가 될 때부터 온도는 철에 이르기까지 모든 원소를 만들 수 있을 정도로 충분히 뜨거워진다. 하지만 모인 에너지는 융합이 생길 때마다 점점 작아진다. 이는 제

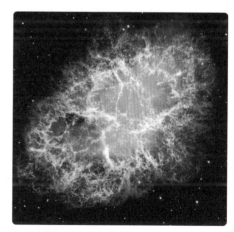

초신성 폭발의 잔해인 게성운.

10장에서 그림으로 표시한 결합 에너지 곡선이 점점 평평해지는 모습에서도 알 수 있다. 따라서 별은 점점 더 빠르게 새로운 융합을 모색해야 한다. 하지만 이러한 종류의 에너지 획득은 갑자기 종말을 고하게 된다. 왜냐하면 철에서는 핵융합이 일어나도 더 이상 에너지를 얻을 수 없기 때문이다.

별의 중심부가 완전히 철로 변하면 몇 초 만에 붕괴되고 별 전체는 엄청난 에너지를 분출하며 폭발한다. 별은 이 폭발로 인해 전 은하계에서 유례를 찾아볼 수 없을 정도로 밝게 빛난다. 별은 초신성이 되는 것이다. 게성운은 1054년에 폭발한 초신성의 잔해이며, 당시 중국의 천문학자들에 의해 관측되었다.

폭발 후에는 어떤 일이 생기는가? (태양의 경우보다는) 훨씬 더 큰 중력이 엄청난 압력을 가한다. 원자의 외피가 원자핵 쪽으로 압축되면서 전자와 양성자가 결합해 중성자가 된다. 어떤 별에서는 이 과정이 정지되어 중성자별이 남게 된다. 밀도가 아주 높은 중성자로 이루어진 이 별은 직경이 20km에 달하고 질량의 크기는 엄청난 규모를 자랑한다. 중성자별의 $1cm^3$는 약 1000억 kg의 질량이 된다!

질량이 훨씬 더 큰 별들에서는 중력의 압력이 커서 빛조차도 더 이상 빠져나올 수 없다. 제8장에서 살펴보았듯이, 빛도 중력의 영향을 받는다. 중력이 엄청나게 클 때는 빛이 이 별들의 영향권에서 벗어나지 못하고 사로잡힌다. 이러한 천체를 블랙홀이라고 한다. 홀이라는 말이 이 천체의 독특한 성질을 암시한다. 블랙홀에서는 중력의 작용이 (중성자별에서와는 달리) 정지되지 않고 부피가 점점 작아져 결국 0 상태에 도달한다. 하지만 밀도는 무한대가 된다. 무한대는 계산할 수 없는 값이다. 블랙홀의 지점은 수학적인 설명이 불가능하다. 이곳에서는 우리가 알고 있는 자연법칙이 효력을 상실하고 이론에 구멍(홀)이 생기는 것이다. 수학적으로 말하자면 이 지점은 특이점(특이성이라고도 한다. 어떤 기준을 설정했을 때 그 기준이 적용되지 않는 점을 말하며, 아인슈타인의 일반상대성이론에서 예견되었다. 특이점에서 중력은 무한대이며 그 중심부에는 블랙홀이 있다. 우주가 탄생했을 때에도 이런 지점이 있었을 것으로 추정된다─옮긴이)이 된다. 블랙홀은 더할 나위 없는 특이한 현상이다!

별은 성간 물질(별 사이에 있는 가스와 먼지로 구성된 아주 얇고 작은 입자들)에서 생겨난다. 별은 핵융합이 시작되면서 처음에는 주계열 별이 되었다가 적색거성 또는 초거성이 된다. 질량이 작은 별은 백색 왜성으로 최후를 맞고, 질량이 큰 별은 초신성 폭발 후에 중성자별 또는 블랙홀이 된다.

은하

우주의 별은 빵 반죽에 박혀 있는 건포도처럼 대체로 균일하게 분포되어 있는가? 맑은 밤하늘에 펼쳐지는 천체의 모습을 보면 이렇게 분포되어 있다는 생각이 들기도 한다. 하지만 그림과 같은 허블 우주 망원경의 촬영 화면에서는 다른 모습이 나타난다. 그림은 밤하늘의 작은 단면을 나타내는데, 가까이 있는 별이 전체 시선을 흐리지 않도록 촬영되어 있다.

이 그림을 잠깐 살펴보라! 놀랍게도 개개의 별들이 보이는 것이 아니라 은하가 보이고, 이 은하는 수많은 별들로 이루어져 있다.

오늘날의 기술 수준으로는 약 500억 개의 은하가 관측된다. 각각의 은하에는 평균 1000억~2000억 개의

허블 딥 필드(Hubble Deep Field).

별이 있다. 허블 우주 망원경의 촬영 모습은 우주가 얼마나 큰지를 증명한다.

우리는 이 어마어마한 규모에 놀라기보다는 오히려 우리와 가까운 천체를 살펴보는 것이 낫다. 태양도 은하에 속한다. 우리의 은하는 외부 은하와 구분하기 위해 은하수^{Milkyway Galaxy}라고 부르기도 한다. 우리은하는 어떤 모습을 하고 있을까?

우리은하

밤하늘에서 볼 수 있는 모든 별은 우리은하에 속한 별들이다. 이 별들의 위치를 측정하면, 우리의 은하는 외부에서 볼 때 우리의 이웃인 안드로메다은하와 똑같이 보인다는 것을 알 수 있다. 우리의 은하는 원반의 형태를 하고 있으며 적어도 두 개의 큰 나선형 팔을 지니고 있다. 태양은 태양계와 함께 이 나선형 팔의 바깥쪽에 위치한다. 원반 속은 희미한 빛을 내는 띠가 나타난다. 이 띠는 오래전부터 은하수로 불린다. 이 은하수와 다른 방향에는 별들이 작게 분포되어 있다.

안드로메다은하.

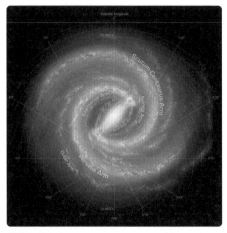

은하수의 모습.

우리은하는 직경이 약 10만 광년으로 태양은 은하수의 중심을 공전하는 데약 2억 2000만 년에서 2억 4000만 년 걸린다.

적색편이

물리학자들이 1920년대에 여러 은하의 스펙트럼을 분석하면서 특이한 성질을 발견했다. 이제 우리는 이러한 발견을 자세히 살펴볼 것이다. 이렇게 하면 우주에 대한 이해의 폭이 넓어진다.

물리학자들이 발견한 것을 설명하기 위해 태양에서 나오는 빛의 스펙트럼을 잠깐 살펴보기로 하겠다. 이 스펙트럼은 - 백열전구의 스펙트럼과 같이 - 연속적이긴 하지만, 여러 개의 흑선을 지니고 있다.

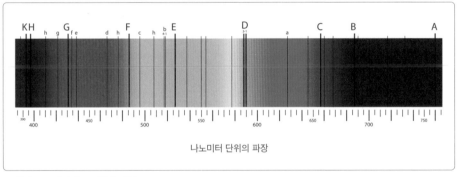

나노미터 단위의 파장

그래픽으로 나타낸 프라운호퍼선.

유명한 프라운호퍼선(독일의 물리학자 요제프 폰 프라운호퍼[Joseph von Fraunhofer, 1787~1826]의 이름을 땄다)은 태양의 대기에 있는 원자들이 특정한 진동수의 복사선을 흡수함으로써 생긴다. 따라서 이 복사선은 지구에 도달하는 빛에서는 나타나지 않는다. 프라운호퍼선은 흡수하는 원소들의 지문과 같으며, 스펙트럼에서의 위치가 정확히 알려져 있다.

요제프 폰 프라운호퍼.

물리학자들은 은하의 스펙트럼에서도 흡수 스펙트럼을 발견했다. 이 스펙트럼은 단 하나의 차이를 제외하고는 태양의 무늬와 일치한다. 특정한 은하에 속하는 선은 모두 스펙트럼의 적색 방향으로 약간 이동한다. 이러한 적색편이는 은하가 지구로부터 멀어질수록 커진다. 에드윈 허블 Edwin Hubble, 1889~1953 은 적색편이의 연구로 유명해졌고, 우주 망원경도 그의 이름을 따고 있다.

은하에서는 적색편이가 왜 나타나는가?

이는 파장의 변화를 파원(은하)과 수신자(지구) 사이의 상대적인 운동으로 설명할 수 있다. 파원과 수신자가 서로 멀어지면, 연이어 지구에 도달하는 파동의 마루 사이 간격이 파원과 수신자의 거리가 동일할 때보다 커진다. 왜냐하면 새롭게 생긴 파동의 마루는 이전 파동의 마루보다 약간 더 먼 거리를 이동해야 하기 때문이다. 따라서 우리는 더 큰 파장을 보게 되고, 그 결과 적색편이도 보게 되는 것이다. 정확히 말하면 추가로 시간 지연을 고려해야 한다. 파원은—우리의 입장에서 볼 때—움직이는 시계를 나타낸다. 따라서 퍼져가는 파동의 진동수는 정지해 있는 파원의 진동수보다 작다. 이러한 현상이 생겨도 간격을 크게 하는 상대 운동은 항상 적색편이를 초래한다.

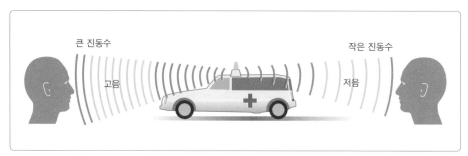

큰 진동수   작은 진동수

고음   저음

도플러 효과.

지금까지 개략적으로 설명한 현상을 도플러 효과(오스트리아의 물리학자 크리스티안 도플러$^{Christian\ Doppler,\ 1803\sim1853}$의 이름을 땄다)라고 한다. 음향의 경우에도 이 효과가 나타난다. 지나가는 경찰차의 사이렌 소리는 점점 낮게 들린다. 왜냐하면 귀에 도달하는 파장은 자동차가 우리에게 다가올 때는 작아지고, 우리에게서 멀어질 때는 커지기 때문이다 —

크리스티안 도플러.

이는 정지해 있는 자동차에서 기록된 파장과 비교했을 때를 의미한다.

따라서 적색편이는 우리은하 이외의 모든 은하가 운동하면서 우리로부터 멀어진다는 가정을 통해 설명할 수도 있다. 앞으로 살펴보겠지만, 이러한 가정은 일리가 있으나 전체적으로 보면 너무 단순하다. 이렇게 판단할 수 있는 것은 두 가지 이유 때문이다.

첫째, 왜 모든 은하가 하필이면 우리로부터 멀어질까? 우리는 우리의 태양계가 우주에서 얼마나 미미한 존재인지를 이미 확인한 바 있지 않은가!

둘째, 도플러 효과는 은하가 한 공간 안에서 운동한다는 가정에 근거를 두고 있다. 마치 완제품 용기가 있고 이 용기가 은하들에 의해 점점 채워지기라도 하는 것처럼 말이다. 하지만 이렇듯 공간을 시간적으로 불변하는 세상 사물들의 무대와 같이 생각하는 것은 낡은 사고방식이다. 아인슈타인 이래로 공간(시공간이 더 정확한 표현이다)의 구조는 사물의 질량 분포에 의해 형성된다. 따라서 공간은 은하가 있기 이전에 이미 존재한 것이 아니라 이 둘은 형성의 관점에서 볼 때 서로 의존하는 셈이다.

따라서 적색편이를 해석할 때는 이러한 두 가지 사항을 고려해야 한다.

별들은 공간에서 무질서하게 분포되어 있는 것이 아니라, 은하에 속한다. 은하의 스펙트럼은 적색편이를 나타내는데, 이 편이는 거리가 멀어질수록 커진다.

우주의 발전

우주는 동적인가 아니면 정적인가, 또는 우주는 시간과 더불어 변화하는가 아니면 변화하지 않는가의 문제는 오랫동안 논란이 되어왔지만, 이제는 우주가 시간에 따라 변화하는 동적인 존재로 명확하게 결론이 났다. 즉 우주는 발전해나간다. 이제 우리는 이러한 발전 과정을 살펴볼 것이다.

팽창하는 우주

휜 시공간은 우리가 아무리 노력해도 머리에 제대로 떠오르지 않는다. 우리의 뇌는 이런 시공간을 생각하기에는 역부족이며 단지 비유적으로 생각할 수 있을 뿐이다. 3차원적으로 생각하는 우리의 뇌는 이런 비유를 통해 아인슈타인의 개념에 구체적으로 접근할 수 있다. 그 비유는 고무풍선 모델이다.

고무풍선.

고무풍선에 반쯤 공기를 넣고 사인펜으로 이 풍선의 표면에 조그마한 은하들을 여러 개 그려보자. 이제 고무풍선의 표면은 외계인이 살고 있는 우주를 나타낸다. 외계인들은 진화를 거치며 2차원적으로만 생각할 수 있게 되었는데, 길이와 폭만 생각할 수 있고 높이는 생각할 수 없다. 이들에게 우주는 사방으로 무한히 뻗어나가는 평면이다. 왜냐하면 이들은 고무풍선 표면의 휜 상태를 인지할 수 없기 때문이다. 따라서 외계인들은 다음과 같이 물을 수 있다.

"세상은 어디에서 끝나며 이 세상의 끝 뒤에는 무엇이 있는가?"

물론 우리 인간들은 이 질문의 답을 안다. 하지만 외계인들은 우리의 답을 들어도 이해하지 못한다. 예를 들어 우리는 다음과 같이 말할 수 있을 것이다.

"사실은 너희 외계인들이 알지 못하는 또 다른 차원이 있다. 너희들의 우주는 실제로는 휘어 있다. 너희들이 로켓을 직선으로 날아가도록 발사하면, 로켓은 언젠가는 다시 출발점에 도착한다. 너희들의 우주는 한계가 없지만, 그렇다고 무한히 큰 것은 아니다. 세상의 끝 뒤에 무엇이 있는지를 묻는 것은 무의미하다."

만약 외계인들 중에서 우리의 말을 믿는 현명한 자가 있다면, 아마 1차원적인 비유를 통해 휜 우주라는 말을 이해하려고 시도할 것이다. 그렇지만 앞쪽으로 발사한 로켓이 다시 뒤에서 나타나는 이유는 도무지 알 수 없을 것이다.

우리의 상황은 이 외계인들이 처한 상황과 같다. 말하자면 우리의 상황은 한 차원이 더 추가된 것이다. 따라서 우리는 은하의 적색편이를 제대로 이해하는 실마리를 찾기 위해 고무풍선의 세계를 더 깊이 살펴보아야 한다.

이제 고무풍선에 공기를 조금 더 넣어보자. 이렇게 하면 고무풍선에 그려진 은하 중 하나가 더 선명하게 눈에 들어온다. 이곳에서 외계인들이 살고 있다고 가정하자. 이들은 고무풍선이 팽창하는 과정을 어떻게 생각하겠는가?

답은 아주 간단하다. 이들은 다른 은하들이 자신들의 은하로부터 멀어진다고 생각한다. 이는 옳긴 하지만 이들보다 우위에 있는 우리의 입장에서는 다음과 같이 말할 수밖에 없다.

"당신들은 은하들이 공간 내에서 운동하는 것으로 생각한다. 하지만 사실은 공간 자체가 팽창한다!"

고무풍선 표면에 은하들을 그린 사람은 우리다. 따라서 이들은 싫건 좋건 팽창을 감수해야 한다. 게다가 우리는 우월감을 느끼며 이들에게 다음과 같이 말할 수밖에 없다.

"당신들은 모든 은하가 당신들로부터 멀어져간다고 생각함으로써 세계의 중심이라고 믿는다. 그러나 어떤 은하나 각기 다른 은하로부터 멀어지는 것은 마찬가지다! 다른 은하에 있는 자들도 당신들과 동일한 생각을 하고 있을 것이다."

외계인들이 이 말에 수긍할지는 의심스럽다. 외계인들의 교회가 있다면 이들에게 장구한 세월 동안 그와는 다른 말을 해왔을 것이다.

이제 당신은 은하의 적색편이를 명확하게 파악할 수 있을 것이다. 적색편이는 사실상 일종의 운동을 나타내지만, 이 운동은 은하들이 공간 내에서 하는 운동이 아니라 공간 자체의 팽창이다. 우주는 팽창하고, 방출된 빛의 파장을 포함한 모든 길이는 점점 커진다. 물론 파장은 파를 보내는 물체가 우리로부터 멀어질수록 일정한 시간 간격 내에서는 점점 커진다. 이는 적색편이가 거리가 멀어질수록 커진다는 관찰과 정확히 일치한다.

빅뱅(대폭발)

우주는 팽창한다. 그러나 이러한 팽창은—비유적으로 말해, 필름을 거꾸로 돌린다면—우주가 극도로 작았을 때 시작되었다. 우리는 이 시점이 언제였는지를 알 수 있다. 오늘날의 (은하의 적색편이와 거리를 통해 정해지는) 팽창 속도를 기준으로 한다면, 우주의 팽창은 약 130억 년 전에 시작되었다. 문자 그대로

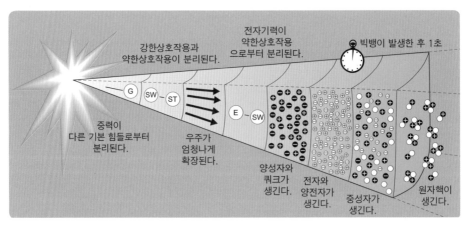

G-중력, SW-약한상호작용, ST-강한상호작용, E-전자기력.

세상을 움직인 사건인 빅뱅으로부터 시작된 것이다.

유감스럽게도 우리는 빅뱅의 증인이 될 수 없었다. 바깥에서 관찰하는 것은 불가능한 일이다. 어떻게 우리가 바깥에서 우주를 관찰할 수 있단 말인가! 따라서 우리가 빅뱅의 모습을 그려보기 위해 다음과 같은 전략을 세워야 한다. 우리는 당시 모습의 모델을 세우기 위해 오늘날의 관찰을 토대로 삼아야 한다. 이러한 모델을 통해 오늘날의 관찰을 뒷받침해줄 수 있는 예측이 가능하다면, 우리는 "빅뱅은 이렇게 일어났다"고 말할 수 있을 것이다. 또한 다른 예측이 나온다면, 관찰 대상을 바꾸어야 할 것이다.

우주배경복사$^{cosmic\ background\ radiation}$의 발견은 오늘날 할 수 있는 관찰의 가장 중요한 예다. 이러한 관찰에 힘입어 오랜 세월 동안 진행되어온 과정에 관한 모델이 세워졌다. 이 우주배경복사를 연구함으로써 빅뱅이 생긴 지 40만 년 후의(우주의 상황에서는 빅뱅 '직후'라고 할 수 있다) 우주의 모습을 그려볼 수 있게 되었다.

우주배경복사

미국의 물리학자인 아노 펜지어스$^{Arno\ Penzias,\ 1933~}$와 로버트 윌슨$^{Robert\ Woodrow\ Wilson,\ 1936~}$은 1965년에 전자기파인 우주배경복사를 발견했다. 우주배경복사는 특정한 천체로부터 유래하는 것이 아니라 우주 공간을 배경으로 모든 방향에서 같은 강도로 균일하게 들어오는 마이크로파이다. 우주배경복사의 스펙트럼은 온도가 3켈빈(K)인 흑체가 내는 스펙트럼과 일치한다. 따라서 우주배경복사는 3K 배경복사로 불리기도 한다(정확한 온도는 2.7K이다). 이 복사의 존재는 오늘날 우주의 팽창이 빅뱅에서 시작되었다는 빅뱅 우주론를 뒷받침하는 결정적인 역할을 하고 있다. 이렇게 생각하는 근거는 무엇인가?

우주의 팽창이 모든 길이의 확대, 특히 광자의 파장의 지속적인 확대를 의미한다는 사실을 염두에 두면 그 근거는 명확하다. 우주가 지속적으로 커가는 것이 맞다면, 우주배경복사는 이전에는 단파였을 것이다. 다시 말해 복사는 큰 에너지를 가지고 있었을 것이다. 현재 측정되고 있는 우주배경복사를 살펴보면, 이 복사가 형성된 역사는 사실상 다음과 같이 추론해볼 수 있다.

로버트 윌슨(왼쪽)과 아노 펜지어스.

빅뱅이 발생한 지 약 10만 년 후, 우주는 전자와 원자핵으로 구성된 플라스마와 이 플라스마와 균형을 이루고 있는 전자기파로 이루어져 있었다. 광자는 입자들에 의해 산란되어 먼 거리를 이동할 수 없었다. 따라서 우주는 투명하지 않았다. 팽창에 의해 온도는 지속적으로 낮아졌다. 우주의 온도가 3000K까지 떨어졌을 때 원자가 형성되었다. 이때는 빛을 산란시킬 전하를 띤 전자들이 없어졌기 때문에 우주는 투명해졌다. 우주 공간을 채우고 있던 자유전자들이 모두 수소나 헬륨 원자핵에 붙잡혀 그때까지 전자 때문에 운동을 제한받던 광자들이 자유로이 운동할 수 있게 된 것이다. 즉 광자(빛)의 입장에서 본다면 우주는 흐렸다가 다시 맑아진 셈이다.

빅뱅이 발생한 지 약 40만 년 후에는 광자들의 에너지가 입자들과 상호작용을 하기에는 충분하지 않았다. 따라서 그 이후로 광자들은 아무 제약 없이 공간을 질주하게 되었다. 광자들은 이러한 운동을 오늘날까지 계속하고 있다. 이전과의 차이가 있다면, 광자의 파장은 우주의 팽창으로 인해 시간이 경과함에 따라 크게 늘어났다. 우리가 오늘날 관측하는 우주배경복사는 태초의 뜨거운 우주 속에 고르게 퍼져 있던 복사가 '식은' 것이다. 이러한 복사가 존재한다는 것은 우주가 팽창하며 식어간다는 사실을 뒷받침해주고 있다.

암흑 에너지와 암흑 물질

1998년까지는 은하의 중력이 우주 팽창의 속도를 느리게 하는 요인이라는 생각이 퍼져 있었다. 하지만 멀리 떨어져 있는 초신성의 거리를 측정한 결과에 따라 이와 같은 생각은 잘못이라는 사실이 밝혀졌다. 팽창 속도는 오히려 빨라지고 있는 것이다. 따라서 우주에는 밀어내는 작용을 하는 에너지가 있음에 틀림없다. 이러한 에너지를 암흑 에너지라고 한다. 암흑 에너지라는 말은 우리가 지금까지 이 에너지에 대해 알고 있는 것, 다시 말해 사실상 아는 바가 없다는 것을 잘 나타낸다. 우리는 이 에너지가 있다는 사실은 알지만, 구체적으로 어떤 에너지인지는 알지 못하고 있는 것이다.

심지어 더 곤란한 어려움이 따른다. 은하의 질량은 서로 독립적인 두 가지 방법으로 구할 수 있다. 은하에서 별들과 빛을 내는 성운의 수를 헤아리는 방법과 은하의 운동을 측정해 계산하는 방법이다. 은하는 은하단을 이루고 있으며 회전하는 은하단에는 중력 법칙이 적용될 수 있다(이는 1장에서 배운 지구와 태양의 질량을 구하는 방법과 유사하다). 하지만 유감스럽게도 관측된 은하의 질량은 은하의 운동을 설명하기에는 많이 부족하다는 것이 확인되었다. 그것도 부족한 양이 너무 크다!

조사 결과에 따르면, 눈에 보이는 별들의 질량은 중력을 통해 은하의 운동을 가능하게 하기에는 턱없이 부족하다. 따라서 (끌어당기는 작용을 하는) 암흑 물질이 존재할 수밖에 없는 것이다. 우리는 이 암흑 물질에 대해 암흑 에너지의 경우와 마찬가지로 아는 바가 거의 없다.

밀집은하군 HCG87.

암흑 에너지는 우주 에너지의 70%를 이루고 있는 것으로 평가되고 있다. 26%는 암흑 물질에 의한 등가 에너지이고 나머지 4%는 눈에 보이는 물질에 의한 등가 에너지이다.

모든 물질 형태 내지는 에너지 형태의 96%가 우리의 관측 범위를 벗어난다는 것은 당혹스럽지만 엄연한 진실이다. 이는 그만큼 앞으로 우리가 연구해야 할 분야가 많다는 것을 의미한다!

> 우주가 빅뱅에서 생겨났고 빅뱅 이후 계속 팽창하고 있다는 것은 은하의 적색편이와 우주배경복사의 존재에 의해 뒷받침된다. 지금까지의 관측 결과를 종합해보면, 우주 에너지의 4%만이 눈에 보이는 물질에 의한 것이라는 것을 알 수 있다.

세계의 시작

우주의 탄생에 대해서는 아인슈타인의 방정식도 아무런 정보를 제공하지 않는다. 왜냐하면 아인슈타인의 방정식은 이 방정식으로 다룰 수 없는 특이점을 만들어내기 때문이다. 그러나 세계의 시작에 관해 물리학적 지식을 얻는 것은 원칙적으로 불가능하지 않으며 아직도 적절한 이론을 지니지 않고 있기 때문일 수도 있다. 거칠게 말하면 현재는 두 개의 거대 이론이 있다. 즉, '큰' 사물에 대해서는 일반상대성이론이 있고 '작은' 사물에 대해서는 양자이론이 있는 것이다. 이 두 이론을 통합해 양자중력이론을 만든다면, 빅뱅에 관해 보다 정확한 정보를 얻을지도 모른다. 그래서 이러한 포괄적인 이론을 만드는 작업이 진행 중이지만, 현재로선 단편적인 지식만 존재할 뿐이다.

약 500년 전에는 세계가 어떻게 형성되었는지에 대한 질문에 신화의 형태로 답했다. 물리학은 관찰과 실험을 통해 나름대로 우주의 형성을 파악하는 우주관을 발전시켜왔다. 이로써 우리 인간들은 순수하게 생각만 하는 단계를 벗어나 우주의 비밀을 파헤치는 데 진일보하게 되었다.

우리가 우주의 비밀을 완벽하게 파헤치는 것은 불가능할지도 모른다. 서문에서 말했듯이, 우리는 시간과 공간에 갇혀 있는 셈이다.

여기서ー세계의 시작을 다루면서ー우리의 물리학 여행은 끝난다. 몇 가지 구경거리에 대해서는 정확히 살펴보았고, 또 다른 구경거리는 요점만 살펴보았다. 우리의 여행 시간이 제한되어 있어 어쩔 수 없는 일이었다. 하지만 이번 여행이 마지막 여행은 아니다. 수많은 책들과 인터넷 사이트 그리고 텔레비전 방송 등이 또 다른 여행을 재촉하고 있다. 이 책을 통해 물리학에 관심을 가진 사람은 대학에서 물리학을 전공해 전문 지식을 배울 수도 있을 것이다.

어떤 여행을 하든 이 책이 좋은 길잡이가 되었으면 하는 마음 가득하다. 모든 독자에게 감사를 전한다.

찾아보기

49p(킬로그램), **188p**(암페어); 한국표준과학연구원에서 제공한 표준단위의 재정 내용입니다.